Böhm/Euwens

Handbuch Kollektive Führung

HANDBUCH KOLLEKTIVE FÜHRUNG

Ein Praxisleitfaden
für die Selbstorganisation

von
LEA BÖHM und
FRIEDERIKE EUWENS

VERLAG FRANZ VAHLEN MÜNCHEN

Lea Böhm und **Friederike Euwens** gründeten 2017 mit *AllesRoger* eine Beratungsboutique, die Unternehmen bei der Transformation hin zu kollektiver Führung auf individueller, Team- und Organisationsebene unterstützt. Nach fast 100 Beratungsmandaten kennen sie die Schmerzpunkte, die Menschen und Organisationen von notwendigen Veränderungen abhält, und die Methoden, die Change sinnvoll voranbringen. Dieses Wissen bringen sie auch in ihrem Podcast »Kollektive Führung im Gespräch« sowie im Meetup »Kollektive Führung leben« ein.

kollektive-fuehrung.de
vahlen.de

ISBN Print 978 3 8006 7314 8
ISBN E-Book (ePDF) 978 3 8006 7315 5

Wilhelmstr. 9, 80801 München
Druck und Bindung: Beltz Grafische Betriebe GmbH
Am Fliegerhorst 8, 99947 Bad Langensalza

Satz: Fotosatz Buck
Zweikirchener Str. 7, 84036 Kumhausen
Produktion: Sieveking Agentur, München
Umschlag: Alex Alexandrou

myclimate
shape our future

vahlen.de/nachhaltig

Gedruckt auf säurefreiem, alterungsbeständigem Papier
(hergestellt aus chlorfrei gebleichtem Zellstoff)

INHALT

KAPITEL 1

WARUM KOLLEKTIVE FÜHRUNG DAS RICHTIGE ORGANISATIONS-MODELL FÜR EUCH IST

Viele Organisationen haben sich bereits auf den Weg gemacht, nach neuen Formen des Wirtschaftens zu suchen, um den Herausforderungen unserer Zeit zu begegnen. Die Gemeinwohlökonomie, das Erzielen von Wirkung statt Gewinnen sowie die Orientierung am Purpose rücken immer mehr in den Vordergrund. Noch ist die Bewegung eine Nischenbewegung, die nicht im Mainstream angekommen ist. Sie beschäftigt sich unter anderem mit der Klimaveränderung, dem Wunsch, Teil der Lösung zu sein, und letztlich damit, eine enkeltaugliche Zukunft zu gestalten.

Das Streben nach einer Neugestaltung der Wirtschaft und ihrer Spielregeln fordert Organisationen in vielfältiger Art:

- Sie müssen die *gesellschaftliche Dimension* im Blick behalten und definieren, welche Wirkung sie für die Gesellschaft erzielen möchten.

- Das Geschäftsmodell und damit die *unternehmerische Dimension* muss die Finanzierung des Wirkungsmodells sicherstellen.
- Die *Governance-Dimension* erfordert ein Umdenken auf der rechtlichen Ebene, sodass die internen Abläufe darauf ausgerichtet sind, die gesellschaftliche Dimension, ihre Ziele und die damit einhergehenden, formulierten Werte zu erreichen. Dazu gehört beispielsweise ein hohes Maß an Transparenz, das es Kundinnen und Kunden erlaubt, einzusehen, ob die Organisation ihren eigenen Ansprüchen gerecht wird. Auch die steigende Komplexität unserer vernetzten Systeme macht das Umdenken auf dieser Ebene erforderlich (Social Entrepreneurship: Kriterien für das SEND Netzwerk, 2020).

In diesem Kontext verändern sich die Fragestellungen der Organisation grundlegend:

von	zu
Profit	Wirkung
Wie kann ich (wir als Gesellschafter) reicher werden?	Wie können wir als Organisation und Team noch mehr Wirkung erzielen?
Was will meine Führungskraft/was wollen die Gesellschafter? Danach richte ich meine Entscheidung bzw. so handle ich.	Wie kann unsere Organisation noch wirkungsvoller agieren? Danach richte ich meine Entscheidung.

Die Komplexität, die durch veränderte Rahmenbedingungen unserer globalen Wirtschaft entsteht, verlangt nach neuen Denk- und Verhaltensmustern, die ein hohes Maß an Kooperation erfordern. Eine steigende Komplexität im Außen kann eine Organisation nur meistern, wenn sie ihre eigenen Strukturen ebenfalls komplex gestaltet. Eine hierarchische Führungsstruktur kann das nicht leisten.

Mit der Entscheidung für die kollektive Führung bewegt sich eine Organisation immer weg von einem profitgetriebenen Arbeiten. Das Mitdenken und Gestalten des Purpose wird in den Mittelpunkt gerückt und immer wieder reflektiert. Da Profit niemals ein Zweck sein kann, sondern lediglich ein Mittel zum Zweck ist, verschiebt sich der Fokus im Arbeiten. Das schafft mentale Kapazitäten dafür, auf Dinge zu achten, die tatsächlich wichtig sind, einen echten Mehrwert haben und Wirkung zeigen. Das »Weg-von«-Ziel schließt jedoch nicht aus, dass purposeorientierte Organisationen viel Geld verdienen können.

Das »Hin-zu«-Ziel der Gestaltungsprinzipien ist Menschlichkeit – und damit verbunden eine Haltung des gemeinsamen Arbeitens. Die kollektive Führung ermöglicht ein sinngetriebenes Arbeiten in einer Gruppe von Gleichgesinnten. Sie ermöglicht, sich einzubringen und sich zu entwickeln sowie eine hohe Flexibilität. Sie ermöglicht Arbeit, die Platz lässt für ein Leben und sich verabschiedet von 40-Stunden-Wochen und unklaren Entscheidungsregeln.

So entstehen wirklich gute Teams – das beste Kollektiv gewinnt – und Lösungen, die die Welt tatsächlich braucht (Bregmann, 2020).

Die klassische Hierarchie lässt zu wenig Raum für echte, systemische Innovationen und kann auch durch langsame Entscheidungswege nicht angemessen auf das dynamische, komplexe Umfeld reagieren. Es braucht eine andere Form von Organisation, um der Komplexität zu begegnen. Es braucht autonom agierende Mitarbeitende, die selbstständig Entscheidungen treffen und einem klaren Purpose folgen, an dem sie sich orientieren können. So stellen Organisationen nicht nur sicher, dass sämtliche Mitarbeitende mit Blick auf maximale Wirkung entscheiden können. Auch reagieren sie so auf die zunehmende Komplexität ihrer Umwelt. Entscheidungen müssen dort getroffen werden, wo sie entstehen.

Gleichzeitig werden auch weiterhin standardisierte Prozesse, die auf Effizienz ausgelegt sind, relevant bleiben, wo immer es möglich ist, beispielsweise in der Buchhaltung.

Aber wie lässt sich nun eine Organisation gestalten, die Mitarbeitende dazu befähigt, selbstständig zu entscheiden, autonom zu agieren und einen klaren Purpose zu verfolgen? Die Antwort darauf lautet: mit Selbstorganisation.

Der Begriff Selbstorganisation kommt ursprünglich aus der Physik und meint die Fähigkeit eines Systems, sich selbst zu organisieren (Selbstorganisation und Strukturbildung, 2002). Im Chaos werden spontan Strukturen gebildet, und es entsteht eine Ordnung, die bestimmten Prinzipien folgt. So ordnen sich gefrierende Regentropfen beispielsweise zu immer gleich strukturierten Schneeflocken oder Hagelkörnern.

Im Organisationskontext beschreibt eine Selbstorganisation also ein System, das bestimmten Prinzipien folgt, um Strukturen und Ordnung passend zum Kontext herzustellen. Mit anderen Worten könnte man die Selbstorganisation also als ein System der kollektiven Führung bezeichnen, das bestimmten Prinzipien folgt. Auch bei einer zentralisierten Führung in klassischen Hierarchien entsteht oft eine informelle Selbstorganisation, um in einem komplexen Umfeld überhaupt handlungsfähig zu bleiben. Wenn alle ganz wortwörtlich nur Dienst nach Vorschrift machen und sich strikt an die vorgegebenen Prozesse halten würden, wäre keine Organisation funktionsfähig. Da diese informelle Selbstorganisation aber versteckt auf der Hinterbühne abläuft und alle so tun, als würden sie nur das machen, was die Führung sagt, steht die klassische Hierarchie einer gelingenden Selbstorganisation im Weg. Im besten Fall verläuft die Strukturierung der Selbstorganisation in Form von ausgehandelten Vereinbarungen und wird so zu einer expliziten kollektiven Führung.

DIE ENTWICKLUNGSSTUFEN HIN ZUR KOLLEKTIVEN FÜHRUNG

Auf dem Weg von einer klassischen hierarchischen Organisation, in der eine Führungskraft allein entscheidet, hin zur kollektiven Führung unterscheiden wir vier verschiedene Stufen. Mit Erreichen einer jeden Stufe wird mehr Verantwortung für die Gestaltung des Systems von der klassischen Führungskraft an die Mitarbeitenden oder das Team übergeben.

- Auf der ersten Stufe befinden sich klassische Teams, die von Managern geführt werden. Die Mitarbeitenden dürfen selbst entscheiden, wie sie ihre Aufgaben erledigen. So bekommen Softwareentwickler die Aufgabe, ein bestimmtes Feature zu programmieren, und sie dürfen selbst entscheiden, wie sie diese Aufgabe ausführen. Die Führung bestimmt die Arbeitsprozesse und legt fest, welche Aufgaben erledigt werden sollen.
- Auf der zweiten Stufe befinden sich agile und selbstgeführte Teams mit mehr Freiheiten. Sie können darüber entscheiden, wie sie ihre Arbeitsprozesse gestalten und wer welche Aufgaben übernimmt. Unterstützt werden diese Teams häufig durch einen (Agile) Coach. Die Führungskraft entscheidet aber weiterhin darüber, welche Ziele das Team verfolgt.
- Auf der dritten Stufe stehen sich selbstgestaltende Teams. Sie haben zusätzlich Autorität über ihre Teamstrukturen. So dürfen sie darüber entscheiden, welche Ziele sie verfolgen und welche Funktionen sie dafür im Team benötigen. Sie können gestalten, wie sie Entscheidungen treffen, sich gegenseitig Feedback geben oder wer was mit wem bespricht und interne sowie externe Stakeholder informiert. So wird die Führung auf dieser Stufe erstmals

aufgeteilt – nicht mehr nur eine Person entscheidet Wegweisendes. Ob das Team nun basisdemokratisch entscheidet oder themenspezifische Expertinnen benennt, liegt in ihrer Gestaltungsfreiheit.

- Auf der vierten Stufe befinden sich die selbstorganisierten Teams. Die Teams entscheiden nun selbst über ihre strategische Ausrichtung und die der gesamten Organisation. Sie haben die Macht, selbst zu entscheiden, was gemacht werden sollte, um den Sinn und Zweck der Organisation – den Purpose – im Rahmen der gemeinsamen Werte bestmöglich zu erfüllen.

Die Zugehörigkeit zu den verschiedenen Teams lässt sich auf der vierten Stufe flexibel gestalten. Führungs- und Nicht-Führungsrollen werden dynamisch besetzt. Führung ist in Rollen verankert und nicht mehr personengebunden. Es gibt unternehmensweit keinen übergeordneten Führungskreis, der in die Entscheidungen der Teams/Kreise eingreifen kann oder darf. Die Regulierung von unerwünschten Entwicklungen oder Verhaltensweisen erfolgt über kollektiv gestaltete Prozesse. So entstehen Transparenz und verteilte Führung.

Auf dieser Stufe ist die kollektive Führung angesiedelt. Die Gestaltung der kollektiven Führung folgt bestimmten Prinzipien. Sie ist in der Lage, die *selbstgestaltete Stufe* um viele Komponenten wie die Kultur- und Kompetenzebene, Feedback, Gerechtigkeit, einen Purpose sowie verschiedene Gestaltungsebenen zu ergänzen.

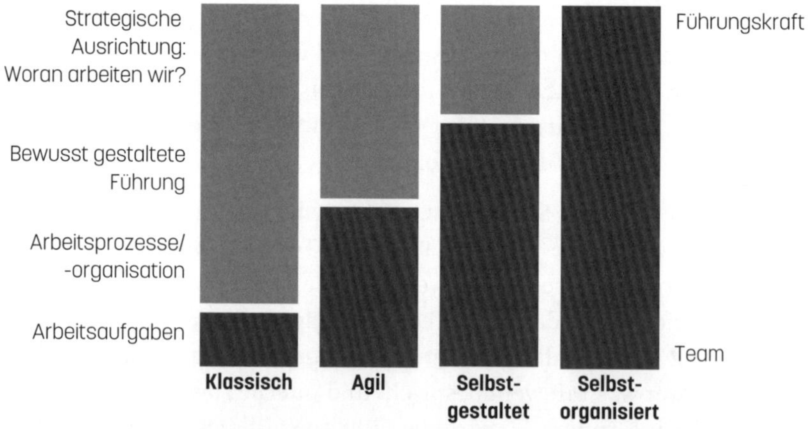

Abbildung 1: Die Stufen der kollektiven Führung

WOHER KOMMEN DIE PRINZIPIEN KOLLEKTIVER FÜHRUNG?

Die kollektive Führung basiert auf sieben Prinzipien:

1. Gemeinsame Identität
2. Entscheidungen
3. Transparenz
4. Feedback
5. Selbstbestimmung
6. Gerechtigkeit
7. Konfliktlösung

Ein weiteres Prinzip baut auf den ersten sieben Prinzipien auf und nimmt die Kooperation zwischen verschiedenen Einheiten in den Blick. Dieses achte Prinzip der kollektiven Führung hilft neben der Kooperation zwischen verschiedenen Bereichen der Organisation auch bei der Neuordnung des Wirtschaftssystems: Wenn alle Organisationen die sieben Prinzipien umgesetzt haben, kann kollektive Führung auch auf der Systemebene der Wirtschaft stattfinden. So kann eine neue Ordnung der Wirtschaft als finales Element der kollektiven Führung emergieren.

Sobald ihr die Prinzipien verstanden habt, entstehen Freiräume für die individuelle Gestaltung der Organisationsstrukturen: Die Prinzipien sind für jede Organisation gleich, aber die Umsetzung ist so individuell wie jede einzelne Organisation. Die Entwicklung kann im eigenen Tempo, angepasst an die eigenen Bedürfnisse, mit verschiedenen Fokus-Phasen gestaltet werden. Die Gestaltung der kollektiven Führung ist nicht auf ein finales Ziel ausgerichtet. Sie entwickelt sich stetig weiter, sodass die Strukturen stets den Umständen entsprechen und zweckmäßig sind.

Die Tragik der Allmende von Elinor Ostrom

Den Ursprung haben unsere Prinzipien in den Forschungsergebnissen von Elinor Ostrom. Sie stellte eine gängige Theorie der Wirtschaftswissenschaften – die Tragik der Allmende – infrage und erhielt dafür den Nobelpreis. Sie fragte sich: Was muss passieren, damit es nicht zur Tragik der Allmende kommt?

Die Tragik der Allmende beschreibt das Phänomen, dass Güter, die öffentlich zugänglich und nicht unbegrenzt verfügbar sind, von allen Menschen übernutzt werden. Da jeder seinen eigenen Nutzen maximieren möchte, wird das Gut so genutzt, dass es am Ende keinen Nutzen mehr stiftet. Ein Beispiel ist ein See, in dem eine begrenzte Menge an Fischen schwimmt. Alle gehen fischen, bis kein Fisch mehr da ist, und dann hat niemand mehr etwas davon.

Ostrom erforschte mit ihrer Arbeit, was passieren muss, damit die Tragik der Allmende nicht eintritt, sondern jeder nur so viele Fische aus dem See entnimmt, wie der Fischbestand verkraftet. Im Rahmen ihrer Forschung stellte sie fest, dass es bereits Gemeinschaften gab, die sich nachhaltig verhielten, wo die Tragik der Allmende nicht eintrat. Diese Gemeinschaften hatten sich erfolgreich selbstorganisiert und – um bei unserem Beispiel zu bleiben – Strukturen implementiert, die eine Überfischung ausschlossen (Heinle, 2018). Ostrom identifizierte schließlich Muster, denen diese Gemeinschaften folgten. So entstanden ihre acht Designprinzipien.

Die Gemeinde verhält sich genau dann nachhaltig und entnimmt dem See, der Allmende, nur so viel, wie er verkraftet, wenn folgende Prinzipien in ihrer Gemeinschaft verankert sind (Wilson, Ostrom, & Cox, 2013):

1. Es ist klar definiert, wo die Grenzen der Gruppe und der genutzten Ressource liegen. Es ist also auch klar, wer zur Gruppe der Nutzenden dazugehört und wer nicht.
2. Kosten und Nutzen halten sich die Waage. In der Gemeinschaft besteht ein ausgehandeltes »Belohnungssystem«: Es ist klar, aufgrund welcher Verdienste man mehr bekommt als die anderen.
3. Die Gemeinschaft ist in der Lage, eigene Entscheidungen zu treffen.

4. Trittbrettfahrende können mit geringem Aufwand identifiziert und von der Nutzung ausgeschlossen werden.
5. Es gibt ein abgestuftes Strafsystem, sodass die Strafe, die man für Fehlverhalten bekommt, stets verhältnismäßig ist.
6. Funktionierende Konfliktlösungsmechanismen sind implementiert, sodass Konflikte schnell und einfach gelöst werden können.
7. Die Gemeinschaft muss in der Lage sein, ihre Angelegenheiten selbst zu regeln und ihre Regeln so an lokale oder zeitliche Gegebenheiten anzupassen.
8. Bei Gemeinschaften bzw. Gruppen, die Teil größerer sozialer Systeme sind, muss es eine angemessene Koordinierung zwischen den Gruppen geben.

Ostrom erkannte außerdem, warum die Tragik der Allmende überhaupt eintritt, nämlich dann, wenn die zentrale Verwaltung des Allmendegutes nicht funktioniert, da beispielsweise kein genauer Überblick zum aktuellen Fischbestand vorhanden ist oder die Überwachung, wer wie viel fischt, nicht funktioniert.

Ostroms Prinzipien können sehr gut auf die Selbstorganisation in Unternehmen angewendet werden.

Anders als bei Allmendegütern handelt es sich bei Unternehmen um private Güter. Rein rechtlich gibt es noch kein Konstrukt, das es ermöglicht, ein Unternehmen wie ein Allmendegut an die Mitarbeitenden zu übergeben. Erste Lösungsvorschläge für diese Herausforderung zeigen sich beispielsweise in der aktuell diskutierten Unternehmensform GmbH in Verantwortungseigentum (VE-GmbH).

DIE VIER EBENEN DER GESTALTUNGS-PRINZIPIEN

Wir haben die Prinzipien von Ostrom um die verschiedenen Organisationsebenen ergänzt: die Ich-Ebene, die Teamebene und die Organisationsebene. Wenn darüber hinaus der strukturelle Rahmen gesamtwirtschaftlich umgestaltet wird, z. B. zu einer Gemeinwohlökonomie, kommt außerdem die Netzwerkebene dazu.

- Auf **individueller Ebene** sind die Haltung – beeinflusst durch den Kontext und die Rahmenbedingungen – sowie die Kompetenzentwicklung relevant. Einige Prinzipien wie beispielsweise Feedback erfordern eine Kompetenzentwicklung. Gleichzeitig werden neu entwickelte Kompetenzen nicht gezeigt, wenn der Kontext es nicht verlangt.
- Möglichkeiten, hier Einfluss zu nehmen, ergeben sich vor allem kollektiv, auf **Teamebene**. So kann das Hinterfragen und Reflektieren gut im Team angeregt werden, ohne zu Verhaltensänderungen aufzufordern. Viele individuelle Verhaltensänderungen ergeben sich aus einem gemeinsamen Verständnis, aus Diskussionen und Übereinkünften.
- Auf der **Ebene der Organisation** als nächstgrößere Einheit ist die Koordination der Teams gefragt: Was muss koordiniert werden, damit die einzelnen Teams gemeinsam an etwas Größerem arbeiten können? So bietet die Organisation einen gemeinsamen Rahmen, in dem eine gute Teamarbeit möglich ist.

Die verschiedenen Ebenen zeigen vertikale Entwicklungsmöglichkeiten auf. Darüber hinaus sollte auch die horizontale Ebene betrachtet, reflektiert und entwickelt werden. Sie umfasst die Bereiche Individuum, Beziehungen, Operatives und Struktur. Mehr dazu erfährst du im Kapitel »Kreise entwickeln« ab S. 202.

DIE ENTWICKLUNGSSTUFEN UNSERER PERSÖNLICHKEIT – ODER WIE DIE KOOPERATION DAS LEISTUNGSDENKEN ÜBERHOLTE

Eine Organisation mit kollektiver Führung zu strukturieren, macht immer dann Sinn, wenn sie sich in einem komplexen Umfeld bewegt, in dem beispielsweise schnell Entscheidungen getroffen werden müssen oder wenn in der Organisation die Kompetenzen und Sichtweisen aller wichtig sind und genutzt werden sollen. Darüber hinaus ergibt sich aus der Persönlichkeitsentwicklung bzw. dem Werteset der Eigentümer, Geschäftsführung und Führungskräfte ein limitierender oder begünstigender Faktor für die Einführung der kollektiven Führung.

Diese Dynamiken entstehen nicht zufällig, sondern folgen einem Muster, mit dessen Erforschung sich der Psychologieprofessor Clare W. Graves beschäftigt hat. Bereits in den 1950er-Jahren untersuchte er die bekannte Bedürfnispyramide von Maslow empirisch. Trotz der Analyse von 50.000 Stichproben gelang es ihm nicht, die Annahmen von Maslow zu belegen. Was er stattdessen herausfand, war, dass sich Menschen nach ihren Weltanschauungen, Glaubenssätzen und Werten einteilen lassen, wobei er verschiedene Wertesets identifizierte. In welchem Set ein Mensch zuhause ist, bestimmt sich nach dem Kontext, in dem er lebt, und den damit einhergehenden neuronalen Verknüpfungen. Individuen und Gesellschaften durchlaufen die verschiedenen Sets in Stufen.

Abbildung 2: Entwicklungsstufen menschlicher Organisationsformen (Grafik von Bernd Oestereich und Claudia Schröder, http://kollegiale-fuehrung.de)

Das von Graves entwickelte Modell wurde unter der Bezeichnung Spiral Dynamics von Don Beck und Chris Cowan weiterentwickelt (Beck & Cowan, 2014). Sie haben Graves' Wertesets nach Farben und nicht nach Zahlen benannt, wodurch die Gleichwertigkeit der Sets untereinander verdeutlicht werden soll.

Die sechs relevantesten Farben haben wir in der folgende Übersicht zusammengestellt:

Farbe	Werte	Kompetenz	Individuum	Beispiele
Rot Macht & Herrschaft (Ich-Fokus)	– Macht – Respekt – persönlicher Erfolg – Freiheit	– Kämpfen und siegen – erobern ungeregelter Märkte bzw. neuer Territorien – sich hocharbeiten	– Macher und Machtmensch – kann sich gut durchsetzen – weiß was es will – gibt alles – handelt situativ – kennt keine Loyalität – kooperiert nur für Eigennutzen	– Trophäen – Machtinstrumente – Parallelorganisationen – Ad-hoc Belohnungen – hierarchische Ordnung mit sehr breiten Führungsspannen – Unternehmen in aufstrebenden, erstmals erschlossenen Regionen und Märkten
Blau Ordnung & Struktur (Wir)	– Ordnung – Sicherheit – Wahrheit – Gerechtigkeit – Schuldgefühle und Unschuld	– Regeln einhalten – große Organisationen aufbauen und führen – Planung innerhalb der konkreten Zuständigkeiten – ausgeprägter Gerechtigkeitssinn – Akzeptanz von Strukturen – Zuverlässigkeit	– Treu und loyal – bevorzugt klar geregelte Arbeitszeiten und genau definierte Aufgaben – positionsbewusst – hält sich an Berichtshierarchien – respektiert, dass andere über ihm stehen – hält gern an vorgegebenen Strukturen fest – befolgt Befehle ohne große Diskussionen	– Feste Zuständigkeiten – funktionale Gliederung – Schaffen von Rängen und Titeln – Regeln setzen – Urteilen über Recht und Unrecht – klassisch funktional aufgestellte Unternehmen, z.B. große Industrieunternehmen, große Verwaltungsapparate, klassisches Beamtentum, katholische Kirche, Militär, demokratische Staaten, Bildungseinrichtungen

Abbildung 3: Adaptiertes Wertemodell nach Farben (Bär-Sieber, Krumm, & Wiehle, 2007)

Farbe	Werte	Kompetenz	Individuum	Beispiele
Orange Gewinn und Leistungsorientierung (Ich)	– Erfolg – Verantwortung – Akzeptanz – Freiheit – Zugehörigkeit	– Planung über Bereiche hinweg/über den Tellerrand schauen – Strategien entwickeln und umsetzen – eigenverantwortlich entscheiden – Win-win-Konstellationen schaffen – komplexes Planen und Steuern	– will sich als wichtiges, wertschöpfendes Element erweisen – bringt Ehrgeiz ein – sieht das konstruktive Miteinander – braucht klare, anspruchsvolle Ziele – Anerkennung der Leistung ist wichtig (Status, Vergütung, zusätzlicher Verantwortung)	– Variables Gehaltssystem – prozessorientierte Organisation – Key Performance Indicators – Balanced Scorecards – häufig klare Fokussierung auf Kernkompetenzen – eigener Erfolg nicht zulasten des Ganzen, man möchte Angehöriger einer erfolgreichen Gruppe sein, alle dürfen erfolgreich sein, jeder trägt hohe Verantwortung – Führungskraft vertraut darauf, dass jeder sich für den Erfolg des Ganzen verantwortlich fühlt und dafür voll einsetzt
Grün Community & Team (Wir)	– Toleranz – Zusammengehörigkeit – Verantwortung für andere – Konsens – Erfolg	– Akzeptieren, dass Menschen anders sind – andere nutzen (im kooperativen Sinne) – sich selbst zurücknehmen im Interesse aller – Fehler und Unzulänglichkeiten zugeben	– Ziele sind wichtig, für Erfüllung werden enge Partner gesucht – Verständnis gemeinsam Verantwortung zu übernehmen gemeinsam mehr erreichen – Einzeltätigkeit wird abgelehnt	– Raum für Team-Findung und Team-Arbeit schaffen – Anreizsysteme an gemeinsamen Erfolg binden – geteilte Verantwortung – Matrixorganisation – Titel abschaffen – Teams ohne herausstechenden Helden – eine hohe Konstanz in der Leistung aufweisen & eher unauffällig wirken

Abbildung 3: Adaptiertes Wertemodell nach Farben (Bär-Sieber, Krumm, & Wiehle, 2007) – Fortsetzung

Farbe	Werte	Kompetenz	Individuum	Beispiele
Gelb Veränderung, Integration, Wissen (Ich)	– Wissen – Kompetenzen – Individualität – Freiheit	– Netzwerke organisieren und hochflexibel nutzen – Vorteile aller vorhergehenden Ebenen – schätzen und einsetzen – gezieltes, vorübergehendes Arbeiten in Arbeitsmodellen anderer Ebenen	– Sein Engagement für die Gruppe ergibt nur Sinn, wenn er einen persönlichen Mehrwert sieht (entspricht intellektueller Herausforderung oder Spaß bei der Arbeit) – langfristiges Engagement und feste Strukturen eher schwer vorstellbar – hoher Stellenwert: Persönliche Weiterentwicklung	– Strukturen für die zielbezogene Arbeit schaffen – Kompetenzen herausarbeiten und würdigen – unterschiedliche Strukturen zielgerichtet einsetzen – Beispiele sind selten – wenn dann Think Tanks oder auch Wissensnetzwerke – hier erstmals Verständnis darüber, dass alle vorangegangenen Ebenen ihre Vorzüge haben, davor dachte man immer seine Weise sei die einzig Wahre,
Türkis globales Bewusstsein, kollektiver Sinn (Wir)	– Sozialer und ökologischer Zweck und Gesamtkontext	– Im Kontext einer gemeinsamen Welt denken, planen und handeln		– Übergreifende Planung, die über die Unternehmensgrenzen hinausgeht und nachhaltig das soziale Gleichgewicht schützt – Perspektive einer wirklich ganzheitlich zu sehenden Welt wird eingenommen – die Welt als globales Team – es gibt keine Konkurrenz mehr – denken sehr stark an das Ganze, weit über ihren Arbeitskontext hinaus

Abbildung 3: Adaptiertes Wertemodell nach Farben (Bär-Sieber, Krumm, & Wiehle, 2007) – Fortsetzung

Die verschiedenen Farben repräsentieren die verschiedenen Wertesets. Ein Mensch, ein Team, eine Organisation und auch die Gesellschaft entwickeln ihre Sets als neue neurologische Bewusstseinsebene im Zusammenspiel mit dem Kontext, in dem sie sich befinden. Sie beeinflussen sich gegenseitig. Jede Stufe gibt Auskunft darüber, welche ungeschriebenen Gesetze es in eurer Organisation gibt, wie entschieden wird, wie Mitarbeitende miteinander umgehen und mit welchem Führungsstil sich die Teams am wohlsten fühlen.

Die Entwicklung erfolgt nicht linear, sondern spiralförmig und über Stufen. Man kann keine Stufe überspringen. Die Spirale, also die Kreisbewegung, repräsentiert den wechselnden Fokus auf das Wir und das Ich. So liegt der Fokus im leistungsgetriebenen Orange eher auf dem Einzelnen und im Wir-Orientierten Grün auf der Gruppe/dem Team.

Die Stufen rot bis grün werden auch Stufen erster Ordnung genannt. Innerhalb dieser ersten Ordnung bleibt man strikt in seiner Farbe – seinen Werten und der eigenen Weltanschauung – verhaftet. Bei Erreichen einer neuen Stufe werden die Kompetenzen der vorherigen Stufen beibehalten, die Werte werden neu ausgerichtet. Erst mit dem Erreichen der Stufen zweiter Ordnung – also gelb und türkis – entwickelt sich ein Bewusstsein dafür, dass jede Stufe wertvoll ist. Ab dieser Farbe werden die Werte der vorherigen Stufen mit dem Erreichen der neuen Stufe nicht mehr aufgegeben, sondern bleiben integriert.

Die Stufen erster Ordnung streben stets nach einer Mangelüberwindung und sind damit eng mit dem Kapitalismus verbunden. Es geht um Kostenkontrolle und Gewinnmaximierung. Ein Systemwandel Richtung Gemeinwohlökonomie wird ab der zweiten Stufe möglich. Hier stehen Fragen nach mehr Ganzheitlichkeit im Raum: Wie kann nicht nur mein Überleben gesichert werden, sondern das der Gesellschaft, das von Ökosystemen und das unseres Planeten? Daraus ergibt sich auch das Bestreben danach, mit einer Organisation einen Beitrag, einen Mehrwert für die Gesellschaft oder den Planeten zu leisten (Oestereich & Schröder, 2020, S. 22).

Im Organisationskontext werden die verschiedenen Wertesets sowohl auf individueller als auch auf Team- und auf Organisationsebene relevant. Cowan und Beck gehen davon aus, dass Gruppen und Teams sich unbewusst auf ein Werteset einigen. Wenn man eine komplette Organisation betrachtet, kann es also sein, dass in der Abteilung Finanzen

Ordnung und Struktur (blau) geschätzt werden und im Marketing Kundenorientierung (orange), die Organisation als Ganzes aber Nachhaltigkeit und Gleichberechtigung schätzt und somit als Ganzes grün ist.

Es rücken genau die Werte in den Vordergrund, die für den jeweiligen Kontext gebraucht werden. Sie spiegeln die Haltungen, grundlegende Werte und Theorien wider, die gemeinsam kultiviert werden. Es geht um den Aufbau von gemeinsamen Denk-, Gefühls- und Reaktionsmustern (Oestereich & Schröder, 2020, S. 16 ff.).

Abbildung 4: Veränderungsebenen der Organisation (Dilts, 2005)

Eine Organisation als Ganzes kann eine neue Stufe erreichen, wenn sich ihr Kontext ändert und somit Strategien, Fähigkeiten, Ziele und das Verhalten angepasst werden (siehe Abbildung 4: Veränderungsebenen der Organisation (Dilts, 2005). So ist das Erreichen einer neuen Stufe das Ergebnis eines Organisationsentwicklungsprozesses und nicht der Startpunkt. Entsprechend ist eine Organisation in gewisser Weise durch die Organisationsführung (z. B. die Geschäftsführung oder die Gründerinnen) begrenzt. Eine Führung bringt mit ihren Entscheidungen zu Strategie, Prozessen, Zielen usw. ihre Haltung zum Ausdruck. So kann sie die Organisation nur so führen, wie sie es für richtig hält. Sie kommt über ihre eigene Stufe nicht hinaus. Deshalb ist es gerade zu Beginn der Einführung der kollektiven Führung wichtig zu schauen, auf welcher Stufe die Führung steht. So kann der Veränderungswunsch sich an der Stufe der Führung orientieren oder die Führung begibt sich bewusst in einen Prozess der Persönlichkeitsentwicklung.

Literaturempfehlungen

Terri O'Fallon: Forschung zum STAGES Developmental Model
Gerhard Wohland, Matthias Wiemeyer: Denkwerkzeuge der Höchstleister
Don Edward Beck, Teddy Hebo Larsen, Sergey Solonin, Rica Cornelia Viljoen, Thomas Q. Johns: Spiral Dynamics in der Praxis
Joachim Bauer: Selbststeuerung
Elinor Ostrom: Governing the Commons
Paul W. B. Atkins, David Sloan Wilson, Steven C. Hayes: Prosocial

KAPITEL 2

VON DER FÜHRUNGSKRAFT ZUR KOLLEKTIVEN FÜHRUNG – EINE ANLEITUNG FÜR DIE GESTALTUNG DER ÜBERGANGSPHASE

Wenn sich eine Organisation auf den Weg zur kollektiven Führung macht, ist dieser Weg immer mit einem Transformationsprozess verbunden. Selbst wenn sich eine Organisation mit ihrer Gründung kollektiv geführt aufstellen möchte, müssen alle im Team erstens ihre Erwartungshaltung gegenüber der Geschäftsführung – der formalen Führungskraft – prüfen und gegebenenfalls neu lernen, inklusive der Geschäftsführung selbst und zweitens Verantwortung für die Gestaltung der Führung im Team übernehmen.

In einer klassisch geführten Organisation gibt es einige ausgewählte Führungskräfte, die Verantwortung für ausgewählte Themen übernehmen. Zu diesen Themen gehören beispielsweise die Personalführung, die strategische Ausrichtung und das Budget/die Finanzen.

In einer kollektiv geführten Organisation wird Führung mithilfe von Rollenbeschreibungen in ihre Einzelteile zerlegt und auf die jeweils kompetentesten Personen verteilt.

Zwei wichtige Aufgaben von Führung sind die Gestaltung von Prozessen und die Steuerung von Verhalten: »Was ist richtig, was ist falsch/ was darf man, was darf man nicht?«

Für dieses Kapitel gehen wir von Organisationen aus, die bereits seit einiger Zeit bestehen und Führungskräfte etabliert haben. Zu den Führungskräften zählen sowohl Team- und Bereichsleitungen als auch Geschäftsführerinnen und in der Organisation aktiv arbeitende Gründerinnen.

Die Frage »Was machen wir mit den Führungskräften?« steht bei diesem Szenario wie ein Elefant im Raum. Wer seine Führungsposition abgeben muss, erleidet einen Machtverlust, vielleicht sogar in Verbindung mit einem Identitätsverlust. Es wird deutlich, dass hier mit Fingerspitzengefühl und in einem bekömmlichen Tempo gearbeitet werden muss. Die Frage suggeriert auch, dass wir die Führungskräfte irgendwie loswerden müssen und das ist eindeutig nicht der Fall.

Wir möchten die Führungskräfte als Ressource sehen, die den Transformationsprozess maßgeblich in ihre Teams tragen und aufrechterhalten. Wir brauchen sie als enge Verbündete, die mit uns in die gleiche Richtung denken und sich auf das Erreichen der Entwicklungsstufe *kollektive Führung* freuen. So stellen wir die Frage »Wie begeistern wir die Führungskräfte für die kollektive Führung?«

Die Begeisterung entwickelt sich einerseits durch den Prozess, sodass wir ein mögliches Vorgehen beschreiben möchten, und andererseits wird sie durch den Raum zur Selbstreflexion ermöglicht, die wiederum Einfluss auf die Haltung nehmen kann.

PROZESSGESTALTUNG

Die Organisation als Ganzes wird sich so weit entwickeln, wie die oberste Führungsetage bereit ist, zu gehen. Anhand der Entwicklungsstufen aus dem vorherigen Kapitel wissen wir, dass die kollektive Führung, die auch einen Systemwandel anstrebt, mit der gelben Stufe beginnt. Eine orange Unternehmensführung wird die Organisation nicht gelb führen können.

Transformation ist Chefsache

Die Transformation beginnt immer auf der obersten Führungsetage. Sie muss von ihr initiiert und getragen werden. Die Motivation dafür kann im Persönlichen liegen – z. B. »Ich möchte Verantwortung abgeben.« – oder auch in der Lösung von aktuellen Herausforderungen – z. B. »Wir sind darauf angewiesen, dass jede Person möglichst viel selbst entscheiden kann.« Ganz konkret heißt das, dass die Geschäftsführung die Transformation vorantreiben muss. Dazu gehört, dass sie Vereinbarungen nachhält, neue Termine für Besprechungen ansetzt, und das Thema kollektive Führung zur Chefsache macht. Gleichzeitig muss sich die oberste Führungsetage natürlich mit dem Machtverlust auseinandersetzen, der mit der Transformation einhergeht. Dazu gehört auch die Frage, was eine Geschäftsführung formal leisten muss, um sich keinem Haftungsrisiko auszusetzen. Mit dieser Frage beschäftigen wir uns im Kapitel Gestaltungsprinzip 2: Entscheidungen für Klarheit und Dynamik.

Die Unternehmensführung ist häufig der Dreh- und Angelpunkt für die Organisationsgestaltung. Viele Initiativen, die durch die Personalabteilung initiiert werden, müssen der Geschäftsführung regelrecht verkauft werden. Die Herausforderungen, die mit diesen Initiativen gelöst werden sollen, stellen für sie keine drängenden Probleme dar, sodass die Motivation für die Änderung schnell sinkt. Die Verknüpfung von Problem und Lösungsstrategie ist essentiell für eine erfolgreiche Problemlösung.

Einer unserer Kunden wollte OKRs einführen. Die Methode wurde durch die Personalabteilung bei der Unternehmensführung vorgeschlagen. In der Auftragsklärung konnten wichtige Gründe für die Einführung identifiziert werden. Der Kick-off mit dem Managementteam verlief reibungslos. Schon im nächsten Quartal hatte die Geschäftsführung Schwierigkeiten, sich auf den gemeinsamen Termin zur Entwicklung der neuen OKRs vorzubereiten. Im dritten Durchlauf stieg sie komplett aus dem Prozess aus. Zum vierten Durchlauf kam es nicht.

Bei einer anderen Organisation, die wir beim Kick-off für New Work begleitet haben, war die Geschäftsführung sehr überzeugt von der Notwendigkeit der Transformation und begeistert für kollektive Führung. Sie trieb die Transformation mit oberster Priorität voran und heute, nach vier Jahren, arbeitet die Organisation kollektiv geführt.

Führung bewusst gestalten, um sie abzugeben

Eure Führungskräfte spielen bei der Transformation eine entscheidende Rolle. Sie können die Prozesse in der Organisation und ihren Teams gestalten (solange die Organisation noch klassisch aufgestellt ist) und Führung abgeben, sodass ihr zur kollektiven Führung gelangen könnt.

Für das Thema Führung solltet ihr so im ersten Schritt folgende Fragen stellen:

- Wie definieren wir Führung/Führungsverantwortung aktuell?
- Was sind unsere Erwartungen an Führung/Führungskräfte?

- Was sollen sie für ihre Teams leisten?
- Welche Pflichten sollen sie übernehmen?
- Was sind vielleicht Vorgaben (z. B. Feedbackprozesse, Gespräche mit Mitarbeitenden) und wie setzen wir sie durch?
- Was passiert, wenn die Führungskraft ihrer Führungsverantwortung nicht nachkommt?

Erst eine klare Erwartungshaltung für und an das Thema Führung ermöglicht ein Verteilen von Führung. Wenn transparent ist, welche Themen, Funktionen und Ziele Führung übernehmen soll, kann sich eine andere Person dazu entscheiden, eine Führungsaufgabe zu übernehmen.

Die Erwartungen an das Thema Führung gehen erfahrungsgemäß stark auseinander, je nachdem, welche Perspektive der Organisation befragt wird. Gestaltet die Rollen möglichst gemeinsam mit möglichst vielen verschiedenen Perspektiven: Geschäftsführung, Führungskräfte, Teammitglieder, viel und wenig Arbeitserfahrung, viele und wenige Wochenstunden usw. Ihr könnt den Prozess mehrstufig gestalten: Zuerst entwickelt die Geschäftsführung ihre Ideen und setzt sie um, dann ergänzen die Führungskräfte ihre klar definierten Rollen und schließlich kommen die Rollen aus dem Team dazu. Für den Prozess der Rollenneuvergabe solltet ihr beachten, dass stets die kompetenteste Person für die Rolle gefunden werden kann.

Stolperstein informelle Hierarchie

Ein Stolperstein für die Gestaltung von Führung ist die informelle Hierarchie. Je komplexer das Umfeld, desto notwendiger ist klare Führung, um informelle Hierarchien zu vermeiden. Je schwächer die formale Führung, desto stärker ist die informelle Hierarchie.

Informelle Hierarchien basieren auf Leistung oder auf Dominanz.

Bei leistungsbezogenen Hierarchien wird denjenigen Personen Einfluss gewährt, die für ihre Fähigkeiten, ihren Erfolg oder ihr Wissen anerkannt und respektiert werden. Das heißt, Teammitglieder mit geringer Kompetenz, Wissen und Leistung in einem Bereich erkennen bereitwillig die Kompetenz und Leistung anderer Mitglieder an. So tauschen sie möglichen Einfluss gegen bessere Beiträge für das Teamziel ein.

Werden formale Führungsrollen geschaffen, sollten sie auf Leistung, also Kompetenz basieren, sodass keine parallele, informelle Hierarchie entsteht.

Bei dominanzbasierten Hierarchien basiert der Einfluss auf dominantem Verhalten. Eine Person behauptet, Einfluss zu haben, und dieser wird ihr dann gewährt.

Die dominant-unterwürfigen Interaktionen stabilisieren sich mit der Zeit zu ungleichen Einflussbeziehungen. Dominanzbasierte Hierarchien werden meist als unfair wahrgenommen. Sie sind nicht bewusst gewählt oder vereinbart und führen häufig zu Wettbewerbsverhalten, Statuskonflikten und verringerter Leistung.

Es gibt in jeder Gruppe Hierarchien – entweder formelle, informelle oder einen Mix aus den beiden. Sobald Organisationen, die an komplexen Aufgaben arbeiten, ihre Gruppen formell stärker egalitär gestalten möchten und dafür ihre starke formale Führung reduzieren, entwickeln die Gruppen starke informelle Hierarchien, um die Mehrdeutigkeit zu reduzieren und Klarheit über Rollen, Positionen und Verantwortlichkeiten der Mitglieder zu schaffen. Insbesondere für die Gestaltung der kollektiven Führung solltet ihr also darauf achten, Führung formell zu gestalten und transparent zu verteilen. Die formellen Führungsrollen müssen ein klar definiertes Arbeitsumfeld schaffen, das es den Gruppenmitgliedern ermöglicht, gleichberechtigt zusammenzuarbeiten.

BESONDERE HERAUSFORDERUNGEN FÜR FÜHRUNGSKRÄFTE

Führungskräften kommt in der Übergangsphase nicht nur eine wichtige Rolle zu, sie werden auch mit besonderen Herausforderungen konfrontiert:

- Sie erleiden einen Machtverlust, wenn sie ihre machtvolle Position aufgeben und sich gleichwertig ins Team eingliedern.
- Sie müssen sicherstellen, dass die Themen, die sie abgeben, bei anderen Menschen gut aufgehoben sind. Das sind nicht nur Führungsthemen, sondern auch Themen, bei denen sie regelmäßig um Entscheidungen gebeten werden, vielleicht sogar unabhängig von ihrer eigenen Expertise.

Machtverlust meistern

Macht verändert unser Gehirn (Useem, 2017). Wissenschaftler haben herausgefunden, dass Macht uns impulsiv werden lässt, das Risikobewusstsein schmälert und unsere Spiegelneuronen ausschaltet. So können wir uns schlechter in andere Menschen hineinversetzen und werden empathieloser. Gleichzeitig unterstützt uns Macht dabei, nebensächliche Informationen auszublenden. So steigern wir unsere Effizienz, aber auch den Tunnelblick.

Gleichzeitig hat die Wissenschaft auch herausgefunden, dass es sich bei Macht vor allem um ein Gefühl, einen Gemütszustand handelt. So können wir trotz einer machtvollen Position empathisch bleiben, wenn wir demütig bleiben.

Eine besondere Bedeutung mit Blick auf die im Unternehmen vorhandene Macht kommt den Gründern zu. Für die Wirkung der Macht auf Gründerinnen und Gründer hat sich der Begriff Gründer-Syndrom etabliert. Da die Gründer meist von Anfang an dabei waren, haben sie viel Wissen angehäuft und sind Experten für ihre Organisation geworden. Durch diese Expertise, gepaart mit der hohen Identifikation mit ihrem Unternehmen, läuft die Organisation Gefahr, sämtliche Entscheidungen durch die Gründer treffen zu lassen.

So wird die Expertise von Menschen, die kompetenter sind als sie selbst, meist nicht anerkannt, und Schlüsselpositionen werden gern an Freunde vergeben. Die kompetenten Menschen werden gefeuert oder aufs Abstellgleis manövriert. Weitere Effekte des Gründer-Syndroms können sein, dass der Informationsfluss in der Organisation blockiert wird – Wissen ist Macht – und die Prioritäten und Pläne werden durch die Gründer festgelegt. Vorschläge für Veränderungen werden aktiv blockiert und abgewehrt. Mitarbeitende haben häufig das Gefühl, dass sie nicht fürs Denken bezahlt werden.

Die Gründer verhindern mit ihrem Machtmonopol die echte kollektive Führung und die Weiterentwicklung der Organisation. Ein erster Schritt raus aus dem Dilemma ist die Bewusstmachung des Problems und schließlich die echte Auseinandersetzung damit.

Erfolgt keine Auseinandersetzung mit der Problematik, läuft die Organisation Gefahr verschiedener negativer Folgen. Dazu zählen beispielsweise der Motivationsverlust der Mitarbeitenden, viel Politik, eine hohe Fluktuation, ein Klima der Angst und schließlich ein unzufriedener Gründer. Das Syndrom hinterlässt ein Gefühl von Isolation, Überarbeitung und fehlender Wertschätzung bei den Gründern.

Literaturempfehlung

Cecile Green: Collaboration that Works: A Ruthlessly Practical Handbook for a Generative World

Verantwortung abgeben

Die andere Herausforderung, die Führungskräfte häufig meistern müssen, ist das Abgeben. Hier liegt der Widerstand oft in Gedanken wie »Das dauert so lange, bis ich es erklärt habe, das mache ich lieber schnell selbst.« Gleichzeitig ist das »lieber schnell selbst« langfristig natürlich zeitintensiver, wenn wir es immer wieder selbst machen. Gleichzeitig liegt im Abgeben natürlich die Chance, Dinge abzugeben, die man ohnehin nicht gern gemacht hat. Führungsthemen, die mit Begeisterung übernommen werden, dürfen auch bei der ursprünglichen Führungskraft verbleiben.

Ein Baustein, der hier mehr Sicherheit geben soll, sind Grundlagen dazu, wie Menschen etwas lernen und was du für dich tun kannst, um Dinge mit einem guten Gefühl abzugeben. Eine Herausforderung wird in diesem Kontext immer bleiben: aushalten, dass andere Menschen, andere Entscheidungen treffen, als man selbst.

Wenn wir uns in etwas verbessern oder verändern möchten, brauchen wir einen Lernraum. Wir brauchen Zeit dafür, ungewohnte Bewegungen, Abläufe, Sprachmuster usw. einzustudieren. Gleichzeitig benötigen wir im ersten Schritt eine Anleitung, um zu wissen, was genau wir auf welche Art und Weise tun oder sagen sollen. Sobald wir das Neue für uns verinnerlicht haben, entsteht der Raum für eigene Wege.

Wenn wir uns Ziele setzen, gibt es zwei Arten von Zielen: Lernziele und Leistungsziele. Insbesondere, wenn man den Weg zu einem Ziel nicht kennt, baut es enorm viel Druck auf, mit Leistungszielen zu arbeiten. Der Druck wiederum wirkt sich negativ auf die Leistung aus. In Organisationen gibt es viele Dinge, die zum ersten Mal gemacht werden, bei denen ein Lernraum nötig ist, um mit der Zeit zuverlässig Leistung erbringen zu können.

Ein Leistungsziel bietet sich im Grunde immer dann an, wenn man mit einer gewissen Sicherheit sagen kann: Wenn ich xy investiere, bekomme ich abc heraus. Ein Lernziel bietet sich immer dann an, wenn man sich auf unbekanntem Terrain bewegt und erst noch herausfinden muss, was am besten funktioniert.

Lernziele können in drei verschiedene Arten unterteilt werden: Wissen, Wollen und Können. Das Wissen bezieht sich auf kognitive Lernziele – Ich weiß, wie man Führung übernimmt. Das Wollen bezieht sich auf affektive Lernziele – ich will die Führung übernehmen, weil ich das wertvoll finde und glaube, dass Führung verteilt sein sollte. Das Können bezieht sich auf psychomotorische Lernziele und ist für Fertigkeiten relevant, die vom Körper ausgeführt werden.

	Kognitive Lernziele 5 Stufen nach Grad der Komplexität	**Affektive Lernziele** 5 Stufen nach Grad der Internalisation	**Psychomotorische Lernziele** 5 Stufen nach Grad der Koordination
1	**Wissen & verstehen** Wissen erinnern und abrufen. Mit eigenen Worten wiedergeben. Beispiele anführen.	**Aufmerksamkeit** Sensibilisierung für das Thema. Inhalte und Kenntnis mitnehmen.	**Imitation** Beobachtung und Nachahmung von Bewegungsabläufen. Grobe und unsichere Bewegungen.
2	**Anwendung** Transfer herstellen. Erlerntes auf konkrete Situationen übertragen.	**Reaktion** Interesse und Aufnahmebereitschaft. Positive Haltung gegenüber dem Thema.	**Manipulation** Bewegungsabläufe auf Instruktion ausführen. Zunehmend sichere Bewegung.
3	**Analyse** Inhalte in Teile zerlegen. Widersprüche & Zusammenhänge erkennen.	**Wertung** Inhalte für wertvoll halten. Bereitschaft, größeren Aufwand dafür zu betreiben.	**Präzisierung** Abläufe flüssig und mit hoher Genauigkeit. Allmähliche Unabhängigkeit vom Modell.
4	**Synthese** Zusammenfügen von Wissenselementen. Plan erstellen. Hypothesen entwickeln.	**Wertesystem** Wert vom Einzelfall lösen und auf das Allgemeine schließen. Werte in Beziehung stellen.	**Handlungsgliederung** Koordination komplexer Bewegungsabläufe. Harmonisches Zusammenwirken.
5	**Bewertung** Beurteilen, Entschlüsse fassen und begründen. Fazit und Maxime herleiten.	**Verinnerlichung** Lebensziele nach den Werten ausrichten. Erfüllt sein durch die Werte.	**Naturalisierung** Automatische, unbewusste Ausführung. Unabhängig vom Modell.

Abbildung 5: Verschiedene Arten von Lernzielen (Nitschke, 2014, S. 33)

Bei den kognitiven Lernzielen steht Wissen und Verstehen auf der ersten Stufe, danach folgt die sichere Anwendung und in den nächsten drei Stufen folgt das, was im Modell der Kontextbrücke »meistern« genannt wird.

Für die affektiven Lernziele – also das Wollen – starten wir mit einer Sensibilisierung für das Thema, gefolgt von einer positiven Haltung und einer inneren Bereitschaft, größeren Aufwand für etwas zu betreiben, weil man es als wertvoll erachtet.

Wenn wir nun das Modell der Kontextbrücke betrachten und mit der Frage verbinden: »Welche (Führungs-)Aufgaben soll mein Team übernehmen?« verläuft die Übergabe Hand in Hand mit der Systematik der Lernziele.

Folgende Schritte ergeben sich im Übergabe-Prozess:

Aus Teamperspektive	Aus Perspektive der Führungskraft
Dürfen	
Welche Verantwortungsbereiche darf das Team übernehmen?	• Was bin ich bereit abzugeben? • Was darf mein Team tatsächlich alleine entscheiden, ohne dass ich am Ende die Entscheidung revidieren würde, wenn ich sie anders getroffen hätte? • Wie kann ich das »Dürfen« offiziell und glaubwürdig kommunizieren?
Wollen	
Das Team will die Verantwortung übernehmen. Es ist für das Thema sensibilisiert, hat Interesse und betrachtet es als wertvoll, die Verantwortung zu tragen.	• Wie kann ich mein Team für neue Verantwortungsbereiche sensibilisieren? • Wie kann ich den Wert aufzeigen, den die »Neuverteilung« haben kann? • Wie kann ich kontinuierlich ins Wollen investieren? • Welche Rituale bieten sich dafür an, alle an Bord zu holen und Kontinuität sowie Ernsthaftigkeit hinter meinem Vorhaben zu versichern?
Kennen	
Das Team weiß, was auf es zukommt. Hier ist die erste Stufe des kognitiven Lernens erfüllt. Zugangsberechtigungen sind vergeben und rechtliche/formale Rahmenbedingungen sind erfüllt.	• Wie kann ich dem Team/den Personen, die Rollen übernehmen möchten, Anleitung und Austausch geben? • Wie kann ich Sicherheit bei Unsicherheit vermitteln? • Wie kann ich darin unterstützen, Selbstvertrauen für den Verantwortungsbereich zu entwickeln? • Was könnte der Person Sicherheit für die ersten beiden Lernstufen geben? Können externe Institutionen oder das Team dabei unterstützen? Wenn ja, wie?

Aus Teamperspektive	Aus Perspektive der Führungskraft
Können und meistern	
Das Team fühlt sich sicher in der Anwendung. Im letzten Schritt bewegen wir uns auf Stufe 3, 4 und 5 der kognitiven Lernziele. Das Erlernte kann nicht nur sicher angewendet, sondern auch analysiert, synthetisiert und bewertet werden.	Im letzten Schritt kann ein Ritual entwickelt werden, bei dem die Übergabe bzw. der Abschluss der Übergabe offiziell gefeiert wird.

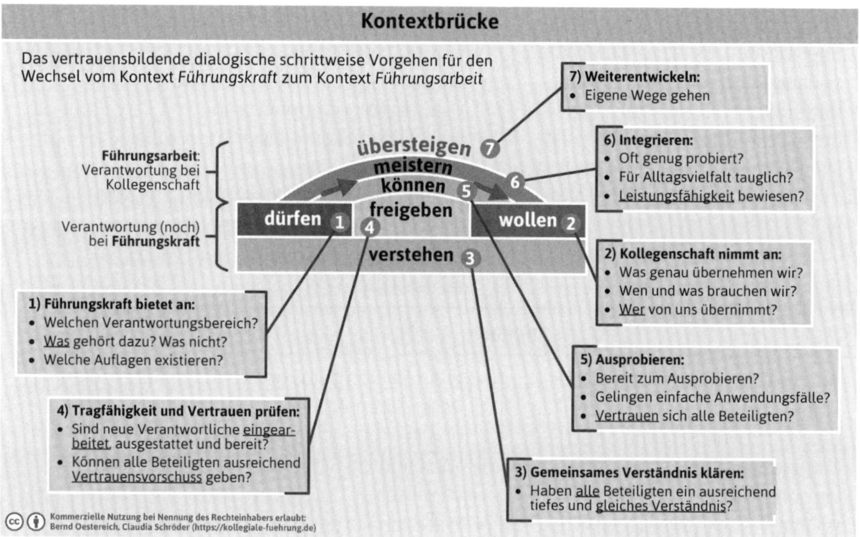

Abbildung 6: Kontextbrücke (Grafik von Bernd Oestereich und Claudia Schröder, http://kollegiale-fuehrung.de)

Durch das Wissen um die verschiedenen Stufen der Lernziele in Kombination mit der Kontextbrücke kann die Führungskraft den Übergangsprozess besser gestalten.

DEINE MOTIVATION FÜR FÜHRUNG: DEINE FÜHRUNGSROLLE IM JETZT UND IN DER ZUKUNFT

Geteilte Führung in deinem Team zu implementieren, stellt ein Lernziel für dich und dein Team dar. Es wird eine Weile dauern, bis ihr mit euren Führungsrollen und der Umsetzung zufrieden seid und die Verantwortung vollständig im Team liegt.

Ein Team, das eine Anleitung bekommt, wie kollektive Führung funktioniert, bekommt einen Spielraum, ein Lernfeld, diese einzuüben und sie für sich zu erproben. So hilft es ungemein, wenn du Klarheit zu deiner eigenen Führungsrolle und zur Verantwortung von Führung im Teamkontext hast. Nur so kannst du deinem Team eine Anleitung dazu geben, was zu tun ist und den Raum schaffen, sich in Führung zu erproben, sie weiterzuentwickeln und zu meistern.

So möchten wir den Übergang vom theoretischen zum Reflexionsteil mit der Frage gestalten:

Worin übernimmst du aktuell gern Führung?

Früher wurde Führung in die zwei Bereiche »disziplinarische und fachliche Führung« unterteilt. So wurde ein Team meistens von Menschen angeführt, die eine ausgesprochene Expertise haben und so wegweisende, fachliche Entscheidungen für das Team treffen konnten.

Bei der disziplinarischen Führung geht es eher um die nicht-fachlichen, weichen Themen wie Urlaubsanträge und Personalgespräche.

Entsprechend der verschiedenen Lernstufen haben viele Führungskräfte eine große Sicherheit im fachlichen Bereich – diesen meistern sie. Wenn sie etwas im fachlichen Bereich abgeben möchten, können sie den Übergabeprozess gestalten und als Sparringspartner zur Verfügung stehen.

Der disziplinarische Bereich ist in großen Organisationen oft explizit gestaltet und Führungskräfte werden häufig durch Trainings darin unterstützt, den Bereich zu meistern. Gleichzeitig gibt es keine Feedbackschleife in der alltäglichen Umsetzung. In vielen kleineren Organisationen (Mittelstand und Start-ups) wird keine explizite Erwartungshaltung für den weichen Bereich entwickelt. Es werden keine einheitlichen Vorgaben dazu gemacht, wie Führung in der Organisation und damit verbunden, welche Führungsaufgaben durch die Führungskraft umgesetzt werden sollen. Die Einführung der kollektiven Führung wird damit zum Blindflug: Wie kann ich etwas ins Team überführen, was nicht klar definiert ist?

Für Organisationen, die sich in einem komplexen Umfeld bewegen, ändern sich die Anforderungen an Führung und auch die Gestaltung der Führung. Führungskräfte brechen alte Muster auf, fördern Neuheiten und geben Ereignissen einen Sinn. Sie ermöglichen Innovationen in komplexen Strukturen, ohne zu kontrollieren. Sie schaffen Räume, in denen sich Zukunft entwickeln kann.

So möchten wir dich dazu einladen, dich mit deiner Führungsrolle auseinanderzusetzen und sie aktiv zu gestalten. So bekommst du Klarheit, welche Dimensionen von Führung dir liegen, welche du bereits etabliert hast, welche du gern abgeben möchtest und welche Dimensionen andere Menschen im Team etablieren sollen.

Und da wir hier im Lernprozess sind, möchten wir im ersten Schritt eine Art Vorlage anbieten, an der du dich bei deiner Rollengestaltung orientieren kannst. Diese kannst du als Inspiration nutzen und an deine momentane Situation anpassen.

Führungsarbeit und Führungsrollen

Für Führung gibt es wohl keine einheitliche Definition. Wenn wir 50 Menschen fragen, sagt jeder etwas anderes.

Für uns versinnbildlicht sich Führung im Führen eines Pferdes. Wenn ich eine innere Klarheit dazu habe, wo ich hinmöchte, kann das Pferd sich vertrauensvoll zurücklehnen und mitgehen. Wenn ich klar darin bin, was ich von dem Pferd erwarte, kann es sich innerlich loslassen und sich entsprechend verhalten. Es kann entspannt entscheiden, wann und ob es sich nun zur Futterraufe bewegt, weil klar ist, was erlaubt ist. Der Rahmen für eigene Entscheidungen ist klar. Deshalb nutzen wir auch gern das pferdegestützte Coaching in unserer Arbeit mit Organisationen.

Die Aufgabe von Führung liegt darin, Klarheit zu schaffen: Was ist erlaubt und was nicht und wo gehen wir gemeinsam hin und warum?

Die Führungsrollen, die wir hier anbieten möchten und sich an der Forschung zu »complexity leadership« (siehe z. B. Uhl-Bien & Marion, 2007) orientieren, zielen alle darauf ab, einen Rahmen zu setzen und die gerade genannten Fragen zu beantworten. Führung wird durch die vielen verschiedenen Rollen teilbar, institutionell verankert und vor allem transparent. Die Rollen schaffen eine Verbindlichkeit dafür, dass die Führungsarbeit der Rolle stattfindet. Die Rollen schaffen Sichtbarkeit und Wertschätzung. Eine Rolle, die durch das Team entwickelt wurde, ist mit einem konkreten Auftrag ausgestattet. Es wird möglich, darüber zu sprechen, ob die inhaltliche Gestaltung der Führungsarbeit dem Team dient oder ob etwas anderes gebraucht wird. So bleibt Führung keine Einbahnstraße und passt sich dynamisch an die Situation an.

Voraussetzung für die Gestaltung, Entwicklung und Weiterentwicklung von Führungsrollen ist, dass das Team Raum zur Reflexion hat:

- Selbstreflexion: »Was brauche ich, um mich gut geführt zu fühlen?«
- die gemeinsame Reflexion: »Was brauchen wir als Team, um uns gut geführt zu fühlen?«

Zur besseren Orientierung haben wir verschiedene Beispiele für Führungsrollen den Gestaltungsprinzipien zugeordnet. Diese sollen euch als Inspiration dienen und ihr könnt sie einfach an euren Bedarf anpassen. Auf Rollen im Bereich fachliche Führung gehen wir nicht ein. Zum Umgang mit Rollen erfährst du mehr im Kapitel »Das Arbeiten in Rollen« ab Seite 204.

Führungsrollen gemäß der sieben Gestaltungsprinzipien

- **Gestaltungsprinzip gemeinsame Identität**

  Barista
  Der oder die Barista kümmert sich um das Wir-Gefühl im Team. Es ist die Person, die in der Kaffeeküche sitzt, Geschichten über

das Team, die Organisation, frühere Herausforderungen, erreichte Meilensteine und gefeierte Erfolge erzählt.
Sie ist Treiberin für die zwischenmenschlichen Beziehungen im Team und fördert den informellen Austausch, organisiert gemeinsame Mittagessen und verankert sonstige Rituale im Team.

Werte-Wächterin
Die Werte-Wächterin setzt sich dafür ein, dass die gemeinsamen Werte gelebt werden und nicht in der Schublade verschwinden. Werden die Werte ganzheitlich betrachtet, wacht die Rolle über die äußeren und inneren Werte. Es wird dann nicht zwischen den Werten aus dem Produktmarketing-Bereich und den Werten der Teamarbeit sowie des zwischenmenschlichen Miteinanders unterschieden.
Beispiele für die Arbeit der Werte-Wächterin sind das Feedback zu individuellem Verhalten, das wertekonform war oder eben nicht, und auch der routinierte Blick auf die Werte. So können Prozesse, das Verhalten und die Kommunikation regelmäßig auf das Einhalten der eigenen Werte geprüft werden.

Purpose-Wächter
Der Purpose-Wächter setzt sich dafür ein, dass der Purpose in der Organisation, in den Kreisen und in den Rollen stimmig und lebendig ist. Die Rolle implementiert Purpose-Routinen und stellt immer wieder die Frage, ob die geplanten Aktivitäten dem Purpose dienen. Auch die Weiterentwicklung des Purpose liegt in seiner Verantwortung. Mehr zum Purpose findest du im Kapitel »Gestaltungsprinzip 1« ab Seite 67.

- **Gestaltungsprinzipien Feedback und Selbstbestimmung**

Coach
Der Coach unterstützt die persönliche und fachliche Weiterentwicklung. Er ist Sparringspartner, gibt Reflexionsanstöße und hat ein offenes Ohr für persönliche und berufliche Herausforderungen. Er ist kein Experte für den jeweiligen Fachbereich, sondern eher der Resonanzboden und steht dem Team mit einem offenen Ohr zur Verfügung. Er behandelt die besprochenen Themen vertraulich. Steht er nicht selbst als Gesprächspartner zur Verfügung, gestaltet er die Angebote und Prozesse für die persönliche und fachliche Weiterentwicklung.

Experte
Der Experte ist die Person, die aufgrund ihrer Expertise gern von sämtlichen Teammitgliedern um Rat gefragt wird. Die Rolle ist meist informell, bevor sie offiziell gemacht wird. Sie steht in fachlichen Fragen als Sparringspartner zur Verfügung und stellt sicher, dass das Team qualitativ hochwertige Ergebnisse liefert. Wenn der Experte selbst fachlich an seine Grenzen kommt und kein Wissenstransfer mehr stattfinden kann, kann er mit dem Team gemeinsam überlegen, wie die Expertise im Team weiter gefördert werden kann. Einige Ideen dazu sind externes Mentoring, die kollegiale Beratung/Supervision und natürlich Fortbildungen.

Feedback Guide
Der Feedback Guide implementiert Feedbackprozesse. Diese öffnen den Raum zur Reflexion und dazu, Rückmeldung zu richtigem und falschem Verhalten zu geben (sozial erwünscht oder unerwünscht). Der Feedback Guide behält auch die Feedbackkompetenz des Teams im Blick.
Die Rolle kann gut mit der Rolle Werte-Wächterin kombiniert werden.

- **Gestaltungsprinzip Konfliktlösung**

Mediatorin
Die Mediatorin ist neutrale Ansprechpartnerin im Konfliktfall. Sie begleitet die Konfliktklärung im Team und gestaltet Prozesse, die im Konfliktfall greifen.

- **Gestaltungsprinzip Gerechtigkeit**

Gerechtigkeit
Die Rolle stellt sicher, dass alle im Team gleichbehandelt werden und Konsequenzen auf Fehlverhalten folgen. Sie arbeitet daran, dass es ein gemeinsames Verständnis von Gerechtigkeit gibt und Prozesse gerecht sind. Mehr dazu findest du ab Seite 223.

- **Gestaltungsprinzip Transparenz**

Ökonomin
Die Ökonomin behält den Überblick über die Finanzen und kann Auskunft darüber geben, wie wirtschaftlich das Team/der Kreis

arbeitet. Im besten Fall wird auch dessen Wirkung gemessen und aktives Controlling betrieben. Die Rolle unterstützt das Team darin, verantwortungsbewusste Budgetentscheidungen zu treffen.

Gestaltung
Die Rolle Gestaltung kümmert sich um die Implementierung und Weiterentwicklung von Prozessen und gemeinsam getroffenen Regeln und Vereinbarungen. Dazu gehören beispielsweise Regelungen zu Arbeits- und Urlaubszeiten und die (Ab-)Schaffung und Weiterentwicklung von Rollen. Aktuelle Herausforderungen des Teams werden von der Rolle adressiert.

Transparenz
Die Transparenz-Rolle sorgt dafür, transparent zu machen, wer woran arbeitet und wie die Arbeit auf den Purpose des Kreises einzahlt. Dazu zählen auch gemeinsam gesetzte Ziele und ihre Nachverfolgung sowie individuelle und gemeinsame Stärken und Schwächen. Informationen werden durch die Rolle transparent gehalten und neue Informationen im Team zirkuliert. Zur Transparentmachung gehört auch, dass die Rolle sicherstellt, dass nicht nur die Information, sondern auch die dahinterliegende Erkenntnis verständlich ist.

Stratege
Die Rolle des Strategen gestaltet die Strategie und sorgt für die Umsetzung. So behält sie im Blick, ob der Kreis seinen Purpose erfüllt, das Team strategisch gut aufgestellt ist und wo strategische Herausforderungen und Chancen liegen. Welche Ziele sollten langfristig erreicht werden und wie kann die kurzfristige Taktik dazu aussehen? Insbesondere in größeren Organisationen bietet es sich an, einen Strategiekreis zu etablieren, in dem die verschiedenen Bereiche der Organisation gut repräsentiert sind.

- **Sonstige Führungsrollen**

Außenvertretung
Die Außenvertretung vertritt den Kreis/das Team nach außen – sowohl bei externen Stakeholdern und Veranstaltungen als auch für interne Stakeholder. So ist sie Ansprechpartnerin, wenn beispielsweise andere Kreise Auskunft zu aktuellen Projekten haben wollen. Sie informiert, teilt Erfolge und Misserfolge.

Innovatorin
Die Innovatorin schafft und hält Freiräume zur Innovationsfähigkeit. Sie sorgt dafür, dass das Team Ideen einbringen und umsetzen kann, neue Methoden ausprobiert werden und das Produkt iteriert wird/mit der Zeit geht.

Kreiskoordination
Die Kreiskoordination ist in ihrer Funktionalität in verschiedenen anderen Rollen integriert. So würde diese Rolle dafür sorgen, dass das Team sich regelmäßig abspricht, gemeinsame Deadlines eingehalten werden, Protokolle für Meetings erstellt werden und regelmäßige Governance-Besprechungen stattfinden. Sie kann auch als Vertretungsrolle für andere Rollen agieren.

Viele Rollen überschneiden und ergänzen sich. Alle Rollen sind inhaltlich wichtig. Dabei ist die Funktion wichtiger als die Eigenständigkeit der Rolle. Wenn die Funktion der Rolle noch nicht im Team etabliert ist – z. B. ein stabiler Feedbackprozess – kann es einfacher sein, darauf zu warten, dass das Team »danach fragt«. Voraussetzung dafür, dass das Team danach fragen kann, ist, dass es dafür einen Prozess gibt, der das zulässt, z. B. in Form eines Governance-Meetings. Das sorgt auch dafür, dass der Nutzen der Rolle für alle klar und spürbar ist und die Rolleninhaberin sie nicht einfach als nervige Mehrarbeit wahrnimmt.

Für die Einführung der kollektiven Führung macht es also Sinn, die verschiedenen Rollen Schritt für Schritt zu etablieren und sie dann abzugeben. So kannst du auch darauf achten, dass die Rollen sich gut miteinander koordinieren und das Team nicht mit einem plötzlichen Überangebot überfrachtet wird.

Ein wichtiger Aspekt mit Blick auf die verteilte Führung ist das Führen unangenehmer Gespräche. Im klassischen Sinne liegt diese Aufgabe stets bei der Führungskraft. Es muss im Team klar sein, wer in welcher Rolle mit welchem dazugehörigen Prozess welche Gespräche übernimmt. Beispiele dafür sind das Feedback bei unakzeptablen Verhalten oder einem Gespräch bei ungenügender Leistung. Wer spricht eine Abmahnung aus, wer eine Kündigung, wie werden Gehälter neu ausgehandelt und mit wem (siehe auch S. 194)? Bei der Entwicklung und Übergabe der Rollen müssen auch die schwierigen Themen mitgedacht werden.

Führung reflektieren

Die folgenden Reflexionsfragen kannst du als Führungskraft selbstständig zu Hause bearbeiten. Seid ihr ein Team im Transformationsprozess, dann bietet es sich an, sie gemeinsam im Workshop-Format zu bearbeiten. So könntet ihr beispielsweise 30 Minuten für Stillarbeit einplanen und die Fragen dann in 2er- oder 3er-Gruppen besprechen (insgesamt maximal 90 Minuten). Anschließend können die Gruppen ihre wichtigsten Erkenntnisse innerhalb von maximal fünf Minuten vorstellen. Zum Schluss reflektiert ihr gemeinsam, was euch bei der Bearbeitung und der Präsentation durch die anderen Gruppen aufgefallen ist und was ihr über euch und euer Team gelernt habt.

Persönliche Reflexionsfragen

- Was bedeutet Führung für dich?
- Wie spielen deine Konzepte von Macht, Karriere, Einfluss und Erfolg in dein Führungsverständnis hinein?
- Aus welchen Gründen hast du dich für die Führungsrolle entschieden?
- Wann fühlst du selbst dich gut geführt?
  - Welchen äußeren Rahmen benötigst du dafür?
  - Was muss eine Führungskraft leisten, damit du dich gut geführt fühlst?
  - Welche Führungskräfte waren Vorbilder für dich?
- Kannst du dich an verschiedene Phasen in deiner Karriere erinnern, in denen deine Erwartungen an Führung anders waren (z. B. durch weniger Berufserfahrung, andere Umstände/Lebensphase)?

Reflexion über Führung für mein Team

- Versuche, dich in eine Person aus deinem Team hineinzuversetzen, die das komplette Gegenteil von dir zu sein scheint:
  - Was braucht diese Person, um sich gut geführt zu fühlen?
  - Welche Erwartungen hat diese Person an dich als Führungskraft?

  - Wie kommuniziert sie diese Erwartungen?
  - Was passiert, wenn ihre Erwartungen nicht erfüllt werden?
- Was braucht dein Team, um
  - seinen Job gut zu machen?
  - sich motiviert zu fühlen?
  - sich psychologisch sicher zu fühlen?
- Was fehlt deinem Team aktuell?

Reflexion über deine Führungsrollen

- Welche Führungsrollen übernimmst du aktuell für dein Team?
- Wie gestaltest du sie aktiv, sodass sie von anderen gesehen werden?
- Sind die Rollen transparent gestaltet oder eher in deinem Kopf?
- Bei welchen Rollen hast du das Gefühl, dass du sie übernimmst, weil sie dir wirklich Spaß machen und du sie gut machst?
- Bei welcher Rolle hast du das Gefühl, dass dein Team sie gut gebrauchen könnte?

Reflexion über die Abgabe von Führung

- Welche Führungsrollen/welche Führungsarbeit, die du aktuell nicht umsetzen kannst, empfindest du als sehr wichtig?
- Welche dieser Führungsrollen darf durch das Team übernommen werden?
- Wie könntest du den Prozess zur Übergabe gestalten?
- Was macht es mit dir, wenn
  - du diese Führungsarbeit abgibst?
  - jemand anderes anders entscheidet, als du es tun würdest?
  - du eine Rolle, die du vorher nicht erfüllt hast, plötzlich sehr stark erfüllt wird und du dich »unterordnen«/zurücknehmen musst?
- Wie kannst du für dich sorgen, sodass du »gern« mitmachst?

Team-Reflexion über die Verteilung von Führung

- Welche Vereinbarungen müssen wir im Team treffen, um uns einen führenden/wegweisenden Rahmen zu geben? Was ist sozial erwünscht, was nicht? Wie wollen wir die Rollen gestalten?
- Was ist bei der Vergabe von Führungsrollen zu beachten?
  - Muss ich da hineinwachsen?
  - Fühle ich mich, als säße ich auf dem Schoß der früheren Führungskraft? Guckt sie mir immer auf die Finger, sodass ich die Führungsrolle nicht frei gestalte?
  - Wer kann welche Führungsrolle gut übernehmen? Wie ist der Vergabeprozess?
- Wie kommen wir zur geteilten Führung?
  - Gemeinsam im Team entwickeln?
  - Top-down entwickeln und ans Team übergeben?

Literaturempfehlungen

Mary Uhl-Bien, Russ Marion, James R. Meindl: Complexity Leadership Pt.1; Conceptual Foundations

Charles C. Manz & Craig L. Pearce: Twisted Leadership: How to Engage the Full Talents of Everyone in Your Organization

KAPITEL 3

KOLLEKTIVE FÜHRUNG GESTALTEN MIT SIEBEN KLUGEN PRINZIPIEN

Der Weg in die kollektive Führung lässt sich nicht vorzeichnen. Er entsteht im Prozess, und es braucht immer Zeit. Es ist ein Prozess, der nicht nur Strukturen gestaltet, sondern auch Einfluss auf die Kultur und die Haltung jedes Mitarbeitenden hat. So ist es eine Entwicklung, die sowohl im Außen, also den Strukturen und Prozessen, als auch bei jedem Einzelnen wirkt und damit persönliche Veränderungen anstößt.

Wir möchten mit den Gestaltungsprinzipien das Verständnis für die verschiedenen Dimensionen der kollektiven Führung stärken, sodass der Weg in jeder Organisation möglichst eigenständig gestaltet werden kann. Jede Organisation muss ihren eigenen Weg finden und von sich ausgehend denken, statt nur bei anderen »abzugucken« – Inspiration ist natürlich erlaubt und wichtig. Doch wo könnt ihr am besten anfangen? Dieses Kapitel hilft dir dabei zu überprüfen, wo ihr steht und was für dich und deine Kollegen die nächsten sinnvollen Schritte sein können.

SEID IHR BEREIT FÜR DIE KOLLEKTIVE FÜHRUNG?

Selbsteinschätzung und Fahrplan

Bei sieben Gestaltungsprinzipien mit je drei Ebenen entstehen schnell sehr viele To-dos, die überfordern und erschlagend sein können. Deshalb stellt sich die Frage: Womit fangen wir am besten an?

Wir haben dir einen Fragenkatalog mitgebracht, der dich darin unterstützt, den aktuellen Status quo je Gestaltungsprinzip zu ermitteln. Dadurch bekommst du einen Eindruck, wo ihr insgesamt steht und was noch vor euch liegen könnte.

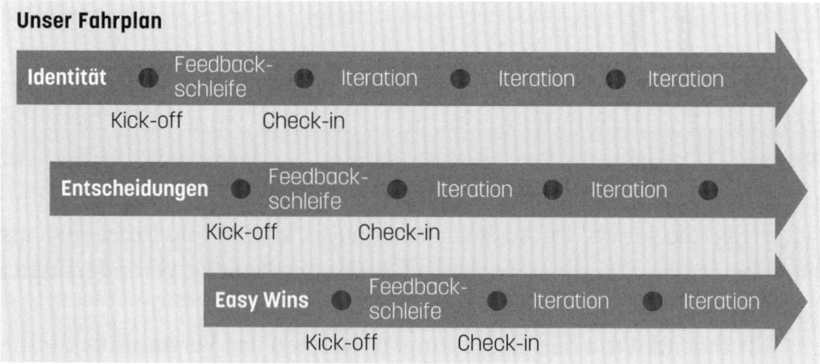

Abbildung 7: Fahrplan für die Gestaltungsprinzipien

Es ist sinnvoll, mit dem ersten Gestaltungsprinzip *gemeinsame Identität* zu starten und im Anschluss mit den *Entscheidungen* weiterzumachen. Damit habt ihr ein Grundgerüst, sodass ihr einmal beschlossene Vereinbarungen iterieren und die Prinzipien weitergestalten könnt. Wenn ihr bei den ersten zwei Prinzipien gut ins Arbeiten gekommen seid, nehmt euch eure »Easy Wins« vor: Wo könnt ihr mit wenig Aufwand schnelle Erfolge erzielen? So bleibt ihr motiviert und könnt euch für die Veränderungen begeistern und z. B. neue Entscheidungsverfahren einüben. Achtet darauf, eure Organisation nicht zu überlasten. Wenn ihr aktuell am Limit arbeitet, bürdet euch nicht noch zusätzliche Arbeit auf. Schaut, ob es eine kleine Veränderung geben könnte, die euch vielleicht sogar Arbeit erspart.

Den Fragenkatalog könnt ihr in regelmäßigen Abständen erneut beantworten, um regelmäßig eure Herausforderungen zu identifizieren und ein Gefühl für den Fortschritt zu bekommen.

So funktioniert der Test:
Beantworte die Fragen auf einer Skala von 1 bis 10. Eine 10 bedeutet 100 % zutreffend. Am Ende zählst du die Punkte zusammen und teilst sie durch die Anzahl der Fragen. Nimm dir einen Referenzrahmen, bei dem du bleibst: Beantworte die Fragen also entweder für dich persönlich oder für dein Team oder für die gesamte Organisation.

1. Gemeinsame Identität

- In meiner Organisation richten alle ihre Entscheidungen am Purpose aus.
- Ich fühle mich mit dem Purpose der Organisation sehr verbunden und ich habe das Gefühl, einen positiven Beitrag zur Gesellschaft zu leisten.
- Ich fühle mich mit den Menschen in der Organisation verbunden.
- Ich nehme den Umgang in unserem Team als sehr vertrauensvoll wahr und schätze unsere qualitativen Beziehungen.
- Ich habe das Gefühl, Fehler machen zu dürfen und unpopuläre Ideen äußern zu können, ohne (soziale) Strafen zu fürchten.

Summe: _____ / 5 = _____

2. Entscheidungen für Klarheit und Dynamik

- Ich kann in meinem Verantwortungsbereich meine eigenen Entscheidungen treffen, ohne mich rechtfertigen zu müssen.
- Bei Entscheidungen, die mich betreffen, habe ich stets die Möglichkeit, mich einzubringen. Unsere Prozesse sind grundsätzlich so aufgesetzt, dass Betroffene in die Entscheidungen einbezogen werden oder Gelegenheit haben, sich einzubringen.
- Ich verfüge stets über alle Informationen, um eine gute Entscheidung treffen zu können.
- Mir ist klar, wie bei uns welche Entscheidungen getroffen werden, wobei die Art der Entscheidung an die Themen angepasst ist. So wird z. B. für bestimmte Themen der Ratschlagprozess genutzt, für andere Themen die Expertenentscheidung o. Ä.
- Mir ist klar, wer welche Entscheidung allein trifft und was wir gemeinsam (d. h. nicht unbedingt demokratisch) entscheiden.

Summe: ______ / 5 = ______

3. Transparenz für Motivation, Ziele und Integrität

- Im Team entwickeln wir regelmäßig gemeinsam unsere Ziele.
- Ich fühle mich stets in der Lage, meine Entscheidungen am Purpose der Organisation, meines Kreises und meiner Rolle auszurichten.
- Ich weiß stets, woran all meine Kolleginnen und Kollegen arbeiten, welche Ziele und welchen Purpose sie verfolgen und mit wem ich mich bei Fragen oder Engpässen vernetzen und austauschen kann.
- Ich finde stets alle Informationen, die ich benötige. Informationen, die ich nicht finden bzw. suchen kann, werden ohne Aufforderung an mich herangetragen.

- Unsere Prozesse sind transparent, sodass ich sehen kann, ob gemeinsame Absprachen und Vereinbarungen eingehalten werden.
- Aufgrund unserer Prozesse ist es nicht möglich, sich zu Lasten anderer auszuruhen.

Summe: ______ / 6 = ______

4. Feedback und Konsequenzen

- In den letzten zwei Wochen habe ich mindestens einmal angemessenes Feedback auf unerwünschtes und erwünschtes Verhalten gegeben.
- Es gibt klare Regelungen in unserer Organisation, welches Verhalten erwünscht und unerwünscht ist sowie einen entsprechenden Fahrplan für Konsequenzen.
- Es ist klar, dass Leute gehen müssen, wenn sie sich dauerhaft nicht an Absprachen und Regeln halten und wie der Prozess dazu aussieht.
- Wir haben verschiedene Prozesse und Instrumente, beispielsweise »Clear the Air Meetings«, die es mir ermöglichen, ohne große Hürde zeitnah ein ehrliches Feedback zu geben.
- In den letzten sechs Monaten habe ich es nicht erlebt, dass jemand für eine Kleinigkeit in große Schwierigkeiten geraten ist oder für sehr unangemessenes Verhalten kein Feedback bekommen hat.
- Wir feiern unsere Erfolge.

Summe: ______ / 6 = ______

5. Selbstbestimmung für hohe Autonomie

- In unserem Team können wir selbst bestimmen, wie wir unsere Zusammenarbeit organisieren.
- In unserem Team können wir selbst entscheiden, wie wir den Purpose umsetzen wollen, ohne dass uns jemand anderes reinreden kann.
- In unserem Team tragen wir die Verantwortung und Konsequenzen für unsere Entscheidungen, auch wenn etwas schiefgelaufen ist.
- Sämtliche Regeln und Vorgaben, denen wir folgen, haben wir im Team erarbeitet. Es gibt keine Änderungen, die von »oben« ohne unsere Zustimmung gemacht werden können.
- Ich kann in meinen Rollen selbst entscheiden, wie ich am besten zu unserem Purpose und Zielen beitragen kann.
- In meinen Rollen trage ich die Verantwortung sowie die Konsequenzen für meine Entscheidungen.

Summe: / 6 =

6. Gerechtigkeit für ein starkes Fundament

- Lob und Anerkennung werden bei uns im Team gerecht verteilt.
- Mit Blick auf die Genehmigung von Urlaub, Überstunden abfeiern, die Vergabe neuer Rollen und sonstige Vergünstigungen/Annehmlichkeiten fühle ich mich gerecht behandelt.
- Ich empfinde mein Gehalt als angemessen für das, was ich leiste.
- Ich habe das Gefühl, dass mein Gehalt fair ist im Vergleich zu dem, was andere Menschen in der Organisation für ihre Arbeit und Leistung bekommen.
- Es ist in der Organisation transparent, aufgrund welcher Kriterien die Höhe des Gehalts bestimmt wird. Die Kriterien werden konsequent und fair angewendet.

- Es ist schon öfter vorgekommen, dass ich oder andere Teammitglieder sich über ein ungerechtes Verhalten, Vorgehen oder einen Prozess beschwert haben und die Entscheidungen aufgrund der Beschwerde revidiert wurden.

Summe: ______ / 6 = ______

7. Konfliktlösung für Weiterentwicklung statt Harmonie

- Ich werde regelmäßig direkt von Kolleginnen und Kollegen angesprochen, die ein bestehendes Missverständnis mit mir klären oder ein Problem aus der Welt schaffen wollen.
- Wir haben verschiedene Prozesse implementiert, die jeden Einzelnen von uns darin unterstützen, Konflikte direkt anzusprechen bzw. nach Lösungen zu suchen.
- Wenn ich einen Konflikt nicht allein lösen kann, kann ich eine neutrale Person dazu holen.
- Wenn es Unstimmigkeiten im Team gibt, werden alle Seiten gehört und es wird gemeinsam an einer Lösung gearbeitet.
- Ich fühle mich in der Lage, jede Person in der Organisation direkt anzusprechen, mit der ich einen Konflikt habe, und so eine Lösung hervorzubringen.

Summe: ______ / 5 = ______

Zähle nun die Punkte je Kategorie zusammen und teile sie durch die jeweilige Anzahl der Fragen. In der folgenden Abbildung kannst du deine Punktzahl einzeichnen: Eine 10 wäre ein Punkt ganz außen, eine 1 ein Punkt in der Mitte des Kreises.

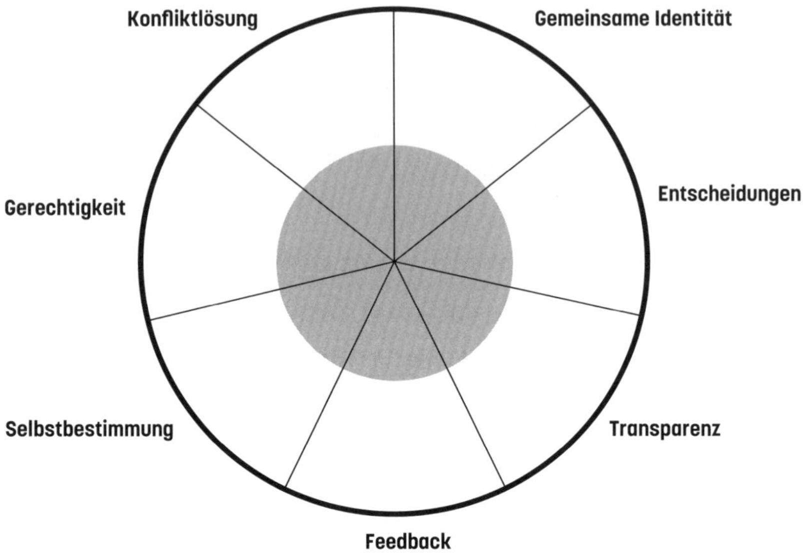

Abbildung 8: Auswertung der Selbsteinschätzung

Die Umfrage ist auch dazu geeignet, sie einmal ans Team zu schicken. So bekommst du einen ganzheitlichen Eindruck davon, wo euer Team grade steht.

Durch die Auswertung kannst du entweder einen Schwerpunkt für die ganze Organisation setzen oder entscheiden, dass jedes Team individuelle Startpunkte setzt. Ein individuelles Vorgehen kann Möglichkeiten eröffnen, voneinander zu lernen und den Teams Ideen dazu geben, was gut für alle funktionieren könnte.

UMSETZUNG IN DER ORGANISATION – MIT ODER OHNE ÜBERGANGSSTRUKTUREN

Die Gestaltungsprinzipien zeigen auf, worauf ihr achten müsst, wenn ihr kollektiv geführt arbeiten möchtet. Die Haltung der Menschen folgt dabei oft auch der Struktur, d. h., neue Strukturen können zu neuem Verhalten und neuen Denkweisen führen, die wiederum Einfluss auf das Wertesystem jedes Einzelnen nehmen.

Eine Übergangsstruktur zu entwickeln, bzw. einer vorhandenen Struktur zu folgen, kann aus diesem Grund Sinn ergeben. Solche Strukturen bieten beispielsweise die Holokratie, die Soziokratie oder der Loop Approach. Sie können sehr viel Orientierung geben und spürbare Erfolge bringen, wenn klar ist, dass sie nur für den Übergang gedacht sind. So behaltet ihr die Freiheit, eure Strukturen selbst weiterzuentwickeln und an eure Bedürfnisse und Bedarfe anzupassen.

Auf der anderen Seite können die Übergangsstrukturen die Organisation überlasten, weil sehr viel auf einmal umgesetzt werden muss und vielleicht nicht 100 % passend ist. Eine Übergangsstruktur ist auf jeden Fall nicht notwendig. Das Wichtigste im Übergang ist stets das kleinschrittige Vorgehen und Iterieren:

1. These entwickeln

So entwickelt ihr im ersten Schritt eine These: Ihr überlegt, welche Herausforderung ihr aus welchen Gründen lösen wollt und wie euch das weiterbringt.

Wenn ein Team beispielsweise äußert, dass es eine Führungskraft will, die auch mal auf den Tisch haut, könnte die These dazu lauten: Es braucht klare Vereinbarungen, welches Verhalten erlaubt bzw. nicht erlaubt ist und was die Konsequenzen sind, wenn die Vereinbarungen nicht eingehalten werden.

Die These beantwortet also die Frage nach den dahinter liegenden Bedürfnissen. Unsere These würde auf die Gestaltungsprinzipien Feedback und Gerechtigkeit einzahlen.

2. Ideen entwickeln

Im nächsten Schritt schaut ihr, welche Ideen zur Lösung eurer Herausforderung beitragen könnten. Ihr entwickelt sie gemeinsam und wählt dann die Idee aus, die sicher genug ist, sie auszuprobieren (safe enough to try).

So könnte das Team sich bei unserer These entscheiden, gemeinsam eine Vereinbarung zu treffen, was erlaubt und nicht erlaubt ist und wie Konsequenzen aussehen könnten. Außerdem würdet ihr einen Prozess skizzieren, wie die Konsequenzen durchgesetzt werden können.

3. Vereinbarungen treffen

Ihr vereinbart im Team, wer was bis wann macht und wie ihr die weitere Umsetzung verfolgen wollt.

Dabei werdet ihr sehr konkret. So könnte ein erster Schritt sein, in einem Teamworkshop die Regelungen sowie den Prozess zu vereinbaren. Ihr einigt euch also, wer die Workshop-Organisation übernimmt und wer sonst noch was bis wann erledigen muss, damit ihr euer Vorhaben umsetzen könnt.

4. Kontrolle/Evaluation

Bereits zu Beginn legt ihr euren Zeitraum für die Testphase fest. Zum Ende evaluiert ihr eure Lösung und besprecht, ob ihr sie weiter genauso umsetzt, wie ihr die bestehende Lösung anpassen oder ob ihr eine neue Lösung finden wollt.

So könntet ihr beispielsweise beschließen, dass ihr eure Lösungsidee für drei Monate nach der Durchführung des Workshops testet. Dann evaluiert ihr, ob es erneut zu Ereignissen gekommen ist, die ihr als Regelverstöße werten würdet, die dann wiederum folgenlos blieben. In der Retrospektive könnt ihr dann entscheiden, ob ihr eure Lösung anpassen oder komplett ändern möchtet.

Mit diesen kleinen Schritten stellt ihr sicher, dass ihr tatsächliche Herausforderungen angeht, anstatt Methoden der Methoden willen einzuführen. Ihr könnt an verschiedenen Gestaltungsprinzipien gleichzeitig arbeiten und große Herausforderungen in viele kleine zerlegen. Erinnert euch in diesem Zusammenhang an die weisen Worte des Friedensnobelpreisträgers Desmond Tutu:

»Es gibt nur einen Weg, einen Elefanten zu essen: einen Bissen nach dem anderen.«

GESTALTUNGSPRINZIP 1:
GEMEINSAME IDENTITÄT

Dieses Prinzip besagt, dass einer Gruppe klar ist, wer zugehörig ist und wer nicht. Es gibt also eine klare Grenze zu anderen Gruppen. Außerdem ist jedem klar, welche Ziele die eigene Gruppe verfolgt und wie er zur Gemeinschaft beiträgt.

Die gemeinsame Identität beschreibt ein Wir-Gefühl, das dazu führt, dass ich mich und andere als Teil der gleichen sozialen Gruppe wahrnehme und davon ausgehe, dass andere die gleiche Wahrnehmung dazu haben. Das wiederum führt zu einem gegenseitigen vertrauten Umgang miteinander und lässt eine soziale Nähe entstehen. Die gemeinsame soziale Identität führt zu gegenseitigem Respekt, Vertrauen und Unterstützung.

Das Wir-Gefühl beruht auf der sozialen Zugehörigkeit zur Gruppe, dem daraus entstehenden Gefühl von Verbundenheit und qualitativen Beziehungen, sowie einem Aufgabenzusammenhalt in Form von einem gemeinsamen Purpose und transparenten Zielen.

Mit Blick auf die soziale Zugehörigkeit ist wichtig, bewusst und transparent zu definieren, wer – aufgrund welcher Kriterien – zum Wir zugehörig ist und wer nicht. Gehören nur unbefristet Angestellte in Vollzeit dazu oder werden Einladungen für Teamevents und arbeitsbezogene Tagesworkshops auch an Werkstudierende und 538-Euro-Kräfte ausgesprochen? Werden Freelancer, eventuell auch Alumni, zu Feiern eingeladen und über wichtige Ereignisse informiert?

Ein wichtiger Einflussfaktor für die gemeinsame Identität und den sozialen Zusammenhalt sowie die kollektive Führung im Ganzen ist die psychologische Sicherheit. Wer sich psychologisch sicher fühlt, fürchtet keine negativen Auswirkungen oder sogar soziale Strafen, wenn er oder sie etwas tut, was ggf. nicht der sozialen Norm entspricht. Fühlt man sich psychologisch sicher, traut man sich auch einer Person, die beispielsweise mehr Expertise hat als man selbst, kritisches Feedback zu geben.

In einer Umgebung mit hoher psychologischer Sicherheit (mehr dazu ab S. 276) fühlt sich jeder sicher, die eigene Meinung frei zu äußern und ungefragt Ideen einzubringen. Fehler dürfen gemacht werden, man darf sich immer wieder »ausprobieren«. Konflikte werden angesprochen und konstruktiv gelöst. Emotionen sind willkommen.

> Ein starkes Wir-Gefühl ohne psychologische Sicherheit führt zu Gruppendenken. Alle im Team vertreten die gleiche Meinung – bewusst oder unbewusst –, nur um die Harmonie der Gruppe nicht zu stören, auch wenn eine Entscheidung suboptimal ist.

Der Aufgabenzusammenhalt, auf dem die gemeinsame Identität auch beruht, entsteht vor allem durch einen gemeinsamen Purpose. Der Purpose klärt die Frage nach dem Warum: »Warum machen wir das und wozu sind wir hier?« Der Purpose beschreibt den Sinn einer Unternehmung, eines Kreises und einer Rolle. Der Sinn liegt niemals in einer Gewinnmaximierung oder darin, Marktführer zu sein. Ein echter Sinn findet sich in der sozialen Verantwortung und damit der positiven Wirkung auf andere. Der Purpose unterstützt dann wiederum – auch im Tagesgeschäft -, auf Kurs zu bleiben und ethische Entscheidungen zu treffen. So kann sich jede Person im Zweifel stets die Fragen stellen »Warum sollten wir das tun? Zahlt es auf unseren Purpose ein?« Er setzt einen Rahmen für die Ausrichtung der Aktivitäten und ermöglicht es, dahingehend kreativ zu werden, wie dieser Rahmen ausgefüllt werden kann. Der Purpose übernimmt somit nicht nur die Sinnstiftung, sondern entspricht in gewisser Weise auch einer Handlungsmaxime. Insbesondere in komplexen Kontexten ist diese Handlungsmaxime essentiell, um autonom schnelle Entscheidungen treffen zu können. Der Purpose befähigt und sollte stets mit der Vision und der Strategie verknüpft werden, sodass Mitarbeitende stets im Kontext denken können.

Ein positiv bewerteter Purpose wirkt positiv auf die Motivation und das persönliche Wohlbefinden bzw. die Zufriedenheit. Der Psychologe Martin Seligman (Seligman, 2015) hat *Bedeutung bzw. Bedeutsamkeit des eigenen Handelns* im Rahmen seiner Forschung zum Wohlbefinden als einen der fünf Faktoren identifiziert, die Wohlbefinden ausmachen. Auch Glücksforscher Gardner (Coen, 2013) sieht die Ethik bzw. die soziale Verantwortung und damit die positive Wirkung des eigenen Tuns auf andere als wichtigen Baustein für das Glück.

Andere Studien zeigen eine positive Wirkung des Purpose auf den Erfolg des Unternehmens – sofern das Unternehmen sein Handeln nach dem Purpose ausrichtet.

Der Aufgabenzusammenhalt speist sich auch aus der Transparenz, dass jeder weiß, was die anderen machen. In der kollektiven Führung wird das Prinzip des Purpose auf allen Ebenen angewandt. So ist nicht nur das ganze Unternehmen nach dem Purpose ausgerichtet, auch jeder erschaffene Kreis orientiert sich an einem jeweiligen Purpose, der natürlich auf den Purpose des Unternehmens einzahlt und mit denen der anderen Kreise vereinbar ist. Auch jede Rolle wird mit einem Purpose erschaffen.

Durch den gemeinsamen Purpose werden in der Gruppe gemeinsame, sinnstiftende Ziele erarbeitet. So wird aus der Gruppe ein Team. Die persönlichen Stärken werden vereint, es entstehen Synergien, Aufgaben werden sinnvoll koordiniert, Konflikte aufrichtig ausdiskutiert und das Klima ist geprägt durch gegenseitiges Vertrauen (Haug & Haug, 1995, S. 19).

Positive Effekte

Die positiven Effekte des sozialen Zusammenhalts und des Purpose haben wir bereits genannt. Darüber hinaus wirkt eine gemeinsame Identität gegen Stress und lässt das eigene Leben bedeutungsvoller werden. Sie wirkt als Klebstoff und stärkt die Leistung des Teams, was wiederum zu einem stärkeren Zusammenhalt führt. Sie fördert das gegenseitige Vertrauen im Team und wirkt stärker auf die Motivation als monetäre Anreize. Neben dem Gefühl von Kompetenz, also wie kompetent fühle ich mich in meinem Job, und dem Gefühl von Autonomie, also wie frei bin ich in der Ausführung meiner Arbeit, zählt sie zu einem der drei wichtigsten Faktoren für Motivation am Arbeitsplatz (Ryan & Deci, 2017).

Für die kollektive Führung ist die gemeinsame Identität so wichtig, weil sie dazu führt, dass man Klarheit darüber hat, wer zur Organisation gehört und sich entsprechend am gemeinsamen Vorhaben, dem

Purpose, beteiligt. So entsteht Klarheit darüber, mit wem man kooperieren und die Ressourcen des Unternehmens teilen kann. Darüber hinaus trägt die gemeinsame Identität wesentlich zur Motivation, zum Vertrauen und somit letztlich zur Leistungsfähigkeit der Organisation bei. Bei Entscheidungen und auch Konflikten, bei denen es um die Sache geht, kann sich das Team immer wieder auf den gemeinsamen Purpose beziehen. So gibt es stets eine Orientierung, in welche Richtung eine gute Entscheidung gehen sollte.

Struktureller Rahmen für euer Wir-Gefühl

Anders als die Vision gibt der Purpose an sich kein Zielbild und keine Richtung vor, sondern wirkt viel grundsätzlicher. Der Purpose von der Suchmaschine Ecosia ist »*auf dem Weg, die größte Umweltbewegung der Welt zu werden*« (Kroll, 2022). Bei *AllesRoger* beispielsweise ist der Purpose wie folgt formuliert:

Wir glauben daran, dass unsere Welt gerecht ist, wenn jedem Lebewesen ein würdevolles Leben möglich ist. Wir glauben, dass eine gemeinwohlorientierte Wirtschaft dafür notwendig ist und wir hier am besten unseren Beitrag leisten können.

Die Vision zeichnet ein Bild von einer Zukunft, die man gern mitgestalten möchte. Das eigene Wirken soll dazu beitragen, dieses Bild zu erschaffen. So hat *AllesRoger* folgende Vision:

Unsere Vision ist eine Wirtschaft, die dem Gemeinwohl dient. Jeder haushaltet nachhaltig mit seinen und unseren Ressourcen, lebt und arbeitet nach seinen Bedürfnissen und Fähigkeiten.

Die Mission beschreibt, was operativ für wen auf welche Art und Weise angeboten werden soll. Sie ergänzt dem »Golden Circle« von Simon Sinek (Sinek, 2009) entsprechend das How & What des Purpose (Why).

Werte fügen sich ebenfalls in den Rahmen der sozialen Identität und der Handlungsmaxime ein. Sie verbinden und unterstützen darin, eine gemeinsame Sprache – auch auf der Symbol- und Prozessebene – zu entwickeln. So sind die Werte von *AllesRoger* »Gemeinschaft, Nachhaltigkeit und Selbstverantwortung«.

Auf den ersten Blick sind Werte, wie auch der Purpose und die Vision, erstmal nur Worte. Sie müssen mit Leben gefüllt und in den Unternehmensalltag transportiert werden. Erst wenn das tatsächlich passiert ist und es Routinen und Rituale für den Purpose, die Werte und die Vision gibt, sind sie lebendig und relevant.

Literaturempfehlungen

Paul Atkins, David Wilson und Steven Hayes: ProSocial
Bernd Oestereich und Claudia Schröder: Agile Organisationsentwicklung
Franz-Rudolf Esch: Purpose und Vision, Wie Unternehmen Zweck und Ziel erfolgreich umsetzen
Martin Seligman: Wie wir aufblühen: Die fünf Säulen des persönlichen Wohlbefindens
Franziska Fink & Michael Moeller: Purpose Driven Organizations
Amy C. Edmondson: Die angstfreie Organisation: Wie Sie psychologische Sicherheit am Arbeitsplatz für mehr Entwicklung, Lernen und Innovation schaffen

Methodenkoffer für die Gestaltung der gemeinsamen Identität

Die gemeinsame Identität entwickelt sich nicht von allein, »nur« weil man gemeinsam im gleichen Unternehmen arbeitet. Sie muss bewusst gestaltet werden. Häufig entsteht ein Wir-Gefühl über viele kleine Rituale.

Stellt euch vor der Anwendung einer Methode und der Planung jedes Teamworkshops folgende Fragen:

- Was wollen wir damit erreichen?
- Worauf zahlt eine Methode ein?
- Welche Gespräche sollen entstehen oder angeregt werden?

Denkt darüber nach, bevor ihr das nächste Mal gemeinsam ein Floß baut und damit die Isar herunterfahrt.

Eine Rolle für das Teamgefühl

Mit einer eigenen Rolle stellt ihr sicher, dass ihr das Thema gemeinsame Identität stetig weiterentwickelt. So läuft das Prinzip nicht nebenbei und entsteht nicht nur zufällig. Durch die Rolle bekommt das Thema sowohl Wertschätzung als auch Sichtbarkeit, Transparenz und Feedbackmöglichkeiten. Es wird in Auftrag gegeben und bewusst gestaltet.

Unsere Rollenbeschreibung könnte euer Startpunkt oder eine Orientierungshilfe sein. Überlegt bewusst, was genau ihr mit der Rolle erreichen möchtet und welche Verantwortlichkeiten sie zum Ziel führen könnten. Das Wichtigste ist die kontinuierliche Weiterentwicklung mithilfe regelmäßiger Rollenfeedbacks und/oder Retrospektiven (siehe Rollenfeedback, S. 183, und Retrospektiven, S. 186).

Purpose: Gemeinsame Identität aufbauen und stetig weiterentwickeln

Verantwortlichkeiten: Du übernimmst die Verantwortung für sämtliche Aktivitäten und Prozesse, die auf das Wir-Gefühl einzahlen. Du initiierst die Aktivitäten und Prozesse und hältst sie nach. Zum Beispiel:

- Purpose mit dem Team entwickeln und im Arbeitsalltag verankern
- Gemeinsame Erlebnisse und Erinnerungen arrangieren
- Tiefe Verbindungen im Team ermöglichen
- Teamidentität greifbar machen
- Rituale initiieren, die Gespräche zu und über gemeinsame Werte, Bedürfnisse und Ängste anregen
- Gemeinsame Sprache und Symbole fördern
- Vernetzung der Teammitglieder: sicherstellen, dass jeder jeden kennt
- Prozesse initiieren, die darüber entscheiden, wer wie Teil der Gruppe wird und was wie zum Ausschluss führt
- Verbundenheit mit Sinn, Team, Rolle und eigenen Wünschen fördern

Die Rollenbeschreibung soll eine Anregung sein, eure eigene Beschreibung zu gestalten. Stellt euch dazu folgende Fragen:

- Wo stehen wir gerade mit Blick auf unser Wir-Gefühl?
- Wie persönlich/offen ist das Team bereits miteinander? Was könnte der nächstmögliche Schritt sein, der klein genug ist, um ihn leicht gehen zu können?
- Welche Möglichkeiten gibt es zur Gestaltung eines Wir-Gefühls, die mit dem operativen Geschäft vereinbar und somit leicht für alle umsetzbar sind?
- Was kann eine einzelne Rolle anregen und leisten (z. B. Prozesse leiten vs. Wir-Gefühl entwickeln)? Welche Verantwortlichkeiten sollten woanders liegen?

Wer gehört dazu?

Teil des Gestaltungsprinzips ist die Klarheit, wer dazugehört und wer nicht. Dabei geht es nicht um die Frage, mit wem man kooperieren kann, darf und sollte, und mit wem man – über die Grenzen der Organisation hinaus – am gleichen Purpose arbeitet.

Es geht darum zu erkennen, wen man in die Fürsorge der Organisation integriert und von ihr profitieren lässt und wen man schließlich von diesem und anderen Nutzen der Gemeinschaft ausschließen möchte – Trittbrettfahrende zum Beispiel (siehe S. 194). Im ersten Schritt klingt das sehr abstrakt. Im Organisationsalltag geht es vor allem um die Fragen:

- Wer *darf* an wichtigen Meetings und Teamworkshops teilnehmen? Wer *muss* teilnehmen?
- Wer darf Prozesse mitgestalten und aktiv Ideen einbringen?
- Wen informiere ich (nur) über allgemeine Änderungen in der Organisation?
- Wen informiere ich gar nicht?
- Wer darf an Strategieworkshops teilnehmen?
- Wer darf an Teamevents teilnehmen und mit uns feiern?
- Wen integrieren wir in unsere Gemeinschaft und nehmen die Person fest mit auf?

Die Frage, wer dazugehört und in die Team- und Organisationsentwicklung integriert wird, ist entscheidend. Schlussendlich ist sie Mittel zum Zweck: Wer darf von unseren Erfolgen, Ressourcen, unserer Fürsorge profitieren? Darüber hinaus wirkt die Antwort auf die interpersonale Gerechtigkeit (siehe S. 231) und kann schnell zu einem Zwei-Klassen-System führen.

Viele Organisationen orientieren sich an der Stundenzahl oder der zugrunde liegenden Vertragsform – also freie oder feste Mitarbeitende. Bei beiden Orientierungsversuchen spielen eher betriebswirtschaftliche oder organisatorische Überlegungen eine Rolle. Darüber hinaus gibt es die Möglichkeit, alle Menschen, die vertraglich mit der Organisation verbunden sind und einen Arbeitsalltag mit dem Team teilen, zu integrieren. Prüft, was sich richtig für euch anfühlt und trefft dann eine Entscheidung.

Veränderungsebenen für die gemeinsame Identität nutzen

Abbildung 9: Veränderungsebenen nach Dilts

Die Veränderungsebenen nach Dilts (Dilts, 2005) bieten viele Bearbeitungspunkte für die gemeinsame Identität. Viele Elemente, die für die gemeinsame Identität relevant sind, finden sich in den Veränderungsebenen wieder. So orientieren wir uns für die weiteren Methoden an den verschiedenen Ebenen und beginnen mit der obersten Ebene Mission und Spiritualität

Den Purpose finden

Der Purpose nimmt eine Sonderstellung im Rahmen der Elemente ein, die ein Wir-Gefühl erzeugen. Einerseits ist die Wirkung für das Wir-Gefühl besonders hoch, andererseits erzeugt ein Purpose, den man persönlich als sinnstiftend wahrnimmt, eine hohe Motivation. Auf den Veränderungsebenen nach Dilts liegt der Purpose auf der höchsten Ebene. Er hat eine Strahlkraft auf die unteren Ebenen und übt damit großen Einfluss aus.

Der Purpose dient dem Antrieb, ist Daseinszweck und Mittel für die Kommunikation an und in die Welt. Er gestaltet alltägliche und strategische Entscheidungen für das Produkt und die Unternehmenskultur. Er ist ausschlaggebend, wenn es darum geht, eine Wirkung statt Profite zu erzielen. Der Purpose gibt jeder Person in eurer Organisation Orientierung, wenn es darum geht, Entscheidungen zu treffen.

Wenn euch der Sinn hinter einem Purpose klar ist, bringt er euch großen Nutzen im Arbeitsalltag. So wird auch schnell klar, dass der Purpose nicht einmal entwickelt wird und dann still herum liegt. Er gehört in den Arbeitsalltag und sollte regelmäßig reflektiert und als Entscheidungshilfe herangezogen werden.

Unsere Methoden unterstützen dich und euch darin, den persönlichen Purpose zu finden, den Organisationspurpose zu entwickeln und Purpose-Routinen zu implementieren.

Ikigai – finde deinen Daseinsgrund

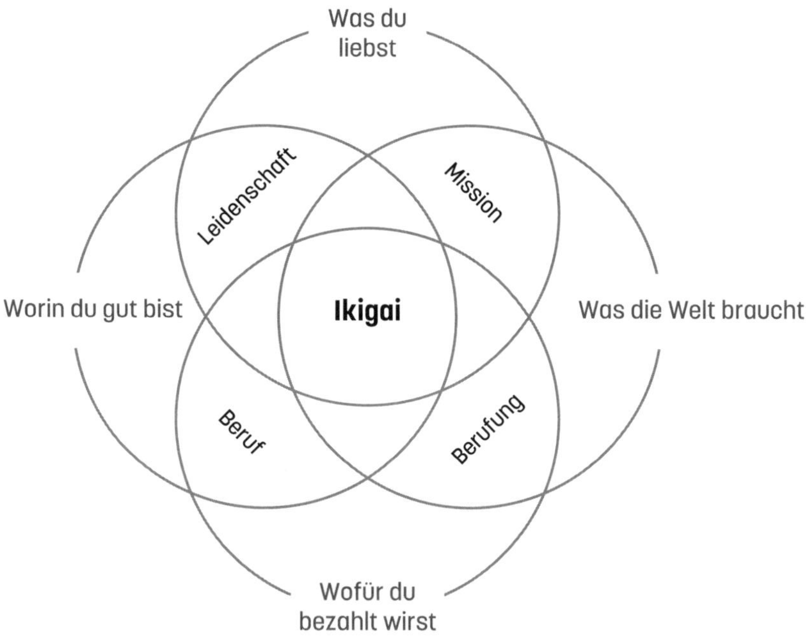

Abbildung 10: Ikigai

Die Methode Ikigai kommt ursprünglich aus Japan und ist sehr hilfreich, wenn es darum geht, deinen eigenen Daseinsgrund zu finden. Ikigai setzt sich aus mehreren japanischen Worten zusammen und ist in seiner Bedeutung sehr vielseitig und komplex. So lässt sich das kurze Wort übersetzen mit dem Lebenssinn, Lebenszielen und dem Grund, morgens aufzustehen. Es bezieht sich auf konkrete Aktivitäten,

Lebensumstände, Beziehungen zu anderen Menschen, innere Einstellungen, Interessen, Träume und Ziele (Lemke, 2017, S. 14 f.).

Ikigai deckt vier große Themenbereiche ab:

- Dinge, die wir gern tun
- Dinge, die wir gut können
- Dinge für die wir bezahlt werden
- Dinge, die die Welt braucht

Wenn wir uns der Beantwortung dieser vier Fragen annähern, nähern wir uns auch unserem Lebenssinn an. Dabei muss keine einzelne Antwort herauskommen und die Antworten dürfen sich über die Jahre verändern. Den Lebenssinn für sich zu finden, trägt zu einem erfüllten Leben bei und wirkt positiv auf die Lebenserwartung (Lemke, 2017, S. 6).

Die Ikigai-Methode kann sowohl für den persönlichen Purpose als auch den Team- und Organisationspurpose genutzt werden.

Dein persönliches Ikigai kannst du reflektieren, indem du dir eine Stunde Zeit nimmst und die Fragen zu den vier Themenbereichen für dich beantwortest.

Für einen Teamworkshop nehmt ihr euch im ersten Schritt Zeit für Stillarbeit. Jeder beantwortet die Fragen zu den vier Themenbereichen des Ikigai individuell mit Blick auf euer Team/eure Organisation. Anschließend stellt ihr eure Ergebnisse vor und diskutiert sie. Die Erkenntnisse dieser Diskussion nehmt ihr mit in eure Überlegungen zum Golden Circle (Sinek, 2009). In kleineren Gruppen beantwortet ihr, was ihr wie warum tut. Danach stellt ihr eure Ergebnisse in umgekehrter Reihenfolge vor und einigt euch für jede Frage auf ein Statement.

Im letzten Schritt sammelt ihr eure Erkenntnisse, die ihr während des Workshops gewonnen habt. Was habt ihr über euch als Team gelernt, wie beeinflussen eure Erkenntnisse nun euren Arbeitsalltag bzw. sollten ihn beeinflussen?

RAHMEN:

- Der Workshop ist für maximal 20 Personen geeignet.
- Plant ein Zeitfenster von 4,5 Stunden inkl. Pausen ein. Möchtet ihr den Workshop online durchführen, dann plant ihn als Tagesworkshop mit 1,5 Stunden Mittagspause (ohne Laptop). Bildschirmzeit mit einem fordernden Thema ist sehr anstrengend.
- Sofern ihr den Workshop nicht durch eine Mittagspause unterbrechen möchtet, plant einen frühen Start.
- Sorgt für Pausensnacks in Form von Obst und Nüssen, sodass ihr ohne knurrenden Magen schließen könnt.

ABLAUF:

1. Check-in – 5 Minuten
Nachdem du die Teilnehmenden begrüßt hast und einen kurzen Überblick über den Workshop-Ablauf gegeben hast, führt ihr euren Check-in durch. Dafür bereitest du eine Check-in-Frage vor. Bitte jede Person, die Frage zu beantworten.

2. Stillarbeit – 15 Minuten
In den nächsten 15 Minuten beantwortet jede Person in Stillarbeit die folgenden vier Fragen/Themenbereiche für sich:

1. Wollen
    - Was weckt unsere Begeisterung?
    - Wofür möchten wir unsere Arbeitsleistung einsetzen?
    - Womit beschäftigen wir uns leidenschaftlich gern?
2. Müssen
    - Womit verdienen wir unser Geld?
    - Wofür werden wir bezahlt?
    - Was erwarten unsere Kunden von uns?

3. **Können**
   - Was zeichnet uns aus? Was können wir besonders gut?
   - Was können wir besser als andere?
   - Welche Fähigkeiten haben wir?
   - Welche Fähigkeiten können und möchten wir weiter ausbauen, welche neu entwickeln?

4. **Sollen**
   - Wofür wollen wir uns einsetzen?
   - Was möchten wir in der Welt verändern?
   - Wofür gibt es uns?
   - Welche Probleme lösen wir?
   - Was hat die Welt davon, dass es uns gibt?

3. Vorstellung und Diskussion – 60 Minuten

Nach den 15 Minuten Stillarbeit pinnt jeder seine Antworten an die Wand. Ihr könnt bereits beim Anpinnen Cluster bilden. Stellt dann die Cluster nacheinander vor. Dafür beginnt ihr mit einem Post-it/einer Antwort. Jede Person, die etwas Ähnliches oder Ergänzendes geschrieben hat, stellt ihre Gedanken als nächstes vor. Wenn ihr Diskussionen bereits während der Vorstellung der Gedanken zulasst, achtet besonders auf die Zeit.

4. Gruppenarbeit – 70 Minuten

Im nächsten Schritt bildet ihr vier Gruppen. Nun geht es darum, den goldenen Kreis (Golden Circle) zu beantworten. Ihr geht dabei in drei Schritten vor, wobei für jeden Schritt die Gruppen neu gemischt werden.

1. **Die vier Gruppen diskutieren 20 Minuten jeweils die Frage nach dem Was:**
   - Was tun wir für wen?
   - Welche Dienstleistungen und/oder Produkte bieten wir für wen an?

2. **Wie (20 Minuten)**
   - Wie bieten wir unsere Dienstleistung/Produkte an?
   - Wie genau gehen wir vor, um unsere Ziele zu erreichen?

3. **Warum (Purpose, 30 Minuten)**
   - Warum tun wir, was wir tun?

Behaltet während der Diskussionen in den kleinen Gruppen stets eure Erkenntnisse aus der vorangegangenen Arbeitsphase (wollen, müssen, können, sollen) im Hinterkopf.

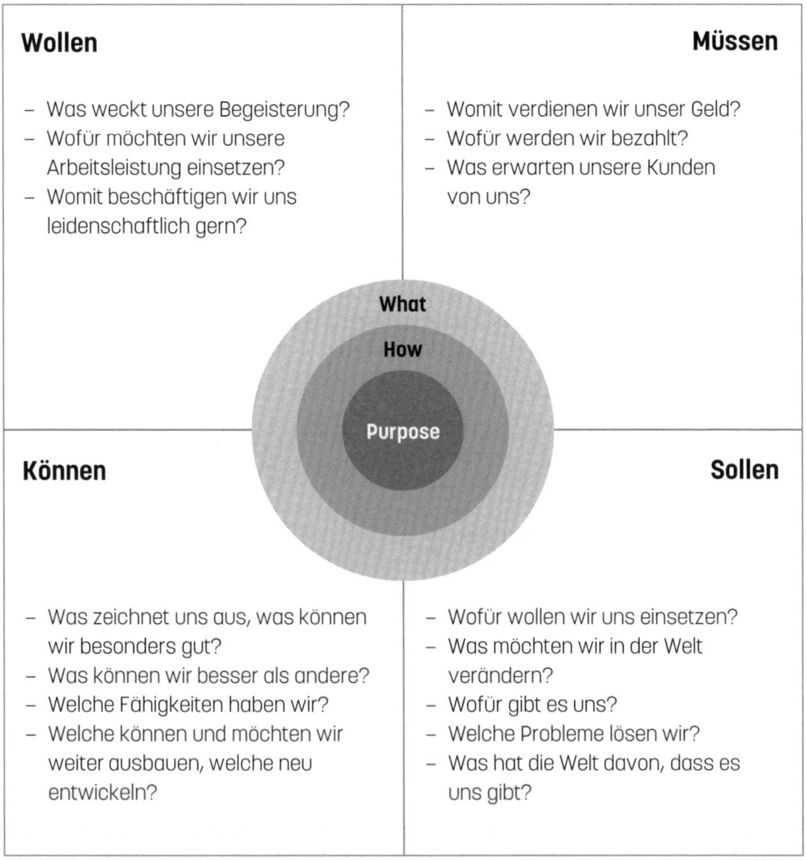

Abbildung 11: Whiteboard-Vorlage für euren Purpose-Workshop

5. Vorstellung eurer Ergebnisse – 40 Minuten
Stellt nun in umgekehrter Reihenfolge eure Ergebnisse vor: Beginnt mit dem Warum, gefolgt vom Wie und schließt mit dem Was. Einigt euch für jede Frage auf ein Statement/einen Satz.

6. Abschluss: Erkenntnisse sammeln – 20 Minuten
Sammelt abschließend eure Erkenntnisse.

- Was habt ihr in diesem Workshop gelernt?
- Was möchtet ihr künftig anders machen?
- Wie wirkt sich euer Purpose (Warum) auf euren Alltag aus? Wie könnt ihr ihn integrieren?

Jeder überlegt für sich und sammelt seine Gedanken am Whiteboard oder stellt sie einfach mündlich vor.

1 Check-in 5 Min.

2 Stillarbeit 20 Min.

Nimmt dir 15 Minuten Zeit, die Fragen für alle Themenbereiche zu beantworten. Sobald du fertig bist, kannst du deine Antworten mit auf Post-its in die jeweiligen Felder pinnen.

Sofern möglich könnt ihr die Post-its bereits beim Anpinnen clustern.

3 Vorstellung & Diskussion 60 Min.

Für die Vorstellung geht ihr Themenbereich für Themenbereich vor. Innerhalb der Themenbereiche stellt ihr inhaltlich ähnliche Gedanken nacheinander vor – anstatt: Eine Person stellt all ihre Post-its nacheinander vor. Clustert dabei weiter und schaut, welche Cluster in welche Themenbereiche gehören.

4 Gruppenarbeit 20 Min.

Bildet nun vier Gruppen und diskutiert parallel die Frage »What«:

Was tun wir für wen? Welche Dienstleistung, welches Produkt bieten wir für wen an?

Behaltet bei der Diskussion eure Erkenntnisse aus den Themenbereichen im Hinterkopf.

5 Gruppenarbeit 20 Min.

Bildet nun vier neue Gruppen und diskutiert parallel die Frage »How«:

Wie bietet ihr eure Dienstleistung/euer Produkt an? Wie genau geht ihr vor, um eure Ziele zu erreichen?

Behaltet bei der Diskussion eure Erkenntnisse aus den Themenbereichen im Hinterkopf.

6 Gruppenarbeit 30 Min.

Bildet erneut vier neue Gruppen und diskutiert parallel die Frage »Why«:

Warum tut ihr, was ihr tut?

Behaltet bei der Diskussion eure Erkenntnisse aus den Themenbereichen im Hinterkopf.

7 Vorstellung 40 Min.

Stellt nun nacheinander eure jeweiligen Ergebnisse vor, diskutiert sie und einigt euch auf eine einzige Antwort/ein Statement. Beginnt mit eurem Why, gefolgt von How und schließt mit What.

8 Erkenntnisse sammeln 20 Min.

Sammelt abschließend, was ihr gelernt habt und künftig ändern möchtet. Wie wirkt sich euer Purpose auf euren Alltag aus, wie könnt ihr ihn integrieren? Jeder überlegt zuerst für sich. Dann sammelt ihr die Erkenntnisse am Whiteboard.

Abbildung 12: Workshop-Anleitung für euren Purpose

Purpose-Routinen

Um den Purpose in eurer Organisation zu verankern, müsst ihr regelmäßig reflektieren, ob euer aktuelles Handeln auf euren Purpose einzahlt. So werdet ihr tatsächlich zu einer sinngetriebenen Organisation.

Wie geht das?
Ihr schafft euch Rituale, in denen ihr regelmäßig reflektiert, ob euer Handeln auf euren Purpose einzahlt. Es könnte im Weekly sein, es könnte stets zu Beginn von neuen Projekten sein, in die Planungsphase der nächsten OKRs integriert werden, einmal im Monat in eurer Retrospektive ein eigener Punkt sein oder einfach als Richtlinie für Entscheidungen, die ihr trefft.

Durch die Regelmäßigkeit wird es zur Gewohnheit und dadurch wird es alltäglich und ins tägliche Handeln und Überlegen integriert.

Folgende Fragen können für die Reflexion hilfreich sein:

- Was haben wir in den letzten vier Wochen erreicht?
- Wie zahlt das Erreichte auf unseren Purpose ein?
- Welche Wirkung haben wir mit unserem Handeln erzielt?
- Welche Entscheidungen haben wir in den letzten vier Wochen getroffen und woran haben wir die Entscheidungen ausgerichtet?
- Hast du in den letzten vier Wochen etwas erlebt, was besonders auf unseren Purpose eingezahlt hat?
- Was hat uns davon abgehalten, uns noch mehr an unserem Purpose auszurichten? Was hat uns darin bestärkt?

Die Purpose-Routine lässt sich auch wunderbar mit einer »Werte-Routine« verbinden. So könntet ihr folgende Fragen ergänzen:

- Ein typisches Beispiel aus den letzten Wochen, das unsere Werte widerspiegelt.
- Welche Erfolge und welches Verhalten der letzten Wochen wurden gelobt und anerkannt? Entspricht das unseren Werten? Was sollte außerdem anerkannt werden?
- Was hat unser Verhalten und unsere Entscheidungen der letzten

Wochen beeinflusst? Haben wir uns mehr oder weniger wertekonform verhalten als zuvor? Aus welchen Gründen?

Timeline unserer gemeinsamen Identität
Für das Wir-Gefühl sollte bewusst ein Raum geöffnet werden, in dem über die gemeinsame Identität – also die Fragen »Wer sind wir als Team, was zeichnet uns aus?« – gesprochen wird. So entsteht die Möglichkeit, die eigene Identität und den Purpose bewusst zu entwickeln (weiterzuentwickeln) sowie individuelle Bedürfnisse, Werte und Ängste zu besprechen. So bleibt das Wir präsent und auch neue Mitarbeitende bekommen schnell ein Verständnis dafür, was das Uns auszeichnet.

Der Workshop gibt jeder Person eine Idee, zu welcher Gruppe sie sich zugehörig fühlt. Das schafft Verbindung, zeichnet Gemeinsamkeiten und kreiert einige Aha-Momente, wenn die Entstehungsgeschichte hinter bestimmten Eigenarten klar wird.

Zeichnet einen großen Zeitstrahl auf den Boden, an eine lange Wand oder auf ein Online-Whiteboard. Markiert die Jahreszahlen oder sogar Jahrzehnte – die Betriebszugehörigkeit der am längsten zugehörigen Person sollte dabei bedacht werden.

Nun wird die Aufgabe erklärt, und im Stillen zeichnet jeder seine persönlichen Meilensteine, Highlights, Umbruchpunkte, wichtige Ereignisse, Erfolge, Enttäuschungen, Niederlagen, kulturelle Veränderungen usw. ein. Nach 15 bis 20 Minuten stellt jede Person ihre Geschichte vor und markiert ihr persönliches Highlight farbig.

Als Check-out-Fragen eignen sich beispielsweise:

- Was hast du heute über uns gelernt?
- Wie hat sich dein Blick auf uns verändert?

Für die Methode solltet ihr etwa folgende Zeitfenster einplanen:

- 5 Minuten Check-in
- 20 Minuten für die Stillarbeit
- 10 Minuten für die Vorstellung durch jede Person
- 1 bis 2 Minuten für den Check-out je Person
- So kommt ihr auf etwa 180 Minuten bei 12 Leuten inkl. Pause.

Die Methode eignet sich auch als Auftakt für einen Tagesworkshop oder einfach als Kennenlernen. Ihr könntet sie auch mit jedem Team machen und dann die Timelines als eine Art World-Café mit den restlichen Teams teilen. So wächst auch das Verständnis zwischen den Teams.

1. **Vorbereitung – 15 Minuten**

Als Vorbereitung zeichnest du einen großen Zeitstrahl an die Wand oder auf zwei Metaplanwände. Wenn du Post-its in verschiedenen Farben hast, wähle für jede Farbe eine Kategorie, zum Beispiel: persönliche Meilensteine, Highlights und wichtige Ereignisse, Niederlagen und Misserfolge, kulturelle Eigenheiten und Umbrüche und äußerliche Veränderungen, z. B. Umzüge.

2. **Stillarbeit – 20 Minuten**

Jeder hat nun 20 Minuten Zeit, seine Perspektive und persönlichen Erfahrungen zu sammeln und auf dem Zeitstrahl einzuordnen.

3. **Vorstellung – 60 Minuten**

Beginnt bei der Vorstellung bei der Karte, die am weitesten in der Vergangenheit liegt. Geht dann chronologisch vor und gebt jeder Person die Gelegenheit, ihre Perspektive/ihre Post-its vorzustellen. Lasst euch Zeit. Lasst Rückfragen, Anekdoten und gemeinsames Revue-Passieren zu.

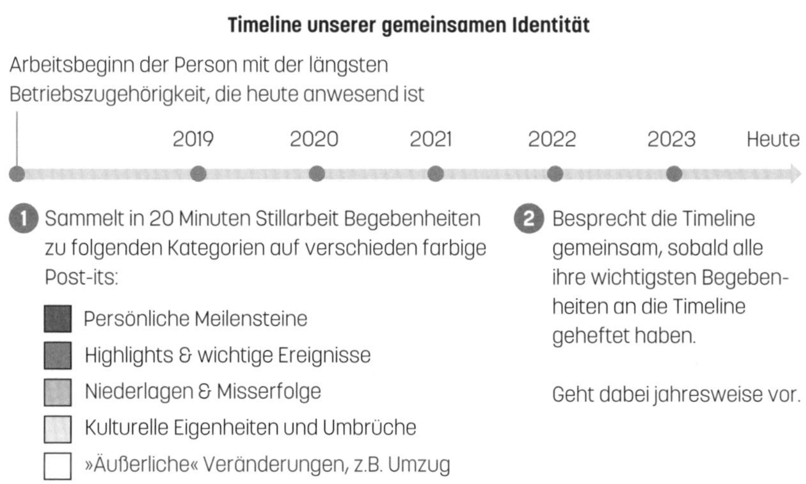

Abbildung 13: Workshop »Timeline unserer gemeinsamen Identität«

Gemeinsame Annahmen und Glaubenssätze reflektieren

Glaubenssätze sind Sätze, an die man glaubt und nach denen man sein Handeln ausrichtet. Jeder kennt beispielsweise den Spruch »Ordnung ist das halbe Leben«. Wenn ich daran glaube, richte ich mein Handeln und auch meine Gedanken danach aus. So müssen die Schuhe vielleicht immer ins Schuhregal, nichts darf rumliegen und wenn es doch mal unordentlich ist, ist die Laune im Keller, weil ich das Gefühl habe, mein Leben ist ein einziges Chaos.

In Organisationen verhält es sich mit Glaubenssätzen ganz ähnlich. So glaubt nicht zwangsläufig jeder Einzelne daran, dass die Gründer immer alles am besten wissen, aber wenn viele oder alle Entscheidungen letztlich von diesen Personen getroffen werden, verhält sich die Organisation entsprechend dem Glaubenssatz »Der Gründer weiß alles am besten«.

Manche Glaubenssätze sind hilfreich für uns – Ordnung kann sehr praktisch sein – und andere Glaubenssätze stehen uns irgendwann im Weg. Es gab sicherlich eine Zeit, in der es sehr praktisch, vielleicht sogar notwendig war, dass der Gründer (oder eine andere Person) alles entschieden hat, und nun ist diese Zeit vorbei. Die Umstände und das Team haben sich verändert und so kann nun jeder selbst entscheiden bzw. bessere Entscheidungen treffen. Es hilft, sich dieser Glaubenssätze bewusst zu werden, sich bewusst von ihnen zu verabschieden und sie mit neuen Glaubenssätzen zu ersetzen.

Glaubenssätze lassen sich verabschieden. Es ist wie mit allem, was man verabschieden möchte:

- Etwas, das wir gehen lassen möchten, müssen wir bewusst wahrnehmen, es sehen.
- Wir erkennen an, wofür wir es gebraucht haben und bedanken uns für diese Leistung.
- Wir überlegen: »Wenn es so nicht mehr sein soll, wie soll es dann sein?«

Im Team könnt ihr euch gemeinsam euren Glaubenssätzen annähern, sie besprechen, anerkennen und verabschieden.

Teamworkshop zu euren Glaubenssätzen

Nehmt euch gemeinsam die Zeit, eure Glaubenssätze zu reflektieren. Welche Glaubenssätze stehen euch im Weg und welche sind hilfreich für euch?

Die Anleitung für den Workshop (siehe Abbildung 14 und www.kollektive-fuehrung.de) kannst du in euer digitales Whiteboard hochladen. Erstelle dann als Vorbereitung je ein Feld/einen Bereich, in dem die Antworten für Schritt 3 und 5 gesammelt werden können.

Bei zwölf Teilnehmenden solltest du 90 Minuten einplanen. Bei einer abweichenden Teilnehmendenzahl ändern sich die Zeiten für den Check-in und Check-out und für die Ergebnisvorstellung (Kasten 5 in der folgenden Abbildung).

1. Check-in – 5 Minuten

Überlegt euch für einen guten Einstieg eine Check-in-Frage. Nachdem die Moderation einen kurzen Überblick zur Agenda gegeben hat, stellt jeder kurz seine Antwort vor.

2. Stillarbeit – 10 Minuten

Jeder überlegt für sich, was er oder sie einem guten Freund über eure Organisation und euer Team erzählen würde. Welche ungeschriebenen Gesetze gibt es bei uns? Was sind unsere Eigenarten? Was tust du, weil man es bei uns so macht?

Beispiele für solche Besonderheiten könnten sein:

- Man ist nur produktiv, wenn man viele Meetings hat.
- Wer nicht im Büro arbeitet, gehört nicht zum Team.
- Je länger man arbeitet, desto wichtiger ist man.
- Harte Arbeit zahlt sich aus.
- Nur messbare Erfolge werden gefeiert.
- Alles läuft über den Tisch von xy.
- Wenn ich einen Fehler gemacht habe, lösen wir das als Team.

3. Veröffentlichen – 15 Minuten
Jeder schreibt seine Sätze ans Whiteboard oder pinnt sie an. Macht eine stille Leserunde und stellt Verständnisfragen.

4. Gruppenarbeit – 45 bis 60 Minuten
Wählt nun als Team drei Sätze aus, die ihr als besonders hinderlich empfindet. Vorgehen: Jeder darf drei Punkte vergeben. Das kann jeweils einer pro Satz oder drei für einen Satz sein. Ihr könnt die Punkte direkt vor den jeweiligen Satz malen. Die drei Sätze mit den meisten Punkten sind gewählt.

Anschließend findet ihr euch in Dreier- oder Vierergruppen zusammen, um eure Topsätze zu diskutieren. Jede Gruppe wählt dafür einen Satz aus, sodass ihr nach 40 Minuten drei eurer Glaubenssätze diskutiert habt. Besprecht folgende Fragen:

- Wann war dieser Glaubenssatz nützlich für uns? Wie hat er uns geholfen? Wie halten wir ihn aktuell am Leben?
- Aus welchen Gründen ist dieser Satz heute nicht mehr angemessen oder hilfreich? Woran hindert er uns?
- Wie könnten wir den Satz ergänzen oder abändern, um ihn mehr in Einklang mit unseren Werten und Wünschen zu bringen?

5. Vorstellung – 30 Minuten
Jede Gruppe stellt nun ihre Erkenntnisse und Ergebnisse vor. Diskutiert anschließend, welche Brücken und Erinnerungshilfen ihr schaffen könnt, um eure abgeänderten Sätze in euren Alltag zu integrieren.

6. Check-out – 5 Minuten
Schließt euren Kurzworkshop mit einer Check-out-Runde.

1 Check-in 5 Min.

2 Jeder überlegt für sich: 10 Min.
Welche ungeschriebenen Gesetze gibt es bei uns, positive und negative, von denen ich einem Freund erzählen würde, bevor er bei uns anfängt?

Beispiele: Man ist nur produktiv, wenn man viele Meetings hat. | Wer nicht im Büro arbeitet, gehört nicht zum Team. | Je länger man arbeitet, desto wichtiger ist man. | Harte Arbeit zahlt sich aus. | Nur messbare Erfolge werden gefeiert. | Alles läuft über den Tisch von xy. | Wenn ich einen Fehler gemacht habe, lösen wir das als Team.

3 Nun schreibt jeder seine Sätze auf das Whiteboard. Clustert, wo es möglich ist. Macht eine stille Leserunde, danach stellt ihr Verständnisfragen. Hinter jeden Satz, den du nachempfinden kannst oder teilst, machst du einen Strich. 15 Min.

4 Nun nutzt ihr z.B. einen Punkt, um jeweils die drei Topsätze auszuwählen, die dugern aus eurem Team eliminieren würdest. 45–60 Min.

Findet euch in Dreier- und Vierergruppen zusammen, um eure Top-Hindernis-Sätze (einen je Gruppe) zu besprechen. Diskutiert dabei Folgendes:

- Wann war es sinnvoll, ____________________ (Glaubenssatz, z.B. nur die messbaren Erfolge zu feiern) und wie hält sich dieser Glaubenssatz am Leben/wird am Leben gehalten?
- Aus welchen Gründen ist der Satz heute nicht mehr sinnvoll, woran hindert er euch? Wie könntet ihr ihn ergänzen, abändern, um mehr im Einklang mit euren Werten/Wünschen usw. zu sein?

5 5 Min. je Gruppe + 2 Min. Rückfragen

Jede Gruppe stellt nun ihre Ergebnisse vor. Haltet die Ergebnisse visuell fest.

Einigt euch nach der Vorstellung darauf, wie ihr die Ergebnisse in euren Alltag übertragt. Z.B. ein Post-it an der Kaffeemaschine, ein Poster im Meeting-Raum usw., und wer das übernimmt.

6 Check-out 5 Min.

Wählt selbst eure Check-in- und Check-out-Fragen

Bei zwölf Teilnehmenden solltet ihr 90 Minuten einplanen.

Es kann sinnvoll sein, regelmäßig eure Glaubenssätze zu reflektieren und damit zu prüfen, ob euer Verhalten euren Werten und euren Wünschen entspricht.

Abbildung 14: Teamworkshop Glaubenssätze

Unsere Werte finden

Werte symbolisieren, was wir wertschätzen. Viele Menschen schätzen ganz ähnliche Dinge, benennen sie aber mit unterschiedlichen Worten. Ein Werteworkshop hilft dabei, eine gemeinsame Sprache für das zu entwickeln, was im Team »allgemein bekannt« ist. Er schafft eine Grundlage für weitere Gespräche und bildet einen Referenzrahmen für den Arbeitsalltag. So geben Werte eine Orientierung zur Frage: Welches Verhalten wird in unserer Organisation geschätzt? Und wie wollen wir am gemeinsamen Purpose arbeiten?

Auch für den persönlichen Kontext hilft es, sich seiner Werte bewusst zu werden, um sich authentisch verhalten zu können. Die persönlichen Werte klar zu haben, unterstützt in der authentischen Kommunikation, beim »sich zeigen« und dabei, menschlich in Kontakt zu kommen.

Insbesondere im Kontext Führung spielen Werte eine grundlegende Rolle. Wer sich seiner Werte bewusst ist, kann daraus ableiten, wie die eigene (Führungs-)Rolle authentisch und kongruent gestaltet werden kann. Auch das zahlt wiederum auf den Teamkontext ein: Kollektive Führung gestalten heißt auch, die Führungsrollen gemeinsam zu vereinbaren und zu gestalten.

Persönliche Werte finden

Sich seiner persönlichen Werte bewusst zu sein und eine Klarheit zu haben, wie man sie in der Praxis umsetzt oder auch umsetzen möchte, bringt einen in Einklang mit sich selbst. Es macht authentisch.

Diese Klarheit hat nicht jede Person automatisch, und manchmal ändern sich Werte auch, zum Beispiel, wenn man in eine neue Lebensphase eintritt, sodass es gut sein kann, den Raum und die Zeit zu bekommen, die persönlichen Werte zu reflektieren.

Nicht in jedem Team herrscht bereits ein Maß an Nähe und Vertrauen, das es ermöglicht, über die eigenen Werte zu sprechen. Wägt für euch ab, ob es sich stimmig anfühlt, euer Team zur Selbstreflexion einzuladen oder nicht. Wenn ihr euch für ein Ja entscheidet, könnt ihr die persönlichen Werte sehr gut als Grundlage für den Teamwerteworkshop nutzen. Die Reflexion eignet sich auch als schlichter Impuls für mehr Achtsamkeit und Authentizität im Team.

Einladung ans Team

Liebes Team,

sich seiner persönlichen Werte bewusst zu werden, hilft uns, miteinander in Kontakt zu bleiben und uns authentisch zu verhalten. Wir laden euch herzlich ein, euch bewusst Zeit zu nehmen, eure persönlichen Werte zu reflektieren. Gern würden wir eure Ergebnisse dann im Rahmen eines Teamworkshops besprechen. So lernen wir uns alle noch besser kennen und können im Arbeitsalltag noch achtsamer miteinander umgehen.

Für die Reflexion folgender Fragen – und damit die Vorbereitung für den kommenden Teamworkshop – schicke ich eine separate Kalendereinladung von 60 Minuten, sodass sich alle zur gleichen Zeit mit den Fragen beschäftigen können.

Was schätzt du im Arbeitskontext Wert (z. B. Verhalten, Charakterzüge, Worte usw.)?

- Wie würdest du das Miteinander im Team gestalten wollen, wenn es einzig und allein in deiner Hand läge?
- Was hast du an früheren Vorbildern im Team geschätzt (auch in ehemaligen Teams)?
- Welche Werte möchtest du mit deinem Verhalten vorleben?
- Welche Werte möchtest du in deinem Team sehen? Durch welche Verhaltensweisen erkennst du, dass sie gelebt werden? Denke an konkrete Beispiele.
- Wie verhältst du dich in schwierigen Situationen? Welche Werte werden dadurch sichtbar?
- Welche drei Werte sind für dich im Arbeitsalltag am wichtigsten?

Wie wirken sich deine Werte auf deinen Arbeitsalltag aus?

- Welche deiner Werte haben eine Außenwirkung und sind damit für andere sichtbar? Wie spiegeln sie sich in deinen Verhaltensweisen, Ritualen und Aussagen wider?

- Welche deiner Werte bleiben anderen verborgen, weil sie sich nicht in deinem für das Team sichtbare Verhalten widerspiegeln?
- Welche Erkenntnisse hast du aus der Reflexion deiner Werte gewonnen? Gibt es etwas, das du nun anders machen möchtest?

In der nächsten Woche, gleiche Zeit, besprechen wir dann im Team, welche Erkenntnisse du aus deiner Reflexion gewonnen hast und ob es Dinge gibt, die du künftig anders machen möchtest.

Grüße

Lea

Ändere die E-Mail entsprechend, wenn ihr im Anschluss keinen gemeinsamen Teamworkshop machen möchtet.

Falls ihr eine gemeinsame Reflexion durchführen möchtet, dann nutzt gern diese Vorlage für ein Online-Whiteboard oder übertragt es entsprechend auf Moderationswände und Flipcharts. Die Vorlage findet ihr auf der Webseite zum Buch www.kollektive-fuehrung.de.

Das Ziel des Reflexionsworkshops ist ein Austausch im Team, über persönliche Werte und damit einhergehend die Ermutigung, noch authentischer im Arbeitsalltag präsent zu sein. Es werden keine Vereinbarungen getroffen.

Der Workshop eignet sich für vier bis 16 Personen und hat eine Länge von 70 bis 120 Minuten. Während des Workshops spielt allein der Austausch eine Rolle. Es müssen keine Stichpunkte gemacht werden und auch am Ende muss nichts dokumentiert werden. Falls der Wunsch zur Dokumentation besteht, frage vorab, ob alle einverstanden sind, und konzentriere dich dann auf die Vorstellung der Gruppenergebnisse (Schritt 5).

1. Check-in – 5 Minuten

Gib einen kurzen Überblick über die Workshop-Agenda. Eure Check-in-Frage könnte lauten: Wie würdest du die Reflexionsübung zu deinen Werten in einem Wort zusammenfassen?

2. **Zweiergruppen – 20 Minuten**
Findet euch in Zweiergruppen zusammen und besprecht die Fragen:

- Welche drei Werte sind dir im Arbeitsalltag am wichtigsten und wie würdest du sie beschreiben?
- Welche Erkenntnisse hast du aus der Reflexion deiner Werte gewonnen? Gibt es etwas, das du nun anders machen oder deinem Team mitteilen möchtest?

3. **Vierergruppen – 20 Minuten**
Schließt euch nun zu Vierergruppen zusammen, indem sich jeweils zwei Zweiergruppen finden, und besprecht erneut die zwei Fragen. Gibt es Gemeinsamkeiten?

4. **Vorstellung – je 5 Minuten**
Jede Vierergruppe stellt nun ihre gemeinsamen Top 3 vor, sodass alle anderen einen Eindruck davon bekommen, was noch so besprochen wurde.

5. **Erkenntnisse teilen – 35 Minuten**
Nach den Gruppenvorstellungen besprecht ihr eure Erkenntnisse:

- Was war neu für dich?
- Was hast du über dich gelernt?
- Was hast du über dein Team gelernt?
- Was nimmst du mit, was wird ab morgen anders sein in deinem Arbeitsalltag?

Für die Reflexion der Fragen nimmt sich jeder fünf Minuten Zeit in Stillarbeit, dann hat jede Person maximal zwei Minuten Zeit die Erkenntnisse vorzustellen.

6. **Check-out – 5 Minuten**
Als Check-out-Frage eignet sich beispielsweise »Dein Wetter-Emoji, das den Workshop am besten zusammenfasst«.

Der Workshop eignet sich gut als Vorbereitung für einen Werteworkshop, in dem ihr eure Teamwerte gemeinsam definiert.

1 Check-in 5 Min.

Wie würdest du die Reflexionsübung zu deinen Werten in einem Wort zusammenfassen?

2 Findet euch in Zweier-Gruppen zusammen und besprecht die Fragen: 20 Min.

Welche drei Werte sind dir im Arbeitsalltag am wichtigsten und wie würdest du sie beschreiben?

Welche Erkenntnisse hast du aus der Reflexion deiner Werte gewonnen? Gibt es etwas, das du nun anders machen oder deinem Team mitteilen möchtest?

3 Schließt euch nun zu Vierergruppen zusammen, indem sich jeweils zwei Zweiergruppen finden, und besprecht erneut die zwei Fragen. 20 Min.

Gibt es Gemeinsamkeiten?

4 Jede Vierergruppe stellt nun ihre gemeinsamen Top 3 vor, sodass alle anderen einen Eindruck davon bekommen, was noch so besprochen wurde.

Vorbereitung: 5 Min.
Vorstellung: je 5 Min.

5 Nach den Gruppenvorstellungen besprecht ihr eure Erkenntnisse: 15 –35 Min.

Was war neu für dich?
Was hast du über dich gelernt?
Was hast du über dein Team gelernt?
Was nimmst du mit, was wird ab morgen anders sein in deinem Arbeitsalltag?

Für die Reflexion der Fragen nimmt sich jeder fünf Minuten Zeit in Stillarbeit, dann hat jede Person max. zwei Minuten Zeit, die Erkenntnisse vorzustellen.

6 Check-out 5 Min.

Dein Wetter-Emoji, das den Workshop am besten zusammenfasst.

Der Workshop-Aufbau eignet sich für Gruppengrößen von vier bis 16 Personen.

Workshop-Dauer: 70 – 120 Minuten

Während des Workshops müssen die Teilnehmenden nichts dokumentieren. Wenn ihr möchtet, könnt ihr die Gruppenergebnisse festhalten, z.B. mit Post-its.

Abbildung 15: Teamworkshop »Persönliche Werte reflektieren«

Teamwerte finden

Teamwerte geben Orientierung und ermöglichen selbstständige Entscheidungen sowie ein authentisches, respektvolles Miteinander. Sie sind besonders wertvoll, wenn ihr schon häufiger festgestellt habt, dass eine Einigung, wie ihr im Team miteinander umgehen möchtet, um beispielsweise Reibungen und Konflikte zu minimieren, sinnvoll wäre. Eine wichtige Komponente bei jedem Workshop ist die anschließende Nutzung der Ergebnisse. Führt den Workshop durch, wenn ihr im Nachhinein eure Werte im Alltag nutzen möchtet.

Ihr könnt einen Teamworkshop sowohl offline als auch online durchführen. Wenn ihr ihn online durchführt, bereitest du einfach ein Whiteboard mit den entsprechenden Fragen vor.

Wenn ihr den Workshop offline durchführt, besorgt Folgendes:

- einen Raum, in dem ihr einen Stuhlkreis ohne Tische habt,
- Ablenkungen durch den Arbeitsalltag (Laptops außer Reichweite) minimieren,
- einige Post-it-Blöcke (12 x 8 cm) in verschiedenen Farben,
- schwarze Filzstifte: für jede Person einen,
- wenn möglich: Klebepunkte in verschiedenen Farben zur Abstimmung,
- Flipcharts, Moderationswände oder Whiteboards sowie die Möglichkeit, an die Wände zu kleben,
- eine Rolle Klebeband (z. B. Malerkrepp, das hält gut und lässt sich mit der Hand abreißen).

Anzahl Teilnehmende: vier bis 16
Zeit: 120 bis 180 Minuten (Pausen werden hinzuaddiert, z. B. 2 x 15 Minuten bei drei Stunden)
Zu Beginn gibst du dem Team einen Überblick über die Agenda, sodass jeder weiß, was auf ihn zukommt.

Allgemeine Workshop-Regeln sind stets sinnvoll, beispielsweise:

- eine gute Selbstfürsorge
- eine Einigung auf Pausenzeiten (flexibel oder bereits zu Beginn festlegen)
- offline: Handys weglegen
- online:
  - Kamera an
  - keine Nebenunterhaltungen im Chat
  - Rückmeldung bei Fragen an alle
  - Hand heben, wenn man fertig ist

Ganz wichtig für die Begrüßungsphase: Lass dein Team wissen, was das Ziel des Workshops ist und womit du am Ende »rausgehen« möchtest. Dieser Workshop hat beispielsweise folgendes Ziel:

> *»Wir besprechen gemeinsam, welche Werte wir als Team in unserem Verhalten und unseren Prozessen sehen möchten und einigen uns dafür auf unsere fünf Topwerte. Im Anschluss besprechen wir, welche Prozesse wir wie anpassen müssen, um unseren Werten entsprechend zu handeln.«*

Falls dein Team sich noch nicht sehr gut kennt, kannst du 20 bis 30 Minuten fürs Kennenlernen einplanen. Dafür eignen sich sehr gut lockere Formate, in denen (ungewöhnliche) Fragen vorgegeben werden, die sich die Teilnehmenden gegenseitig in verschiedenen Konstellationen stellen können. Zu Kennenlern-Spielen findest du viele Anregungen im Internet, z. B. unter www.workshop-spiele.de.

1. Check-in – 5 Minuten

Nachdem du einen Überblick über die Agenda gegeben hast, eignet sich folgende Frage für einen Check-in: Wie bist du in den Tag gestartet, was hast du bereits erlebt?

2. Stillarbeit – 10 Minuten

Jeder überlegt still für sich, welche Werte ihm wichtig sind:

- Überlege dir, welche Werte für dich im Team, in der gemeinsamen Zusammenarbeit wichtig sind.
- An welchen Werten sollte sich jeder im Team orientieren?
- Wie spiegeln sich diese Werte möglicherweise im Verhalten und in Prozessen wider? Woran merkst du/würdest du merken, dass sie gelebt werden?

3. Gruppenarbeit – 45 Minuten

Bildet nun Vierergruppen. Diskutiert eure Werte und das dazugehörige Verhalten. Einigt euch auf fünf Werte. In der nächsten Arbeitsphase bildet ihr neue Gruppen. Jeder sollte sich die fünf Werte notieren, sodass sie in der nächsten Phase präsent sind.

4. Fünf Werte – 70 Minuten

Ihr mischt nun neue Vierergruppen. Bestenfalls ist in jeder neuen Gruppe eine Person jeder alten Gruppe vertreten. Einigt euch erneut auf fünf Werte und diskutiert verstärkt, welche Prozesse und Verhaltensweisen bei euch im Team/Unternehmen eure gewünschten Werte unterstützen und welche Prozesse und Verhaltensweisen überarbeitet werden müssen. Stichworte wären hier beispielsweise: Meeting-Kultur, Einstellungsprozess, Beförderungen oder wer eine Rolle neu besetzt, Gehaltserhöhungen, Vertrieb, Entscheidungen zu Kundenanfragen, wer kann was entscheiden usw.

Das Ergebnis: Je Gruppe habt ihr fünf Werte mit einer konkreten Beschreibung, woran ihr die Umsetzung erkennt, sowie Empfehlungen, welche aktuellen Prozesse usw. ihr überarbeiten möchtet.

5. Eure fünf Werte – 5 Minuten

Nun wählt jeder seine drei Topwerte, indem ein Punkt auf den Wert geklebt/ein Strich gemalt wird. Die fünf Werte mit den meisten Stimmen sind eure Werte. Wenn ihr das Glück habt, dass es eine klare Gewinner-Reihenfolge gibt, dann haltet sie fest. So könnt ihr euch im Falle eines Wertekonfliktes darauf beziehen.

6. Feinschliff – 30 Minuten

Nun finalisiert ihr in fünf Gruppen die ausgewählten Werte:

- Wie soll der Wert final heißen?
- Welche Verhaltensweisen sind damit assoziiert?
- Wie kann der Wert in den Arbeitsalltag gebracht werden: Welche Prozesse müssen angepasst werden, wie und wann wollen wir uns auf den Wert beziehen? Bestimmt eine oder mehrere Personen, die für die Umsetzung einstehen.

7. Check-out – 5 Minuten

Als Frage eignet sich beispielsweise: »Was hat dir heute besonders gut gefallen?«

1 Check-in 5 Min.

Wie bist du in den Tag gestartet, was hast du bereits erlebt?

2 Jeder überlegt für sich: 5 – 10 Min.

Überlege dir, welche Werte für dich im Team, in der gemeinsamen Zusammenarbeit wichtig sind.

An welchen Werten, sollte sich jeder im Team orientieren?

Wie spiegeln sich diese Werte möglicherweise im Verhalten und in Prozessen wider? Woran merkst du, dass sie gelebt werden?

3 Bildet nun Vierergruppen. Diskutiert eure Werte und das dazugehörige Verhalten. Einigt euch auf fünf Werte. 45 Min.

Jeder sollte sich die fünf Werte aufschreiben, so dass sie in der nächsten Phase präsent sind.

4 Ihr mischt nun neue Vierergruppen. Bestenfalls ist in jeder neuen Gruppe eine Person jeder alten Gruppe vertreten.

Einigt euch nun erneut und diskutiert verstärkt, welche Prozesse und Verhaltensweisen bei euch im Team/Unternehmen eure gewünschten Werte unterstützen und welche Prozesse und Verhaltensweisen überarbeitet werden müssen. Stichworte: Meeting-Kultur, Einstellungsprozess, Beförderungen oder wer eine Rolle neu besetzt, Gehaltserhöhungen, Vertrieb, Entscheidungen zu Kundenanfragen, wer kann was entscheiden usw.

Ergebnis: je fünf Werte mit einer konkreten Beschreibung, woran ihr die Umsetzung erkennt, so Empfehlungen dazu, welche aktuellen Prozesse usw. ihr überarbeiten möchtet.

Arbeitsphase: 45 Min.
Vorstellung: je 5 Min. + je 2 Min. Fragen

5 Nun wählt jeder seine drei Topwerte, indem ein Punkt auf den Wert geklebt bzw. ein Strich gemalt wird. 5 Min.

Die fünf Topwerte werden ausgewählt. Wenn ihr das Glück habt, dass es einen klaren Gewinner gibt, dann haltet die Reihenfolge fest. So könnt ihr euch im Falle eines Wertekonfliktes darauf beziehen.

6 Nun finalisiert ihr in 5 Gruppen: 30 Min.

Wie soll der Wert final heißen?
Welche Verhaltensweisen sind damit assoziiert?
Wie kann der Wert in den Arbeitsalltag gebracht werden?
Welche Prozesse müssen angepasst werden?
Wie und wann wollen wir uns auf den Wert beziehen?
Bestimmt eine oder mehrere Personen, die für die Umsetzung einstehen.

7 Check-out 5 Min.

Was hat dir heute besonders gut gefallen?

Abbildung 16: Teamwerte finden

Werte werden lebendig, wenn sie im Gespräch bleiben. So könntet ihr beispielsweise alle zwei Monate reflektieren, ob ihr euch euren Werten entsprechend verhalten habt, neue Prozesse stets auf »Wertigkeit« prüfen, für neue Teammitglieder eine Art Wertekompass einführen usw. Ein Plakat eurer Werte in der Küche ist definitiv nicht ausreichend.

Räume zum Kennenlernen

Räume zum Kennenlernen beschreiben keine physischen Räume, sondern die Zeit, die man sich füreinander nimmt. Sie ermöglichen es uns, mehr übereinander zu erfahren und einander besser einschätzen zu können. Sie zahlen auf die Veränderungsebenen Verhalten und Fähigkeiten ein.

Räume zum Kennenlernen lassen ein Gefühl von Sicherheit entstehen. Unser Gegenüber wird greifbarer und wir lernen, das Team als Ganzes besser einzuschätzen: Wie werden Erfolge gefeiert, Niederlagen durchlebt, Fehler behandelt, Anerkennung ausgesprochen usw.?

Das Wir-Gefühl entsteht durch Nähe und In-Kontakt-sein. Es entsteht, weil die Gruppenmitglieder wissen, wer die Personen sind, die Teil ihrer Gruppe sind und was diese Personen auszeichnet. Sie kennen ihre persönlichen Geschichten, Vorlieben und Prioritäten und auch ihre gemeinsame(n) Geschichte(n). Geschichten miteinander zu teilen und so mehr über die Arbeitskollegen als Menschen zu erfahren, schafft Verbindung und hilft uns dabei, die Teamkultur besser zu verstehen. Wie sind wir zu dem Team geworden, das wir heute sind. Dazu zählen nicht nur gemeinsame Erfolge und Niederlagen, sondern auch die Dinge, die wir als Team gelernt haben, die Momente des Verstehens, die Feste, die wir gefeiert haben oder die Beweggründe hinter Entscheidungen, die in der Vergangenheit getroffen wurden.

Das Geschichtenerzählen in den Arbeitsalltag einzubinden heißt, regelmäßig Räume aufzumachen, in denen über gemeinsame Erfahrungen und persönliche Geschichten gesprochen werden kann. Es kann ein gemeinsames Kaffeetrinken einmal die Woche sein (funktioniert auch wunderbar digital), bei dem eine persönliche Check-in-Frage gestellt werden kann. Es kann aber auch beim regelmäßigen Teamfrühstück, Mittagessen oder in aller Kürze zum Abschluss eines Sprints am Ende der Retrospektive eingebaut werden. Was auch dazu zählt, sind Rituale und Gelegenheiten, die neue Geschichten entstehen lassen. Wichtig ist, dass ihr diese Räume bewusst gestaltet. Es genügt also nicht, wenn ihr einmal im Monat für eine Stunde alle zusammen Kaffee trinkt. Es braucht bewusst gestaltete Gesprächsanlässe oder Fragen, die ihr in die Teams hineingebt. Es kann ein Tagesworkshop zum Thema »Wie wurden wir wer wir sind?« sein, oder ein gemeinsamer Spaziergang, bei dem ihr eine der folgenden Fragen besprecht:

- Wer oder was hat deinen Berufswunsch geprägt?
- Welche Anschaffung in deinem Leben hat den größten ideellen Wert für dich?
- Wovon wirst du noch in 20 Jahren erzählen, was du in den letzten fünf Jahren erlebt hast?
- Wovon hast du als Kind geträumt?
- Vereinbart ein regelmäßiges Treffen mit dem Sinn, einander zu loben und einander zu danken ODER mit dem Sinn, einander Bücher zu empfehlen etc.

Macht euch euer Büro zu eigen
Die Räumlichkeiten selbst zu gestalten, in denen man arbeitet, bringt ein Gefühl von zu Hause mit sich und lädt ein, zu reflektieren, was das Außen mit dem Innen macht. Euer Büro ist einer der Orte, an denen ihr die meiste Zeit verbringt. Es sollte ein Ort sein, an dem ihr euch wohlfühlt.

Studien haben gezeigt, dass Menschen in schönen Büroräumen produktiver sind und mehr Verantwortung für ihr Büro übernehmen, wenn sie an der Gestaltung beteiligt waren. Ein Büro kann Teil eurer Identität werden und es bringt auch eure Identität zum Ausdruck, wenn ihr es gemeinsam gestaltet. Noch dazu bekommt ihr mit einem Büro-Verschönerungstag eine tolle Gelegenheit für das Teambuilding, Stichwort: Teambuilding mit Sinn!

Wie also vorgehen?

Am besten nehmt ihr euch vor der eigentlichen Umsetzung etwa zwei Stunden Zeit, um gemeinsam zu planen, was genau ihr wie verändern wollt:

1. Welche Aufgabe(n) soll euer Büro erfüllen?
Aus welchen Gründen kommt ihr ins Büro, was wollt ihr dort machen? Zum Beispiel:

- informelle Meetings
- Teamworkshops
- Kaffeetrinken
- ungestörtes, konzentriertes Arbeiten
- Kunden einladen usw.

2. Welche Räume lassen sich am besten für welche Tätigkeiten nutzen?

- Kaffeetrinken und plaudern
- konzentriert arbeiten
- Scrum Meetings
- Workshops
- Gemeinsam arbeiten
- Meetings
- Telefonate usw.

3. Wie lassen sich gängige Wege möglichst kurz halten/welche Räume und Funktionalitäten sollten dicht beieinander liegen? Zum Beispiel:

Die Buchhaltung sollte sich neben dem Drucker und den Akten befinden, um nicht ständig aufstehen zu müssen und Dokumente geheim halten zu können.

4. Wie lassen sich die Aufgaben der einzelnen Räume möglichst gut umsetzen? Zum Beispiel:

- Ein Meeting-Raum hinter einer Glastür/-wand sieht sehr schön aus, lässt aber wenig Privatsphäre für vertrauliche Gespräche, bei denen man vielleicht keine Zuschauer möchte.
- Ein Aufenthaltsraum in der hintersten Ecke, bei dem man erst an allen Büros vorbeimuss, ist unpraktisch.
- Liegen Ruheräume Richtung Hof und Meeting-Räume zur Straße?

5. Überlegt gemeinsam, wie die Räume eure Identität angemessen zum Ausdruck bringen können:

Wie werdet ihr durch die Gestaltung eurer Vision, euren Werten, eurer Marke und eurem Purpose gerecht? Wie könnt ihr sie inkorporieren?

Insbesondere die ersten drei Fragen lassen sich am besten mit einer kleineren Gruppe bearbeiten. Ihr könntet vorab fragen, wer bei der Raumverteilung mitwirken möchte und dann mit maximal fünf Menschen überlegen, was ihr in welchem Raum tun möchtet. Wenn das feststeht, könnt ihr Frage 4 und 5 mit bis zu 16 Leuten gemeinsam bearbeiten. Bildet dafür kleinere Gruppen von bis zu vier Menschen. Zwei Gruppen bearbeiten Frage 4, zwei Frage 5. Nach 60 bis 90 Minuten präsentiert ihr eure Ideen und erstellt ein gemeinsames Konzept.

Im nächsten Schritt bildet ihr Arbeitsteams, die Ideen an einem Teambuilding-Tag umsetzen. Die Arbeitsteams sind vorab auch dafür verantwortlich zu planen, wie sie am Teambuilding-Tag vorgehen. Dazu gehören Dinge wie

- To-dos
- Materialliste
- Einkaufsliste
- Zeitplanung für den Umsetzungstag

Direkt nach dem Umsetzungstag solltet ihr eine Nachbesprechung einplanen, um folgende Fragen gemeinsam zu reflektieren:

- Planung
  - So habe ich die Planung vorab wahrgenommen.
  - So habe ich mich während der Planung gefühlt.
  - Das hat mich bei der Planung positiv/negativ überrascht.
- Umsetzung
  - So habe ich unsere Zusammenarbeit am Umsetzungstag wahrgenommen.
  - So ging es mir während der Umsetzung.
  - Hier sehe ich Parallelen zu unserer alltäglichen Arbeit.
  - Folgende Dinge sollten wir als Team beibehalten und folgende Dinge sollten wir als Team unbedingt anders machen.

Für die Reflexion solltet ihr mindestens zwei Stunden einplanen. Es bietet sich an, die Fragen zuerst in Stille reflektieren zu lassen und dann – je nach Teamgröße und Vertrauenslevel – direkt im Plenum zu besprechen oder zuerst in Zweier- und dann in Vierergruppen. Die Ergebnisse der Vierergruppen können dann vor allen präsentiert werden. Durch die gemeinsame Reflexion ergänzt ihr das verschönerte Büro um die Teambuilding-Komponente. Ihr lernt voneinander, miteinander und übereinander. So könnt ihr schließlich einen Transfer der Erlebnisse und Lernmomente in den Arbeitsalltag sichern.

GESTALTUNGSPRINZIP 2:
ENTSCHEIDUNGEN FÜR KLARHEIT UND DYNAMIK

Das zweite Gestaltungsprinzip Entscheidungen kann sehr ursprünglich in Ostroms Sinne auf die Organisationswelt übertragen werden. Im Beispiel der Allmende geht es bei dem Prinzip darum, dass die Gemeinde am See selbst entscheiden darf, wie hoch ihre Fangquote ist und wer wann rausfährt. Dem gegenüber stünde die Möglichkeit, dass es einen zentralen Staat gibt, der bemerkt, dass die Fischbestände aktuell rückläufig sind. Der zentrale Staat würde dann für alle Gemeinden einheitliche Fangquoten verhängen und niemanden vor Ort fragen, wie es bei ihnen ganz konkret aussieht.

In der kollektiven Führung lässt sich das zweite Gestaltungsprinzip wie folgt zusammenfassen: Bei Entscheidungen, die dich betreffen, hast du Gelegenheit, dich einzubringen, wirst einbezogen oder du triffst sie direkt selbst. Gleichzeitig kommt hier das dritte Gestaltungsprinzip der Transparenz ins Spiel: Jedem im Team ist klar, was wie entschieden wird.

Wenn Menschen die Möglichkeit haben, sich im Prozess der Entscheidungsfindung einzubringen, unterstützen sie eher das Ergebnis, als wenn das nicht der Fall gewesen wäre. So sind auch Veränderungsprozesse im Team und Unternehmen leichter umzusetzen, wenn die Betroffenen in den Prozess einbezogen werden. Gerade im Kontext kollektiv geführter Organisationen ist es wichtig, dass Entscheidungen vom Team mitgetragen und unterstützt werden, damit weiterhin kooperiert und nicht gegeneinander gearbeitet wird.

Die inklusive Entscheidungsfindung bringt weitere Vorteile mit sich: die Teammitglieder trainieren ihre soziale Kompetenz, es kommt zu besseren Lösungen und Entscheidungen und die Organisation wird resilienter Durch das Auseinandersetzen mit verschiedenen Perspektiven, trainieren die Teammitglieder das Zuhören, ihre Selbstregulierung und sie verpflichten sich zum Handeln. Der inklusive Prozess führt zu besseren Entscheidungen, da viele, insbesondere diverse Perspektiven, letztlich zu einer höheren Informationsdichte führen. So kann eine fundierte Entscheidung getroffen werden. Des Weiteren werden Entscheidungen von den Menschen getroffen, die am besten über das Problem Bescheid wissen. Sie können bessere Lösungen entwickeln als eine einzige Führungskraft, die alles Mögliche entscheiden muss und nicht im Detail eingearbeitet ist. Insgesamt wird eine Organisation resilienter, wenn sie nicht (mehr) von den Präferenzen weniger Personen abhängig ist.

Entscheidungen im Organisationsalltag

Im Organisationsalltag betrifft das Gestaltungsprinzip sowohl das Entscheidungsverhalten und die Entscheidungskompetenz jedes Einzelnen als auch die dahinter liegenden Vereinbarungen und Prozesse. In klassischen Organisationen sind Entscheidungen häufig etwas, was an die nächsthöhere Ebene delegiert wird, und es ist implizites Erfahrungswissen, welche Entscheidungen wie getroffen werden. Budgetentscheidungen sind häufig eine Ausnahme.

In eurer kollektiv geführten Organisation entwickelt ihr mit der Zeit ein transparentes Raster für eure Arten bzw. Themen von und für Entscheidungen mit den jeweils vereinbarten Verfahren dahinter. So wird für alle im Team klar, wer welche Entscheidung allein treffen kann und darf und welche Entscheidungen in einem gemeinsamen Prozess getroffen werden.

Die verschiedenen Phasen einer Entscheidung

Jede Entscheidung kann in vier verschiedene Phasen unterteilt werden. Sie beginnt damit, dass wir Informationen sammeln. Die Informationen werden ausgewertet und darauf aufbauend wird eine Entscheidung getroffen. In der letzten Phase wird transparent gemacht, aus welchen Gründen wie entschieden wurde (Gellert & Nowak, 2014). Eure Entscheidungsprozesse könnt ihr entlang der verschiedenen Phasen gestalten: Wer sammelt Informationen, wer wertet sie aus, wer entscheidet und wer ist für die Transparenz verantwortlich? Jede Phase kann je nach Kontext von einer oder mehreren Personen besetzt werden. Gerade bei Entscheidungen, bei denen das Team in die Auswertungsphase einbezogen wurde, aber dann von nur einer Person eine Entscheidung getroffen wird, die alle im Team betrifft, ist die Transparenzphase sehr wichtig. Dazu gehört, warum eine Entscheidung getroffen wurde und welche Alternativen aus welchen Gründen ausgeschlossen wurden.

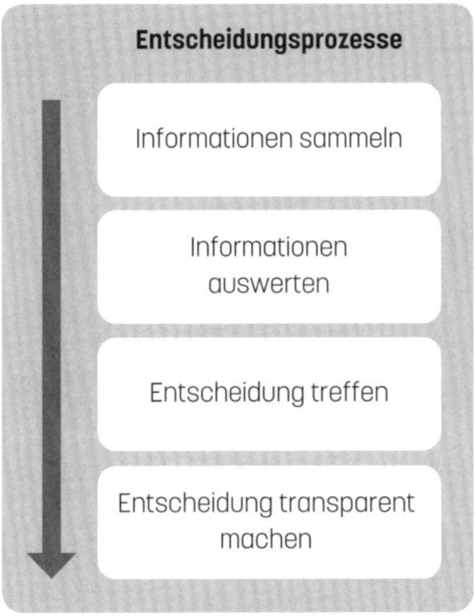

Abbildung 17: Phasen von Entscheidungsprozessen

Ein wichtiger Faktor, insbesondere mit Blick auf die Verfahrensgerechtigkeit (siehe S. 227), ist die Revidierbarkeit der Entscheidung. Wenn eine schlechte Entscheidung getroffen wurde, muss es dem Team möglich sein, auf die Entscheidung Einfluss zu nehmen, sodass sie ggf. korrigiert werden kann.

Zur Gestaltung der Auswertungs- und Entscheidungsphasen gibt es verschiedene Modelle. Ein Entscheidungsbaum, um bei neuen Entscheidungen das richtige Modell zu wählen, ist sehr hilfreich. Im besten Fall entwickelt ihr euren eigenen, der darin unterstützt, das für die Situation passende Modell auszuwählen. Einen solchen Baum haben beispielsweise Victor H. Vroom und Philip W. Yetton in den 1970er-Jahren entwickelt. Für die kollektive Führung lässt sich das Modell auch gut nutzen, sofern ihr Führung durch »Rolleninhaber« ersetzt.

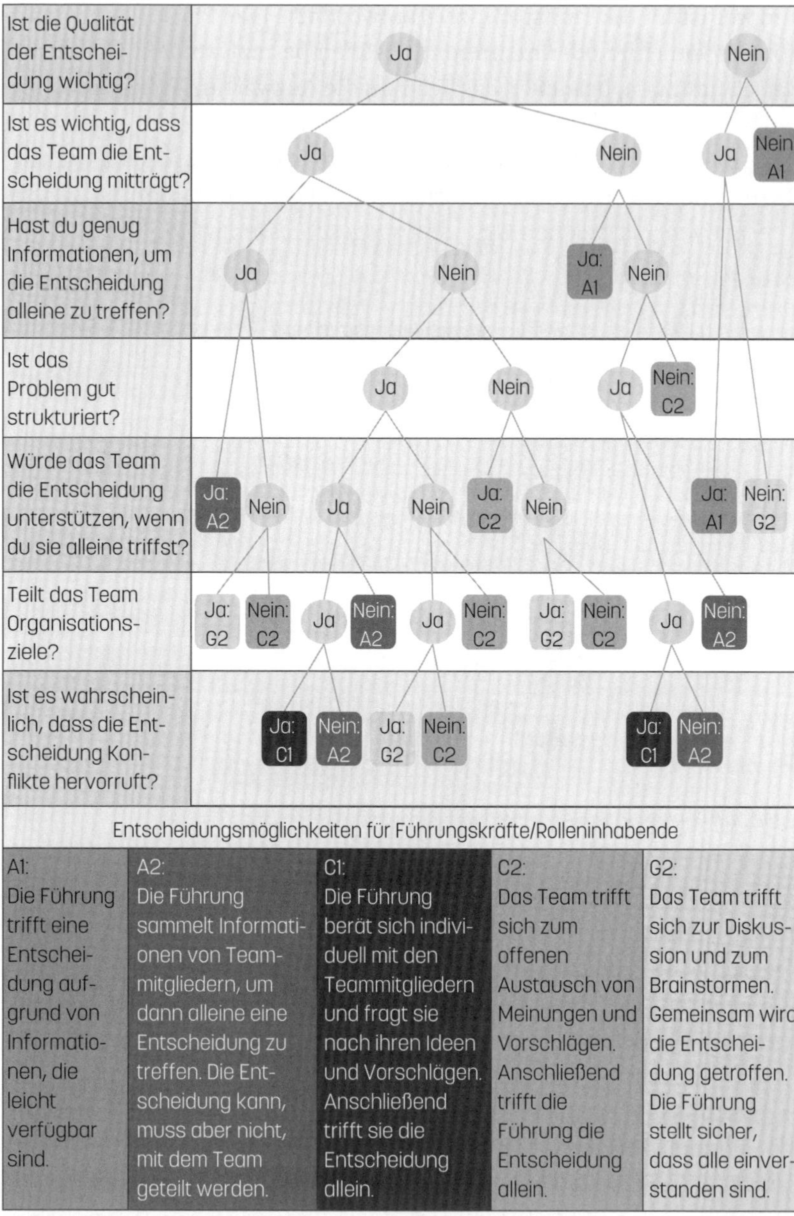

Entscheidungsmöglichkeiten für Führungskräfte/Rolleninhabende				
A1: Die Führung trifft eine Entscheidung aufgrund von Informationen, die leicht verfügbar sind.	A2: Die Führung sammelt Informationen von Teammitgliedern, um dann alleine eine Entscheidung zu treffen. Die Entscheidung kann, muss aber nicht, mit dem Team geteilt werden.	C1: Die Führung berät sich individuell mit den Teammitgliedern und fragt sie nach ihren Ideen und Vorschlägen. Anschließend trifft sie die Entscheidung allein.	C2: Das Team trifft sich zum offenen Austausch von Meinungen und Vorschlägen. Anschließend trifft die Führung die Entscheidung allein.	G2: Das Team trifft sich zur Diskussion und zum Brainstormen. Gemeinsam wird die Entscheidung getroffen. Die Führung stellt sicher, dass alle einverstanden sind.

Abbildung 18: Der Vroom-Yetton-Entscheidungsbaum (Quelle: The Vroom-Yetton Decision Tree: Adapted from Leadership and Decision Making by Victor H. Vroom and Philip W. Yetton by permission of the University of Pittsburgh Press. Copyright © 1973 University of Pittsburgh Press.)

So gibt es Entscheidungen, die regelmäßig wiederkehrend sind, und Entscheidungen, die ab und zu oder nur einmal auftauchen. Mithilfe eines solchen Entscheidungsbaumes könnt ihr auch die einmaligen Entscheidungen abdecken, sodass es für jede Person im Team transparent wird, wann ihr auf welches Verfahren zurückgreift.

Verschiedene Entscheidungsverfahren im Überblick

In kollektiv geführten Organisationen gibt es keine hierarchischen Entscheidungen mehr. Hierarchische Entscheidungen – im Sinne von »eine Person entscheidet« – werden somit zu Expertenentscheidungen bzw. Entscheidungen durch Rolleninhaberinnen. So entscheidet stets die für den Bereich kompetenteste Person.

Daneben existieren viele weitere Verfahren, die sich insbesondere darin unterscheiden, wie lange sie dauern und wie viele Menschen in die Entscheidung involviert werden müssen.

Besonders wichtig für die kollektiv geführte Organisation ist, dass es nicht dazu kommen darf, dass eine ehemalige klassische Führungskraft oder eine Inhaberin o. Ä. eine durch einen Experten oder das Team bereits getroffene Entscheidung umwirft. Für Fälle, in denen das notwendig sein sollte, muss bereits vorher ein Vetorecht für die entsprechende Person eingeräumt werden. Dann würde die Person bereits vor der Entscheidung dazu befragt werden. Grundlegend wichtig ist, dass jedem im Team klar ist, wie die Entscheidungsprozesse gestaltet sind und dass sie konsistent umgesetzt werden.

Einzelentscheidung: Wenn ein Rolleninhaber allein entscheidet, ist es eine Expertenentscheidung. Wie der Prozess vor der Entscheidung aussieht, wie also die Informations- und Auswertungsphase gestaltet werden, kann sich durchaus unterscheiden.

So ergeben sich verschiedene Möglichkeiten für die Beratungs- und Auswertungsphase. Die Begrifflichkeiten sind den verschiedenen Entscheidungsmöglichkeiten für hierarchische Entscheidungen (Gellert & Nowak, 2014) entlehnt:

- die autokratische Entscheidung: Beratung und Entscheidung durch den Experten
- die konsultative Entscheidung (auch Ratschlagprozess): Beratung mit dem Team (es kann z. B. eine Anzahl von Teammitgliedern,

bestimmte Sparringspartner oder ein Prozess festgelegt werden), Entscheidung durch den Experten und

- die unterstützende Entscheidung: Beratung und Entscheidung im Team, wenn das Team scheitert, entscheidet die Expertin selbst.

Kollektive Entscheidungen: Für eine inklusive Entscheidungsphase stehen verschiedene Entscheidungsverfahren zur Verfügung. Wir haben einige ausgewählt, die wir besonders nützlich und wichtig finden. Daneben gibt es sehr viele weitere Möglichkeiten.

Konsent-Entscheidung: Eine Entscheidung ist dann in der Gruppe getroffen, wenn es keinen schwerwiegenden Einwand gibt. Ein schwerwiegender Einwand ist eine fundierte Begründung, warum diese Entscheidung die Unternehmung ernsthaft gefährden würde und die Entscheidung deswegen nicht »safe enough to try« ist. Die Gründe für den Einwand müssen konkretisiert werden, sodass sie im besten Fall gelöst werden können und schließlich kein Einwand mehr besteht. Die Frage dazu könnte lauten: »Was brauchst du, um deinen Einwand aufzulösen?« Für eine Konsent-Entscheidung sind klare Guidelines und eine gelebte Vertrauenskultur sehr wichtig.

Konsens-Entscheidung: Eine Entscheidung wird im Konsens getroffen, wenn niemand dagegen ist. Falls jemand dagegen ist, braucht es keine fundierte Begründung, man kann einfach dagegen sein. In kleineren Gruppen für wenig streitbare Entscheidungen kann dieses Verfahren genutzt werden. In größeren Gruppen mit Zeitdruck ist dieses Verfahren nicht umsetzbar.

Widerstandsabfrage: Die Option, gegen die der geringste emotionale und faktische Widerstand besteht, wird vom Team gewählt. Dieses Entscheidungsverfahren würdet ihr beispielsweise in Fällen anwenden, in denen alle Optionen irgendwie unbeliebt sind oder in denen es keine Präferenzen gibt. Wenn es einzelne Personen gibt, die einen sehr starken Widerstand mit begründeten Einwänden haben, weicht lieber auf die Konsent-Entscheidung aus.

Mehrheitsentscheidung: Die Mehrheit entscheidet. Ein Vorteil ist, dass die Transparenzphase bereits in der Entscheidungsphase abgehakt ist. Ein großer Nachteil ist, dass es zwangsweise Verlierer gibt, die evtl. die Entscheidung nicht mittragen.

Zu den verschiedenen Entscheidungsverfahren ist grundsätzlich zu sagen: Je weniger Menschen in den Prozess einbezogen werden, desto schneller ist die Entscheidung und desto höher das Risiko, dass sie von den betroffenen Menschen nicht mitgetragen wird.

Entscheidungen auf den verschiedenen Ebenen

Auf der individuellen Ebene werden Entscheidungen durch Rolleninhaber und/oder Expertinnen getroffen. Hier spielen Kompetenz, Macht und Kontext eine wichtige Rolle. Ich kann dann eine gute Entscheidung treffen, wenn ich den Kontext kenne, also beispielsweise den Purpose und die Strategie der Organisation und des Kreises. Ich treffe die Entscheidung gern, wenn ich formell und informell die Verantwortung für diese Entscheidung übertragen bekommen habe. Formal wurde sie mir durch meine Rolle übertragen. Informell wird sie mir dann übertragen, wenn meine ehemalige Führungskraft – oder die Person, bei der die Entscheidung vorher lag – mir offiziell bestätigt hat, dass ich nun entscheiden darf, und mich auch entscheiden lässt, ohne meine Entscheidungen zu revidieren, wenn sie ihr nicht gefallen (siehe Abschnitt »Verantwortung abgeben«, S. 40). Ich fühle mich kompetent, die Entscheidung zu treffen, wenn ich das nötige Wissen besitze und kritisch denken kann. Dazu gehört, relevante Fragen zu stellen, verschiedene Meinungen einzuholen und komplexe Probleme interpretieren zu können. Darüber hinaus hilft ein Bewusstsein für bestehende Vorurteile und falsche Annahmen (Safi & Burrell, 2007).

Auf der Teamebene werden Entscheidungen rund um die Arbeits- und Kommunikationsprozesse getroffen, es werden Prozesse für die Beziehungspflege und die Konfliktlösung festgelegt, Governance-Themen wie Urlaubs- und Arbeitszeiten diskutiert und entschieden. Es werden neue Rollen entwickelt und besetzt sowie überflüssig gewordene Rollen entfernt. Von all diesen Entscheidungen sind alle im Team betroffen und ihr solltet einen Weg finden, das Team in diese Entscheidungen einzubeziehen. So sollte jedem im Team klar sein, welche Themen in welchen Prozessen und Formaten mit welcher Regelmäßigkeit entschieden werden. Wenn ihr beispielsweise noch keinen Feedbackprozess oder -mechanismus installiert habt, sollte klar sein, wie das passieren kann.

Auf der Organisationsebene liegen Entscheidungen zur Strategie und zur Struktur der Organisation. Hier ist es besonders wichtig, einen Prozess zu entwickeln, der inklusiv ist, zur Beteiligung einlädt und in der Entscheidungsphase bei einem Gremium liegt. So sind beispielsweise alle im Team Experten für euren Purpose, aber nicht alle im Team sind Experten für eure Strategie. Zur Strategieentwicklung wäre ein Einbeziehen in die Informations- und Auswertungsphase von vielen Menschen und Perspektiven im Team hilfreich. Für die Entwicklung oder Weiterentwicklung eures Purpose sollten auch alle in die Entscheidungsphase einbezogen werden.

Exkurs Geschäftsführerhaftung

Das Thema Geschäftsführerhaftung kommt immer wieder auf, wenn wir mit unseren Kunden im Gespräch sind. Viele sind sich unsicher, was sie eigentlich abgeben können und dürfen und an welcher Stelle sie ihre Pflichten verletzen. Da wir keine Experten für das Thema Geschäftsführerhaftung sind und keine rechtliche Beratung dazu anbieten, möchten wir hier auf Konrad Bechler verweisen, der im Magazin Enfants Terrible einen Text zur Haftungsfrage veröffentlicht hat (https://enfants-terribles.org/magazin/selbstorganisation-haftung/), aus dem wir einen Ausschnitt zitieren.

Konrad Bechler ist Rechtsanwalt, Fachanwalt für Handels- und Gesellschaftsrecht und ausgebildeter systemischer Organisationsentwickler.

»Die Frage, ob und wann Geschäftsführer und Vorstände von Gesellschaften für Schäden haften, treibt selbstorganisierte Unternehmen um, da die Forderungen nach selbstbestimmter Arbeit und dezentraler Willensbildung die Einflussmöglichkeiten der bei Kapitalgesellschaften rechtlich zwingend vorgeschriebenen Leitungs- und Vertretungspersonen verringern. [...]

Das Problem des Haftungsrisikos für die Unternehmensleitung, also für Vorstände und Geschäftsführung in selbstorganisierten Unternehmen stellt sich bei Kapitalgesellschaften (Aktiengesellschaft, GmbH, e.G.) anders dar, als bei der Gesellschaft bürgerlichen Rechts, der GbR. Während in der GbR jede Person persönlich mit ihrem Privatvermögen haftet, haften bei Kapitalgesellschaften die Gesellschafter nur mit dem Geld, welches sie der Gesellschaft dauerhaft zur Verfügung gestellt haben.

Die GbR ist die Grundform der Gesellschaften im Bürgerlichen Gesetzbuch. Sie ist, soweit keine weiteren Gestaltungen im Gesellschaftervertrag getroffen wurden, von Grund auf hierarchiefrei. Alle Gesellschafter sind gemeinschaftlich geschäftsführungs- und vertretungsbefugt, alle Gesellschafter haften für Forderungen gegenüber Dritten jeweils in voller Höhe und der Gewinn der Gesellschaft wird kopfteilig geteilt. Daher bedarf es bei einem Bankkredit auch keiner gesonderten Bürgschaft von Gesellschaftern, da alle Beteiligten mit ihrem kompletten Vermögen haften.

Aber gerade diese Grundregeln einer GbR sind ab einer bestimmten Mitgliedergröße nicht mehr praktikabel. [...]

Neben der Möglichkeit, eine Personengesellschaft in Form der GmbH & Co. KG zu gründen, macht es deshalb Sinn, auf Kapitalgesellschaften zurückzugreifen, da auf diesem Wege eine Beschränkung der Haftung möglich ist und eine Existenz der Kapitalgesellschaft unabhängig vom Mitgliederbestand, hinreichend Kontinuität ermöglicht. [...]

Was alle Kapitalgesellschaften gemeinsam haben, ist die Haftungsbeschränkung auf das Vermögen der Gesellschaft. Dadurch haften die einzelnen Mitglieder nicht mehr mit ihrem persönlichen Vermögen. Der Gesetzgeber will aber auch bei diesen Gesellschaften die Sicherheit des Rechtsverkehrs, den Gläubigerschutz und den Arbeitnehmerschutz gewährleistet sehen. Im Gegenzug verlangt er die Erfüllung gewisser Schutzregeln. Das beginnt damit, dass Kapitalgesellschaften erst mit der Eintragung in ein Register entstehen können. Das Registergericht achtet darauf, dass alle notwendigen Voraussetzungen erfüllt sind. Als Gegengewicht zur Haftungsbeschränkung der Gesellschaft nimmt das Konzept der persönlichen Verantwortungen vorwiegend die Leitungsorgane in die Pflicht. [...]

Die Unternehmensleitung trifft eine besondere Verantwortung gegenüber der Organisation selbst und auch gegenüber der Umwelt, die im Rahmen eines funktionierenden Rechtsverkehrs auf eine ordnungsgemäße Zusammenarbeit mit einer funktionierenden Organisation vertrauen können muss.

Der deutsche Gesetzgeber nutzt zur Absicherung des entgegengebrachten Vertrauens der beschränkten Haftung bei Kapitalgesellschaften das Konzept der persönlichen Verantwortung. Soweit die Unternehmensleitung durch eigenes Verschulden dieses Vertrauen enttäuscht und dadurch ein Schaden entsteht, haftet zwar grundsätzlich erst einmal die Gesellschaft (§ 31 BGB). Im Verhältnis zur Gesellschaft selbst muss sich aber die Unternehmensleitung persönlich verantworten. […]

Der Gesetzgeber knüpft die Verantwortlichkeit für das Handeln der juristischen Person an die Organe (Geschäftsführer, Vorstände, etc.). Die Organe bzw. die Geschäftsführung vertreten die Gesellschaft nach außen. Dem Grundsatz nach haftet für ihr Handeln aber die Gesellschaft. Lediglich in Ausnahmefällen greift die Haftung durch die Organe. Dies nennt man Außenhaftung der Organe.

Aber auch die Gesellschaft und mit ihr die Gesellschafter (Aktionäre, Mitglieder einer Genossenschaft und GmbH-Gesellschafter) sollen vor Fehlentscheidungen ihrer Organe geschützt werden. Bei der Haftung der Organe gegenüber der Gesellschaft wird von Innenhaftung gesprochen.

a) Außenhaftung

Die Kapitalgesellschaft haftet, wenn Dritten durch die Verletzung von Sorgfaltspflichten ein Schaden entsteht (§ 31 BGB), jedoch nur mit dem Gesellschaftsvermögen, nicht mit dem Vermögen der einzelnen Gesellschafter. In manchen Fällen kann die Haftung aber auf die Unternehmensleitung durchschlagen. Dies kann z. B. im Rahmen einer Insolvenz erfolgen. […] Schlussfolgerung: das geschäftsführende Organ muss stets den Überblick über die konkrete Finanzsituation der Gesellschaft haben.

Ähnliche Haftungstatbestände gibt es, wenn die Arbeitnehmeranteile zur Sozialversicherung nicht abgeführt oder die Steuern nicht gezahlt werden oder wenn der Geschäftsführer in seiner Tätigkeit Straftaten begeht (z. B. Betrug oder Untreue).

Die Leitungsorgane von Kapitalgesellschaften müssen diesen Pflichten nachkommen und auch das Recht haben, deren Einhaltung zu gewährleisten. Dies sollte aber einer freien und selbstbestimmten Entscheidungs- und Arbeitskultur nicht entgegenstehen.

b) Innenhaftung

Viel höher sind die Haftungsgefahren der Geschäftsführung bei der so genannten Innenhaftung. Hier macht die Gesellschaft das Organ verantwortlich für Schäden, die ihr durch sein Handeln entstanden sind. Hier ist besonders das betriebliche Organisationsverschulden, ein Unterfall der unerlaubten Handlung nach § 823 Abs. 1 BGB zu beachten. Hiernach haftet die Gesellschaft gegenüber Dritten, wenn sie versäumt, allgemeine organisatorische Anordnungen zu treffen. Da diese aber durch die Unternehmensleitung erfolgen müssen, kann die Gesellschaft diese in Anspruch nehmen.

Das Organ haftet gegenüber der Gesellschaft dann nicht nur für eigene Fehler, sondern auch für die Fehler anderer, wenn diese aufgrund einer mangelhaften Organisation, das heißt keiner klaren Definition von Aufgaben und Kompetenzen, entstanden sind. Das betriebliche Organisationsverschulden kennt drei Formen:

- Selektionsverschulden liegt vor, wenn ein Unternehmen die Verantwortung an ungeeignete Mitarbeiter delegiert;
- Anweisungsverschulden liegt vor, wenn Arbeitsanweisungen fehlen, fehlerhaft oder lückenhaft sind;
- Überwachungsverschulden liegt vor, wenn Kontrollen gar nicht oder lückenhaft durchgeführt werden.

Das bedeutet, dass die Unternehmensleitung gewährleisten muss, dass die richtigen Personen ausgewählt werden und ihnen die richtigen Arbeitsanweisungen gegeben werden und auch die Mitarbeiter überwacht werden.

Dies macht deutlich, dass die Geschäftsführung keineswegs durch die Haftungsregeln dazu gezwungen ist, selbst alle Entscheidungen zu treffen. Vielmehr ist es gut möglich, Entscheidungsmacht zu verteilen, solange ein sorgfaltsgemäßer Betrieb durch klare Aufgabenverteilung gewährleistet wird. […]«

Die Eigentümer sollten auf dem Weg in die Selbstorganisation entscheiden, ob es – und wenn ja, welche – Entscheidungen gibt, die sie nicht abgeben möchten. Es ist völlig legitim, einen Rahmen vorzugeben, in dem selbst entschieden werden darf. Wichtig ist, dass dieser Rahmen transparent kommuniziert und für die Eigentümer verbindlich ist.

Empfohlene Literatur

Ian Robertson: Macht – Wie Erfolge uns verändern
Bernd Oestereich, Claudia Schröder: Kollegiale Führung

Methodenkoffer für die Gestaltung von Entscheidungen

Wenn zwei Personen in einer Organisation zusammenkommen und eine Entscheidung zu treffen ist, passiert häufig Folgendes: Eine Person übernimmt die Verantwortung und eine andere gibt sie ab. Häufig steckt dahinter keine bewusste Entscheidung. Es ist eine Dynamik, die entsteht. Sie ist verknüpft mit Rollen, Erwartungen, unausgesprochenen Annahmen, Absprachen, formellen und informellen Hierarchien und manchmal auch mit so banalen Dingen wie der Betriebszugehörigkeit und dem Alter.

Entscheidungen auf der individuellen Ebene

Reflexionsanleitung: Was brauche ich, um sicher entscheiden zu können?
Um individuell gut entscheiden zu können, braucht es drei Dinge: die nötige Kompetenz, den relevanten Kontext und die Erlaubnis, entscheiden zu dürfen. Die Verantwortung muss sowohl formal als auch real übertragen sein.

Folgende Fragen helfen dir zu reflektieren, ob du dich selbst in der Position siehst zu entscheiden. Denke dabei an deine verschiedenen Arbeitsbereiche und reflektiere sie gern getrennt voneinander.

- Habe ich die fachliche Kompetenz, eine gute Entscheidung treffen zu können?
- Wurde mir die Verantwortung für die Entscheidung formal übertragen (siehe Kapitel »Gestaltungsprinzip 5: Selbstbestimmung für hohe Autonomie«, S. 199)?

- Habe ich die Erlaubnis zur Entscheidung bekommen?
- Darf ich die Verantwortung tatsächlich übernehmen? Wurde die Macht tatsächlich von allen Mächtigen abgegeben (ohne »Wenn xy passiert, dann doch nicht.«)?
- Besitze ich alle relevanten Hintergrundinformationen, z. B. zur Strategie, unseren Werten, dem Purpose und ggf. den Wünschen unserer Stakeholder?
- Was brauchst du noch, um selbst zu entscheiden?
- Gibt es etwas, das du tun kannst, falls dir die Befugnis zu entscheiden noch nicht final übertragen wurde? Kannst du ein Gespräch dazu suchen?

Die Übung eignet sich wunderbar als Grundlage für einen Austausch im Team. Vielleicht steht ihr vor der Herausforderung, dass immer wieder die gleichen Personen nach einer Entscheidung gefragt werden.

Reflexion: Wann sollte ich wie das Team einbeziehen?
Nicht jede Einzelentscheidung muss in all ihren Phasen allein bewältigt werden. Auch ein Einzelentscheid, also eine Entscheidung, die durch die Rolleninhaberin getroffen wird, kann unter Einbeziehung des Teams vorgenommen werden. So können die Phasen *Informationen sammeln* und *Informationen auswerten* mit dem Team gemeinsam durchgeführt, die Entscheidung allein getroffen und die Transparenz für das Team hergestellt werden (siehe Advice-Prozess S. 122).

Wenn eine schwierige Entscheidung ansteht, hilft der Blick auf die verschiedenen Phasen und die Frage: Für welche Phase ist es sinnvoll, das Team zu involvieren?

In Kombination mit dem Vroom-Yetton-Entscheidungsmodell werden außerdem die Dimensionen Entscheidungsqualität, Unterstützung durch das Team und Zeiteinsatz ergänzt. Folgende Fragen helfen dabei, einen geeigneten Weg zu finden:

- Ist die Qualität der Entscheidung wichtig?
- Ist die Unterstützung der Entscheidung durch das Team wichtig?
- Hast du genügend Informationen, die Entscheidung allein zu treffen?

- Ist das Problem gut strukturiert?
- Würde das Team die Entscheidung unterstützen, wenn du allein entscheidest?
- Teilt das Team die Organisationsziele?
- Hat die Entscheidung Konfliktpotenzial im Team?

Wenn die Unterstützung der Entscheidung durch das Team wichtig ist und genug Zeit vorhanden ist, das Team einzubeziehen, sollte es einbezogen werden. Wenn nicht genügend Zeit vorhanden ist, aber es eigentlich besser wäre, das Team einzubeziehen, ist es umso wichtiger, die Transparenzphase gut zu gestalten. Wenn dem Team klar vermittelt werden kann, aus welchen Gründen wie entschieden wurde und es vielleicht sogar zu dem Schluss kommen könnte, dass es genauso entschieden hätten, wird auch die Einzelentscheidung unterstützt.

Eine Teamentscheidung ist immer dann sinnvoll, wenn

- du nicht alle Informationen hast,
- das Problem unscharf ist,
- das Team direkt betroffen ist,
- genug Zeit zur Verfügung steht.

Ansonsten kann die Rolle einfach selbst entscheiden. Insbesondere dann, wenn eine oder mehrere Personen für den Kreis entscheiden, sollte in der Transparenzphase gründlich vorgegangen werden. So solltet ihr sicherstellen, dass alle, die von der Entscheidung betroffen sind, anwesend sind und folgende Fragen geklärt werden:

- Welches Problem sollte durch die Entscheidung gelöst werden?
- Wie lässt sich der Prozess hinter der Entscheidung zusammenfassen?
- Wer wurde zur Entscheidungsfindung befragt?
- Welche alternativen Lösungsideen wurden in Betracht gezogen und dann aus welchen Gründen verworfen?

Reflexionsanleitung Führung: Dürfen meine Mitarbeitenden entscheiden? Insbesondere im Transformationsprozess hören wir immer wieder von ehemaligen Führungskräften, dass sie gern die Verantwortung abgeben würden, die Mitarbeitenden aber einfach nicht entscheiden wollen. Wenn du dich mit dieser Situation identifizieren kannst, könnten folgende Fragen hilfreich für dich sein:

1. Was dürfen meine Mitarbeitenden entscheiden?
   - Bei welchen Themen habe ich offiziell die Erlaubnis erteilt bzw. die Verantwortung tatsächlich abgegeben?
   - Schaffe ich es, mich nicht einzumischen, wenn ich mit der Zeit merke, dass nicht in meinem Sinne entschieden wurde?
2. Was können meine Mitarbeitenden selbst entscheiden?
   - Für welche Themen, die ich abgeben möchte, besteht bei den Personen, die künftig entscheiden sollen, die fachliche Kompetenz und ggf. Erfahrungswerte?
   - Habe ich hier Vertrauen in die Fachlichkeit und kann ich das Thema ruhigen Gewissens abgeben?
   - Wie kann ich eine Art Übergabephase oder Einarbeitung gestalten, bei der wir eine Zeit lang gemeinsam entscheiden?
3. Was wollen andere eigentlich übernehmen?
   - Wenn ich mich in die Perspektive von Personen versetzt, denen ich gern bestimmte Entscheidungen übergeben möchte: Welchen Vorteil ziehen sie daraus? Was könnte sie daran motivieren?
   - Hat sich mir gegenüber jemand geäußert, ein bestimmtes Thema übernehmen zu wollen?
4. Angenommen, jemand anderes möchte mir bestimmte Entscheidungen übertragen: Aus welchen Gründen würde ich ablehnen?
5. Was entgegne ich meinen Mitarbeitenden, wenn sie eine Entscheidung von mir wollen? Was könnte ich sagen, damit sie selbst entscheiden?

6. Wie gut kann ich Ergebnisse anderer akzeptieren?
   - Welche Ergebnisse und Zwischenergebnisse meiner Teammitglieder möchte ich sehen?
   - Was passiert, wenn mir die Ergebnisse nicht gefallen? Müssen sie dann geändert werden?
   - Falls sie nicht offiziell geändert werden müssen, wie viele der Ergebnisse, mit denen ich nicht zufrieden war, wurden tatsächlich geändert?

7. Wie viel Macht haben die Teammitglieder, tatsächlich etwas im Team und in der Organisation zu bewegen und zu verändern?

Entscheidungen auf der Teamebene

Für alle Themen, bei denen klar ist, dass sie kollektiv entschieden werden sollen, stehen euch verschiedene Entscheidungsverfahren (ab S. 120) zur Verfügung. Eine Anleitung für die praktische Durchführung haben wir euch für die Konsent-Entscheidung, die Widerstandsabfrage und den Advice-Prozess zusammengestellt.

Konsent-Entscheidung

Bei der Konsent-Entscheidung ist die Entscheidung getroffen, wenn niemand einen schwerwiegenden Einwand hat (siehe S. 110). Eine Konsent-Entscheidung wird üblicherweise in einem moderierten Prozess getroffen, in dem die zwei folgenden Fragen maßgeblich sind:

1. Welche Einwände gibt es?
2. Was müsste passieren, damit du zustimmen kannst?

So werden vorhandene Einwände durch die Moderation minimiert und integriert. Das heißt, dass die ursprüngliche Idee so angepasst wird, dass die Einwände bedacht und integriert sind. Die Beschreibung des Ablaufs haben wir dem Buch bzw. der Webseite von Claudia Schröder und Bernd Oestereich unter www.kollegiale-fuehrung.de entnommen. Du findest einen Verweis darauf auf der Webseite dieses Buches unter www.kollektive-fuehrung.de.

RAHMEN:

- Es gibt eine Moderation
- Die Gruppe ist nicht größer als zwölf Personen

ABLAUF:

Die Moderation nähert sich der Entscheidung über eine Reihe von Gesprächsrunden, die jeweils einen spezifischen Zweck verfolgen. Mit Gesprächsrunde ist gemeint, dass alle Teilnehmenden streng der Reihe nach jeweils einmal einen Wortbeitrag leisten können und die Moderation dafür sorgt, dass nicht durcheinander gesprochen wird.

Gesprächsrunden:

- Informationsrunde: Der Entscheidungsvorschlag oder Entscheidungsbedarf wird formuliert, die hierzu relevanten Zahlen, Daten und Fakten werden geteilt und Verständnisfragen geklärt.
- Meinungsrunden: In einer oder mehreren Meinungsrunden äußern die Teilnehmenden ihre Meinung, Fragen, Einwände, Ideen und evtl. Alternativvorschläge. Alle diese Beiträge gelten als ein Geschenk an die Gruppe, um noch bessere Lösungen zu finden. Hier bietet sich eine strukturierte Mitschrift durch die Moderation an.
- Vorschlagsrunde: Diese Runde dient der Erarbeitung eines gemeinsamen Vorschlages, beispielsweise dadurch, den initialen Vorschlag so weit zu ergänzen, einzuschränken oder anzupassen, dass mögliche Einwände minimiert werden oder ganz entfallen. Die Moderation greift die Beiträge auf, um daraus einen voraussichtlich konsentfähigen Vorschlag zu formulieren. Auch hier bietet sich eine strukturierte Mitschrift durch die Moderation an.
- Entscheidungsrunde: Die Runde wird gefragt: »Gibt es zum formulierten Vorschlag einen schwerwiegenden, nicht tolerierbaren Einwand im Hinblick auf das gemeinsame Ziel?« Der Vorschlag gilt als akzeptiert, sofern niemand einen schwerwiegenden Einwand begründet.
- Für die Entscheidungsrunde werden je Einwand folgende Fragen geklärt:

- Was genau ist der schwerwiegende Einwand? Welche Sichtweisen und Argumente gibt es hierzu?
- Ist es wirklich ein schwerwiegender Einwand?
- Welchen Lösungsvorschlag hat der Einwandgeber?
- Bedarfsweise wird die Weisheit der Gruppe genutzt, um den Einwand zu integrieren.
- Kann der Einwandgeber zu einem weiterentwickelten Vorschlag Konsent geben?

Anschließend wird der neue Vorschlag wieder der gesamten Gruppen zum Konsent gestellt.

Widerstandsabfrage

Bei der Widerstandsabfrage wird die Option gewählt, gegen die der geringste emotionale und faktische Widerstand besteht. Eine Widerstandsabfrage folgt wenigen Schritten:

1. Sachverhalt, verschiedene Lösungsmöglichkeiten und Implikationen für alle Teammitglieder erklären
2. Zeit & Raum für Rückfragen
3. Widerstandsabfrage: Jede Person beantwortet die Frage: Bei welcher Option verspürst du den geringsten Widerstand?
   - Ihr könnt dafür alle Optionen einmal durchgehen und auf einer Skala von 1 bis 5 abstimmen lassen (5: sehr hoher Widerstand).
   - Die Option mit der geringsten Summe ist die mit dem geringsten Widerstand. Ausreißer werden nicht gesondert berücksichtigt.
4. Die Option mit dem geringsten Widerstand wird gewählt.

Ein Tool, mit dem leicht eine Widerstandsabfrage auch in großen Gruppen gemacht werden kann, ist https://www.acceptify.at/de/start.

Advice-Prozess

Beim Advice-Prozess (Advice = Ratschlag) ist die grundlegende Idee, dass sich jede Rolle mit mindestens zwei Menschen beratschlagen sollte, bevor sie eine Entscheidung trifft. Nachdem die Rolle Ratschlag eingeholt hat, kann sie allein entscheiden. Es muss vorab klar sein, dass die Entscheidung weiterhin bei der Rolle liegt und die Ratschläge der anderen Personen nicht umgesetzt werden müssen. Um den Prozess in der Organisation zu testen, muss er nicht weiter ausformuliert werden.

Nach einer Testphase solltet ihr den Advice-Prozess klarer definieren. Folgende Fragen sollten bei der Verfeinerung des Advice-Prozesses regelmäßig reflektiert werden:

- Welche Art von Entscheidungen sind durch den Advice-Prozess besser geworden?
- Wie können differenziert Ratschlaggeber gefunden werden?
- Bei welcher Art von Entscheidungen hat der Advice-Prozess uns unnötig aufgehalten?
- Welche Art von Entscheidungen hätten einen anderen Prozess wie z. B. den Expertenentscheid benötigt?

Für diese Reflexion könnt ihr euch im Team für eine kurze Brainstorming-Session zusammensetzen. Nehmt euch etwa 90 Minuten Zeit. Die vier Fragen werden als Überschriften platziert und im ersten Schritt nehmt ihr euch 20 Minuten Zeit für ein stilles Brainstormen und Überlegen. Jeder klebt seine Gedanken als Post-it zur jeweiligen Überschrift. Im nächsten Schritt diskutiert ihr die Antworten. Abschließend nehmt ihr euch 20 bis 30 Minuten Zeit, über Schlussfolgerungen und nächste Schritte zu sprechen:

- Wie können wir eine Guideline dafür entwickeln, welche Entscheidungen mit dem Advice-Prozess und welche anders getroffen werden sollen?
- Worauf müssen wir uns noch einigen, damit die neue Guideline ab nächstem Montag implementiert ist?
- Wann setzen wir uns erneut zusammen, um den neuen Prozess zu evaluieren und ggf. weiterzuentwickeln?

Govetro

Die Govetro ist eine Mischung aus einer Retrospektive und einem Governance-Meeting. Wenn ihr beide Formate regelmäßig durchführt, bietet es sich an, sie miteinander zu verbinden. Eine ausführliche Beschreibung zur Durchführung einer Retrospektive findest du ab Seite 186.

In einem Governance-Meeting werden klassischerweise all jene Entscheidungen getroffen, von denen alle im Kreis oder im Team betroffen sind. Im Governance-Meeting können Prozesse weiterentwickelt, Entscheidungen zu Vereinbarungen getroffen, Rollen neu entwickelt und verabschiedet und Strukturen angepasst werden. Ziel ist es, den Kreis weiterzuentwickeln und effektiver werden zu lassen. So sollten sämtliche Herausforderungen und Spannungen (mehr zu Spannungen siehe S.215) angesprochen werden, die das Team auf dieser strukturellen Ebene lösen kann. Das Ziel der Retrospektive ist es, eine Feedbackkultur zu kultivieren und eure Arbeits- und Kommunikationsprozesse kontinuierlich zu verbessern. Für eine knackige Retrospektive eignen sich die drei Kategorien Keep, Stop und Start.

RAHMEN:

- Max. 16 Teilnehmende, z. B. alle Kreismitglieder, die Entscheidungen des Kreises gemeinsam treffen
- 120 bis 150 Minuten Zeitfenster
- eine Person, die moderiert
- Einladung und Vorbereitung durch die Moderation

ABLAUF:

1. Check-in – 5 Minuten

Der Check-in dient zum Warmwerden. Für Check-in-Fragen nutzen wir sehr gern das Tool https://tscheck.in. Nehmt euch fünf Minuten Zeit, die vorab ausgewählte Frage zu beantworten.

2. Retrospektive – 70 Minuten

Im ersten Schritt nehmt ihr euch fünf bis zehn Minuten Zeit für Stillarbeit. Jede Person pinnt ihre Gedanken zu den Kategorien Keep, Stop und Start ans Whiteboard. Anschließend besprecht ihr die Post-its nacheinander je Kategorie. Wenn ihr wenig Zeit habt, kannst du das Team fragen: »Zu welchem Post-it habt ihr eine Frage?« oder »Welches Post-it möchtet ihr gern diskutieren?« Insbesondere bei der letzten Kategorie

Start solltest du darauf achten, dass ihr konkrete Vereinbarungen trefft inkl. wer macht was bis wann. So stellst du sicher, dass ihr eure Ideen tatsächlich umsetzt.

3. Governance-Meeting – 70 Minuten

Einige Punkte der Retrospektive führen euch sicherlich zu Governance-Themen. Ideen, die ihr während der Retrospektive für das Governance-Meeting habt, dürfen bereits zu den verschiedenen Kategorien gepinnt werden. Für das Governance-Meeting nehmt ihr euch wieder fünf bis zehn Minuten Zeit für Stillarbeit, sodass jede Person ihre Gedanken anpinnen kann. Hier sollten tatsächlich alle Themen (ein Thema je Post-it) besprochen werden.

- **Spannungen**

Die Spannungen sollten lösungsorientiert hervorgebracht werden. So beschreibt die einbringende Person nicht das Problem, z. B. »Mir fehlt regelmäßiges Feedback.« Sondern eine Lösungsidee »Ich schlage vor, dass wir einen Feedbackprozess entwickeln, sodass jeder alle zwei Wochen Feedback bekommt.« Wenn ihr als Team beschließt, dass der Vorschlag »safe enough to try« ist, kommt er in die letzte Spalte. Einigt euch, wie ihr weiter vorgeht, um den Vorschlag umzusetzen. Für das Feedbackbeispiel könnte es sein: »Bis nächsten Freitag organisiert Mika ein Kreismeeting, indem wir gemeinsam einen Feedbackprozess skizzieren und eine Feedbackrolle entwickeln.« Falls die Personen, die ihre Spannungen einbringen eher auf Probleme fokussieren, sollte die Moderation unterbrechen und klar nach Lösungsvorschlägen fragen. Gute Fragen dafür sind »Wie sollte es stattdessen sein?« oder »Was genau brauchst du?«

- **Rollen, Prozesse, Teamstrukturen, Vereinbarungen**

Die Überschrift ist etwas spezifischer als »Spannungen«, um den Raum weiter zu öffnen und alle im Team gleichermaßen mitzunehmen. Auch wenn unter der Überschrift Spannungen grundsätzlich die gleichen Themen eingebracht werden könnten, bietet diese Überschrift konkretere Anhaltspunkte. Manche Menschen können mit dem Wort Spannung einfach nichts anfangen.

So könnt ihr hier gemeinsam überlegen, ob es eine neue Rolle braucht (siehe dazu auch S. 204und S. 47), ob ihr Prozesse oder

Teamstrukturen anpassen möchtet und ob es Vereinbarungen gibt, die ihr noch nicht getroffen habt. Hier fallen uns Themen ein wie Regelungen zu Homeoffice, Urlaub, Arbeitszeiten, Überstunden, Meeting-Formate, meetingfreie Zeiten und die Gestaltung von Schnittstellen.

Falls du Bedenken hast, dass ihr alle Post-its in der vereinbarten Zeit schafft, lass das Team priorisieren. Jeder vergibt drei Punkte für die Themen, die er am wichtigsten findet. Ihr beginnt mit dem Thema, das die meisten Stimmen hat.

Sobald ihr über Lösungen für die besprochenen Themen sprecht, schiebt ihr sie in die dritte Spalte und einigt euch auf konkrete nächste Schritte. Auch wenn ihr bei einem Thema beschließt, dass ihr es in einem weiteren Meeting mit mehr Zeit besprechen wollt, ist das ein nächster Schritt. Auch dafür braucht es eine Person, die das Thema aktiv weiterverfolgt sowie ein Nachhalten. Erfragt beispielsweise im nächsten Teammeeting (z. B. im Weekly), ob die geplanten Schritte bereits umgesetzt wurden. So steigt die Verbindlichkeit der Vereinbarungen.

Die geplanten Änderungen solltet ihr darauf prüfen, ob sie euren Purpose und die Arbeit bestimmter Rollen beeinflussen. Falls ja, überlegt, ob das eine erwünschte Änderung ist oder ob ihr die geplante Änderung anpassen möchtet. Überlegt außerdem, ob die geplante Änderung zu anderen Reibungen führen könnte und wann ihr sie evaluieren wollt.

4. Check-out – 5 Minuten

Den Check-out könnt ihr kurzhalten. Eine Frage wie »Was war heute überraschend für dich?«, die auf das besprochene Bezug nimmt, finden wir persönlich am schönsten.

Abbildung 19: Vorlage für eine Govetro

Gemeinsame Reflexion der Entscheidungen als Lernkurve für das Team

Eine gute Möglichkeit, im Team ein Gefühl dafür zu entwickeln, welche Entscheidungen wie getroffen werden sollten ist die regelmäßige Reflexion.

Zu Beginn könnt ihr das Format gut alle zwei Wochen wiederholen, nach drei bis vier Runden alle vier Wochen, später alle sechs bis acht Wochen oder seltener. Jeder dokumentiert große, schwierige und zweifelhafte Entscheidungen, die vielleicht länger gedauert haben, die Unstimmigkeiten nach sich gezogen haben usw. Sicherlich können nicht alle Entscheidungen dokumentiert werden, aber die, die man bemerkt hat, lassen sich gut festhalten. Auch Entscheidungen, die noch ausstehen und einen beschäftigen, können mitgebracht werden.

Zu eurer Reflexionsrunde bringt jeder seine dokumentierten Entscheidungen mit. Zu Beginn werden die Entscheidungen auf einem gemeinsamen Board (digital oder offline) kategorisiert gesammelt. Als Kategorien nehmt ihr alle Entscheidungsarten, die ihr in der Praxis verwendet, z. B. Expertenentscheid, Advice-Prozess, Konsent usw.

Nachdem alles angehängt wurde, liest sich jeder alles durch, inhaltliche Rückfragen dürfen gestellt werden. Nun werden all die Karten markiert, bei denen jemand anderes eine andere Entscheidungsart gewählt hätte. Diese Fälle werden dann besprochen. In der folgenden Abbildung sind die Karten, bei denen alle zustimmen, dass sie die gleiche Entscheidungsform gewählt hätten, weiß markiert. Die grau gebliebenen Karten weisen auf Unstimmigkeiten hin und werden besprochen. So bekommt ihr ein Gefühl dafür, wer aus welchen Gründen wie entscheidet oder entscheiden möchte, und ihr könnt euch darüber einig werden.

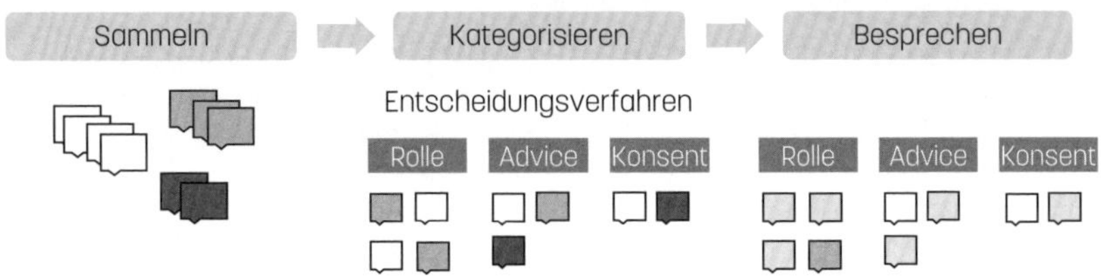

Abbildung 20: Gemeinsam Entscheidungen reflektieren

Falls ihr sehr viele markierte Karten habt, einigt euch vor der Diskussion, ob ihr die Karten priorisieren und so ggf. nur einen oder zwei Fälle besprechen möchtet, oder ob ihr die Diskussionen zeitlich begrenzen möchtet und beispielsweise nur fünf Minuten je Karte investieren möchtet.

Einigt euch auch vor der Diskussion darauf, wie ihr am Ende entscheiden wollt, wie ein solcher Fall künftig entschieden werden soll. Wollt ihr das z. B. im Konsent oder per Widerstandsabfrage entscheiden?

Eine noch ausführlichere Anleitung zu dieser Methode findest du im Internet unter dem Stichwort Decision Poker oder auf der Webseite zu diesem Buch unter www.kollektive-fuehrung.de.

Eine Rolle für Entscheidungen

Eine Rolle für Entscheidungen zu etablieren, unterstützt euch darin, stets einen Blick auf die Meta-Ebene zu werfen. Die Frage, die die Rolle permanent stellen sollte, ist: Was brauchen wir, um noch effizienter und nachhaltiger entscheiden zu können? Effizient ist die Entscheidung dann, wenn sie möglichst zügig, mit minimalem Aufwand und von möglichst wenigen Menschen getroffen wurde. Nachhaltig ist sie, wenn sie qualitativ so hochwertig war, dass sie lange Bestand hat und vom Team mitgetragen wird.

Purpose: Sicherstellen, dass Entscheidungen schnell und sicher getroffen werden können und stets alle, die von einer Entscheidung betroffen sind, einbezogen werden.

Verantwortlichkeiten:

- Entscheidungsverfahren und Prozesse auf Sinnhaftigkeit und Beteiligungsmöglichkeiten prüfen
- Inklusive Entscheidungsverfahren und -prozesse einführen und weiterentwickeln
- Moderation von Entscheidungsverfahren
- Struktur für Transparenz (was wurde aus welchen Gründen entschieden?) zu getroffenen Entscheidungen herstellen (Dokumentation und Kommunikation)
- Sind stets die »richtigen« Menschen an den Entscheidungen beteiligt? Falls nicht: Was braucht es dafür (siehe auch Abschnitt »Das Arbeiten in Rollen« ab S. 204)?

GESTALTUNGSPRINZIP 3: TRANSPARENZ FÜR MOTIVATION, FOKUS UND INTEGRITÄT

Das dritte Gestaltungsprinzip orientiert sich an dem ursprünglichen Prinzip von Ostrom, Trittbrettfahrende ausschließen zu können. Ein Trittbrettfahrer ist jemand, der oder die sich auf Kosten der anderen bereichert. Zurück in unserem Dorf am See würde ein Trittbrettfahrer mehr Fische aus dem See herausnehmen, als vereinbart ist oder sich der Gemeinschaftsarbeit zur Seepflege entziehen. Um auf dieses Verhalten Konsequenzen folgen zu lassen, muss die Gemeinschaft eine Möglichkeit schaffen, dieses Verhalten zu bemerken. Nur so wird die Motivation für kooperatives Verhalten in der Gemeinschaft erhalten.

Im Organisationskontext der kollektiven Führung basiert die Transparenz wie das Feedback auf der Grundannahme, dass es Vereinbarungen zum gemeinsamen Purpose sowie zu sozialem und kooperativen Verhalten gibt. Dafür müssen einerseits der Purpose, die Strategie, die gemeinsamen Ziele und andererseits die gemeinsamen Vereinbarungen zu Werten und sozialem Verhalten transparent sein. Die Transparenz hat nicht das Mikromanagement und die Kontrolle jedes Einzelnen zum Ziel, sondern zielt darauf ab,

- die Organisation in die gleiche Richtung denken zu lassen, sodass alle Teams und Kreise schlussendlich auf den gleichen Purpose, die gleiche Strategie und die gleichen Ziele hinarbeiten,
- jede Person in die Lage zu versetzen, die eigenen Entscheidungen am Purpose der Organisation, des Kreises und der eigenen Rolle ausrichten zu können,

- Kooperation in der Organisation zu fördern und jeden in die Lage zu versetzen, die Menschen in der Organisation zu erkennen, die an gleichen oder ähnlichen Zielen arbeiten, Informationen von mir benötigen – oder umgekehrt – über Wissen und Kompetenzen verfügen, die für mich relevant sind,
- Trittbrettfahrende zu identifizieren und angemessene Konsequenzen auszusprechen.

Mit den Zielen der Transparenz ergeben sich auch ihre Vorteile. Ihr könnt autonomer entscheiden, benötigt keine zentrale Führungskraft, die alles im Blick behält, kontrolliert und koordiniert und es gibt weniger Menschen, die auf Kosten des Teams Trittbrett fahren. Prosoziales, kooperatives Verhalten wird gefördert, die Motivation steigt, die Koordination zwischen Einzelnen und den Kreisen wird verbessert und die gemeinsame Identität wird durch das Gefühl, gemeinsam an der gleichen Sache zu arbeiten, erhöht. Durch die Transparenz können Synergieeffekte und echte Teamarbeit entstehen, und es kann gemeinsam geschaut werden, ob ihr auf dem richtigen Weg seid. Sie erleichtert es, sich gegenseitig zu unterstützen und einander Hilfe anzubieten. Sie ermöglicht es, sich gegenseitig positiv zu bestärken, steigert das Gefühl der Zugehörigkeit und schafft ein Bewusstsein dafür, wie mein Beitrag zum großen Ganzen beisteuert.

Transparenz im Arbeitsalltag

Transparenz im Arbeitsalltag muss bewusst gestaltet werden. Mit der Transparenz werden konkrete Ziele verfolgt. Dein Gefühl, dass du jedem alles erzählst, wenn du gefragt wirst, oder dass du den ganzen Tag allen alles erzählst, ist für die strukturierte Transparenz des dritten Gestaltungsprinzips nicht ausreichend und oft sogar hinderlich.

»Wer braucht welche Informationen wofür und in welcher Form?«

Für die Gestaltung einer transparenten Organisation hilft es, sich die obige Frage zu stellen und sie mit folgender Frage zu kombinieren: »Schadet es jemandem, wenn diese Information publik ist?«

Der spannendste Teil der Frage ist, wofür die Informationen gebraucht werden. Viele Informationen werden benötigt, um gute

Entscheidungen zu treffen und das eigene Handeln mit den strategischen Zielen der Organisation zu verknüpfen.

Andere Informationen werden einfach nur aus Neugier und Interesse benötigt, sorgen aber letztlich für das Wir-Gefühl und den Zusammenhalt im Team. So finde ich es sehr interessant zu wissen, wer außer mir einen Hund besitzt und mit wem ich mich über einen kleinen persönlichen Erfolg freuen kann. Das sind Informationen, die Verbindung schaffen.

In dem Großraumbüro, in dem Sylvain arbeitete, kamen eines Morgens zwei schick gekleidete Personen zu Besuch. Sie hatten einen Termin mit dem Management, das auch im Großraumbüro saß, und sie brachten eine große Torte zu diesem Termin mit. Das Management verschwand mit seinem Besuch in den Meeting-Raum, der nicht einsehbar war. Nach einer Stunde kamen sie zurück und setzten sich an ihre Schreibtische, um weiterzuarbeiten. Sylvain wunderte sich sehr darüber. Schließlich ging seine Verwunderung in Ärger über. Er konnte nicht verstehen, dass jemand etwas mit dem Management feiern wollte oder dem Management zu etwas gratulieren wollte und das Management kein Wort darüber verlor. Er fühlte sich von diesem Ereignis, von dem Erfolg, ausgeschlossen. Für das Management war der Anlass, den die Besucher mit ihnen feiern wollten, kein besonderer Anlass. Sie erlebten in diesem Moment keinen Erfolg und sahen somit auch keinen Grund, darüber zu sprechen. Eine kurze Information an das Team, nachdem die Besucher weg waren, aus welchen Gründen eine Torte gebracht wurde, hätte hier Transparenz geschaffen. Die Frage »Wer brauchte die Information aus welchem Grund?« beantwortet sich wie folgt: Sylvain brauchte die Information, weshalb eine Torte mitgebracht wurde, um sich als Teil des Teams zu fühlen und um das Erfolgserlebnis mit dem Management teilen und sich somit selbst erfolgreich fühlen zu können.

Gemeinsam in die gleiche Richtung denken

Transparenz ermöglicht es, gemeinsam in die gleiche Richtung zu denken. Im Team einen Zusammenhang herzustellen und alle Teams auf die gleichen Themen fokussieren zu lassen, macht die Organisation effektiv. Eine Methode, diesen Fokus herzustellen, sind Objectives und Key Results – kurz OKRs. Sie schaffen einen klaren Fokus für die gesamte Organisation. Im Prozess der Zielentwicklung entsteht ein Gefühl für Prioritäten und für die Themen, zu denen ihr aktuell Nein sagt. Eine Transparenz zu den Zielen der verschiedenen Rollen und Kreise ermöglicht ein aneinander Ausrichten und ein »in die gleiche Richtung denken«.

Wirkungsmessung

Ein weiteres Ziel der Transparenz besteht darin, die Ziele der Organisation mit ihrer Wirkung zu verknüpfen. Die Ziele der kollektiv geführten Organisationen zahlen stets auf einen höheren Zweck ein. Geld verdienen ist niemals der Selbstzweck. So schafft die Messung der Wirkung einen weiteren Erkenntnisgewinn: Die Wirksamkeit der angestrebten Ziele wird überprüft, sodass der eigenen Arbeit eine neue Qualität und Wertigkeit hinzugefügt wird. Wenn wir beim Beispiel der Suchmaschine Ecosia bleiben, die die größte Umweltbewegung der Welt werden möchte, wäre ein klassischer Weg Erfolg zu messen, zu bestimmen, wie viele Suchanfragen abgesetzt und wie viele Werbeeinnahmen erzielt wurden. Mit Blick auf die Wirkungsmessung wird relevant, wie viele Bäume sie pflanzen konnten und wie viel CO_2 sie dadurch ausgleichen konnten.

Mit der Wirkungsmessung stellt ihr eine Verbindung zwischen euren Anstrengungen, euren Zielen, euren Ergebnissen und eurer Wirkung her. Die Wirkungstreppe aus dem *Kursbuch Wirkung* von Phineo (Kurz & Kubek, 2021) stellt die Zusammenhänge zwischen Ergebnissen und Wirkung sehr schön dar. Das Kursbuch findest du online zum kostenlosen Download. Damit bekommst du eine sehr ausführliche Anleitung zu diesem sehr komplexen Thema.

Abbildung 21: Wirkungstreppe (Kurz & Kubek, 2021, S. 5)

Die Ergebnisse der Wirkungsmessung sollen Orientierung geben und Entscheidungsgrundlage für etwaige Kursänderungen sein. Gleichzeitig vermitteln sie ein Gefühl von Erfolg. Sie sorgen für Transparenz nach Innen und Außen und signalisieren auch externen Stakeholdern (Kunden, Lieferanten, Kooperationspartnern usw.), dass ihr als Organisation das Thema Transparenz ernst nehmt.

Purposeorientierte Entscheidungen

Ein Ziel hinter der Transparenz ist es, jede Person in der Organisation in die Lage zu versetzen, die eigenen Entscheidungen am Purpose der Organisation, des eigenen Kreises und der eigenen Rolle ausrichten zu können. Dafür braucht es Transparenz zum Purpose der Organisation, des Kreises und der Rolle. Die Transparenz entsteht nicht nur, indem der Purpose beispielsweise an der Wand hängt, sondern durch die aktive Ausrichtung am Purpose (siehe Purpose-Routinen, S.83)

Sie entsteht, indem ich es mir zur Gewohnheit mache, bei strategischen Entscheidungen zu fragen »Wofür machen wir das, zahlt es auf unseren Purpose ein?« Sie entsteht, indem der Kreis-Purpose und die Zusammenarbeit der Rollen sowie die Mitwirkung an dem Purpose der nächsthöheren Ebene regelmäßig reflektiert werden.

Auf Organisationsebene entsteht Transparenz für purposeorientierte Entscheidungen dadurch, dass jeder Kreis Klarheit zur Strategie und dem Purpose der Organisation hat und so den Purpose und die Ziele des Kreises sowie die Ziele und den Purpose der Rollen daran ausrichten kann. Sie impliziert, dass alle Kreise in die gleiche Richtung denken und ihre Ziele und ihr Handeln an der Organisation als Ganzes ausrichten. Was die Kreise genau dafür brauchen, kann für jede Organisation unterschiedlich sein. Ideen dazu sind halbjährliche Strategieworkshops, monatliche Strategietreffen, die Arbeit mit OKRs (eine Zielmethodik) oder ein regelmäßiger Abgleich zwischen den Kreisen, ob sie noch an ihrem Purpose arbeiten und ob diese noch ergänzend auf den Organisationspurpose einzahlen.

Kooperieren: Synergieeffekte nutzen

Ein weiteres Ziel der Transparenz ist die Förderung der Kooperation in der Organisation. Sie sollte dem Team und jedem Einzelnen Klarheit dazu verschaffen, wer woran arbeitet und mit wem ich für meine Ziele kooperieren kann und sollte. Dazu gehört einerseits, dass mir alle Informationen vorliegen, die ich benötige, um eine »gute« Entscheidung zu treffen. Und ich habe einen Überblick, mit wem ich sprechen muss, um mir bestimmte Informationen zu holen, und wem ich unaufgefordert Informationen liefern muss. Die Stichworte hier sind die Hol- und Bringschuld für Informationen.

Ein Überblick für das gesamte Team, wer in welchen Rollen arbeitet, was aktuelle Projekte und Ziele sind, ermöglicht es jeder Person im Team, die richtigen Ansprechpartner zu finden. So entstehen Synergieeffekte und die richtigen Menschen verbinden sich miteinander. Ein Organigramm oder eine Datenbank zu aktuellen Projekten und Ideen könnte hier eine Möglichkeit sein, Transparenz herzustellen. Es könnten auch Rollen hilfreich sein, die dafür verantwortlich sind, den Überblick zu behalten, Verbindungen herzustellen und Schnittstellen zu gestalten.

Informationen aufbereiten und verteilen

Informationen sollten so aufbereitet sein, dass sie für alle verständlich sind und auf eine Art und Weise kommuniziert werden, dass sie für die Zielgruppe verfügbar sind. Wenn beispielsweise die IT den Vertrieb informieren möchte, dass die Software am Wochenende nicht laufen wird, sollte sie verständliche Sprache ohne Fachbegriffe nutzen und das Team sowohl persönlich als auch per E-Mail informieren. Am Freitagabend einen Zettel mit einem Fehlercode an das Büro vom Vertrieb zu hängen, würde nicht ausreichen.

Auch die Arbeit der Kreise muss für andere Kreise so aufbereitet werden, dass Zusammenhänge und Implikationen erkennbar sind. Die anderen Kreise müssen verstehen, was an dieser Information für sie relevant ist, wie sie auf den Purpose einzahlt und wie die eigene Arbeit beeinflusst wird. Nehmen wir beispielsweise die betriebswirtschaftliche Auswertung der Organisation. Es wird nur sehr wenigen Menschen im Team möglich sein, daraus abzulesen, ob es aktuell gut läuft und welche Implikationen diese Zahlen für sie haben.

Förderung von unternehmerischem Denken

Stimmt der Informationsfluss in der Organisation, werden auch eigenständige Entscheidungen gefördert. Erst wenn ich die Strategie und die aktuelle Auftragslage sowie die Finanzplanung kenne, kann ich eine passende Entscheidung treffen, ob meine geplante Investition aktuell notwendig, angemessen und erfolgversprechend ist.

So werden Mitarbeitende befähigt, unternehmerisch zu denken und zu handeln, neue Ideen zu entwickeln sowie Entscheidungen mitzugestalten und zu tragen, die im Sinne der gesamten Organisation sind (mehr dazu findest du im Abschnitt »Prozesse gestalten: High Involvement Work Processes« auf S. 208). Im klassischen Kontext entscheidet die Führungskraft in letzter Instanz, weil sie eine unbewusste Checkliste mit allen unternehmensrelevanten Themen im Kopf hat, die es ihr ermöglicht, eine sinnvolle Entscheidung zu treffen. Im Kontext der kollektiven Führung muss diese Checkliste transparent und für jeden zugänglich sein.

Trittbettfahrende ausschließen

Die Möglichkeit, Trittbrettfahrende auszuschließen, ergibt sich aus der Transparenz. Sie ermöglicht es dem Team, Trittbrettfahrende zu identifizieren. Neben der Transparenz spielt die Gerechtigkeit (ab S. 223) eine wichtige Rolle. Insbesondere bei Arbeiten, die am PC ausgeführt werden, ist nur schwer ersichtlich, wie fleißig jemand ist. Manche Menschen kommen in der Hälfte der Zeit zu den gleichen Ergebnissen wie andere und mussten sich dafür vielleicht sogar nicht mal halb so viel anstrengen. So muss hier grundsätzlich die Frage diskutiert werden, wann sich jemand zu Lasten der anderen ausruht.

- Welches Verhalten wird als unfair und »auf Kosten anderer bereichern« bewertet?
- Werden Leistung, Anstrengungen oder Ergebnisse hoch bewertet oder wird anderen Parametern wie etwa Fürsorge ein höherer Wert zugeschrieben?

Einige weiterführende Fragen dazu findest du im Kapitel zu Feedback (ab S. 165).

Methodenkoffer für die Gestaltung von Transparenz

Die Umsetzung von Transparenz in der Organisation entsteht strukturiert. Sie folgt Prozessen und Überlegungen zur Sinnhaftigkeit von Informationen und Erkenntnissen. Ihr wollt einen Informationsüberfluss vermeiden und genau das richtige Maß finden, um die Ziele der Transparenz zu erreichen.

Reflektiert im ersten Schritt, ob die von uns genannten Ziele (siehe Seite 131) in Kombinationen mit den Zielen vom Gestaltungsprinzip Feedback (siehe S. 165) für euch ausreichend sind, ob ihr etwas hinzufügen oder etwas weglassen möchtet.

Transparenz-Rolle entwickeln

Die Klarheit darüber, was der Sinn und die Ziele hinter dem Begriff Transparenz für euch sind, hilft euch dabei, eine klare Rolle dazu zu formulieren. Durch eine Rolle für Transparenz schafft ihr eine klare Verantwortlichkeit, die formulierten Ziele zu implementieren und kontinuierlich daran weiterzuarbeiten.

Wir haben eine beispielhafte Rolle entwickelt, die ihr gern euren Bedürfnissen und eurer individuellen Situation anpassen könnt. Fragt euch dabei stets: Warum machen wir das und zahlt es auf unsere Ziele ein?

Purpose: Kontinuierliche Arbeit an den Transparenzstrukturen, um die Organisation in die gleiche Richtung blicken zu lassen und Kooperationsmöglichkeiten zu fördern

Verantwortlichkeiten

- Strategieentwicklung und -Weiterentwicklung vorantreiben, Strategie kommunizieren und relevante Zusammenhänge herstellen
- Bezug zwischen Rollen und Kreisen und zwischen Kreisen herstellen → großes Ganzes »malen« und für alle verfügbar und verständlich machen
- Teamvereinbarungen z. B. zu Werten, Purpose, Rollenbeschreibungen transparent machen und dafür sorgen, dass es ein Nachhalten gibt
- Organisations- und strategierelevante Informationen zu Erkenntnissen verarbeiten und kommunizieren (z. B. BWAs)
- Informationsmanagement-Systeme entwickeln/einführen/pflegen und sicherstellen, dass sie ein Problem lösen, statt nur ein weiteres Tool zu sein

Alignment schaffen: gemeinsam in die gleiche Richtung denken und purposeorientierte Entscheidungen treffen

Backcasting-Strategieworkshop

Eure Strategie solltet ihr als Grundlage für eure kurzfristigen Ziele nehmen. Sie beschreibt eure langfristigen Ziele und gibt damit die Richtung für eure kurzfristigen Ziele vor. Sie gibt euch eine Orientierung und einen Fokus.

Für die Entwicklung der Strategie nutzen wir sehr gern das Tool »Backcasting«. Dabei wird im ersten Schritt die Zukunft gemalt, um dann zu schauen, wie man dort hingekommen ist. Dabei lauft ihr Schritt für Schritt von der Zukunft in die Gegenwart zurück.

Abbildung 22: Backcasting-Strategie-Workshop

Für einen richtig guten Strategieworkshop macht ihr euch im Voraus ein umfassendes Bild vom Status quo:

- In welchen Märkten bewegt ihr euch?
- Wie werden sich die Märkte weiterentwickeln?
- Wo liegen eure Stärken und Schwächen (sowohl von eurem Produkt/Dienstleistung als auch von eurem Team)?
- Wo liegen eure Chancen und Herausforderungen?

Wenn ihr wisst, wer ihr seid und in welchem Umfeld ihr euch bewegt, ist es leichter, adäquate Schritte für die Zukunft zu entwickeln.

Euren Strategieworkshop führt ihr mit eurem Strategiekreis durch, der sich idealerweise sehr divers zusammensetzt. Divers heißt u. a., dass Menschen aus verschiedenen Kreisen, mit unterschiedlicher Sozialisierung und aus verschiedenen Altersstufen zusammenkommen. So stellt ihr sicher, möglichst viele Perspektiven aus eurem Tagesgeschäft zu berücksichtigen. Solltet ihr feststellen, dass euch eine wichtige Perspektive oder Expertise fehlt, könnt ihr auch Personen als Berater einladen. Berater beraten, sie entscheiden nicht mit.

Die Strategie entwickelt ihr auf Organisationsebene, davon leiten sich dann Ziele für die Kreise ab.

RAHMEN:

- Teilnehmende: maximal zwölf Personen
- Zeitfenster: Zwei Tage
- Durchführung: offline oder online (maximal sechs Stunden je Tag)
- Mindestens eine Moderationswand und Platz an den Wänden zum Anpinnen von Post-its oder Moderationskarten
- Schwarze Filzstifte
- idealerweise vier Timer (einer je Gruppe)

ABLAUF:

1. **Auftakt – 5 Minuten**

Ihr beginnt mit einer kurzen Begrüßung durch die Moderation. Folgendes wird vorgestellt:

- Die Agenda & die Methode
- Das Tagesziel: Entwicklung der Strategie für die Organisation für einen Zeitraum von zehn Jahren mit Meilensteinen, die uns zu diesen Zielen führen

2. **Vorstellung der Insights – 60 Minuten**

Zu Beginn werden die Insights zu eurem Status quo vorgestellt, die ihr vorab zusammengetragen habt. Idealerweise hat jeder Teilnehmende etwas dazu beigetragen, sodass nicht alle Informationen komplett neu sind. Bei der Vorstellung dürfen Rückfragen gestellt werden. Eine inhaltliche Diskussion/Auseinandersetzung kann im Rahmen der Zukunftsszenarien erfolgen.

3. **Persönliches Zukunftsszenario – 55 Minuten**

Nun startet ihr mit eurem Zukunftsszenario: Die Welt in 10 Jahren. Ihr startet in stiller Einzelarbeit (30 Minuten). Folgende Fragen unterstützen euch dabei, konkret zu werden:

- Wie haben sich die Märkte verändert?
- Wie leben die Menschen ihr Leben?
- Wie hat sich die Gesellschaft verändert?
- Welche Werte sind der Gesellschaft/euren Kunden wichtig?
- Was ist normal?
- Welche Produkte werden von eurer Zielgruppe/in eurem Markt genutzt? Was wird nicht mehr genutzt?

Dafür könnt ihr gern kreativ und visuell werden und euch einige farbige Stifte und Zettel zur Hand nehmen. So kommt ihr ins kreative Denken. Sobald jeder fertig ist, pinnt ihr eure Gedanken an und stellt sie dem Team vor (zwei Minuten je Person). Während der Vorstellungsrunde sind Verständnisfragen erlaubt.

4. Gemeinsames Zukunftsszenario – 60 Minuten
Nachdem jeder präsentiert hat, geht ihr in den Austausch. Ziel des Austauschs ist es, ein gemeinsames Bild für die Welt in zehn Jahren zu entwickeln. Das ist eure Ausgangslage für die nächste Frage.

5. Unsere Organisation in 10 Jahren – 55 Minuten
Im nächsten Schritt beschäftigt ihr euch mit der Frage »Was machen wir in zehn Jahren?« Ihr startet erneut mit einer individuellen Reflexionsrunde (15 Minuten). Folgende Fragen helfen euch dabei, konkret zu werden:

- Wer sind unsere Kunden?
- Was bieten wir ihnen an?
- Wie liefern wir unsere Produkte an unsere Kunden aus?
- Wie arbeiten wir? Wie sieht unser Team aus?

Danach stellt jeder seine Gedanken vor (zwei Minuten je Person). Rückfragen dürfen gestellt werden. Erst nachdem alle präsentiert haben, geht ihr in die inhaltliche Diskussion.

6. Unser Angebot in 10 Jahren – 40 Minuten

Nun geht es darum, ein gemeinsames Bild eures Angebots zu entwickeln. Dafür teilt ihr das Team in vier Gruppen ein. Jede Gruppe diskutiert eine der vorherigen Fragen. Wenn ihr wenige Leute seid, kann auch eine Gruppe zwei Fragen diskutieren. Eine ideale Gruppengröße besteht aus drei bis vier Leuten. Die Gruppen haben 30 Minuten Zeit für die Diskussion. Im Anschluss präsentiert ihr eure Ergebnisse (zwei Minuten je Gruppe). Es dürfen Rückfragen gestellt werden. Nach der Präsentation einigt ihr euch erneut gemeinschaftlich. Wenn es begründete Einwände für bestimmten Zukunftsszenarien gibt, versucht sie zu integrieren: »Wie sollte das Szenario geändert werden, damit dein Einwand aufgelöst ist?«

7. Unser Angebot in 8 Jahren – 90 Minuten

Nun beantwortet ihr die gleichen Fragen erneut – nacheinander – für näher rückende Zeithorizonte: Wie sieht eure Welt, euer Produkt, eure Kunden und euer Team in acht/fünf/zwei Jahren aus? Für den Zeithorizont acht Jahre wählt ihr folgendes Vorgehen: Teilt euch in Dreier- oder Vierergruppen auf, und jede Gruppe diskutiert erneut die vier Fragen für »Was machen wir in acht Jahren?« Im Anschluss stellt jede Gruppe ihre Ergebnisse vor, und ihr diskutiert gemeinsam, bis ihr euch auf ein Zielbild geeinigt habt. Die Idee dahinter ist, die Meilensteine zu identifizieren, die euch zu euren Zehnjahreszielen gebracht haben.

8. + 9. Unser Angebot in 5 und 2 Jahren – je 90 Minuten

Geht für die Zeiträume fünf und zwei Jahre genauso vor. Falls ihr noch einen Zeitraum von einem Jahr oder sechs Monaten ergänzen möchtet, könnt ihr das gern tun.

1 Auftakt 5 Min.

Agenda & Tagesziele

2 Vorstellung der Insights 60 Min.

- In welchen Märkten bewegt ihr euch?
- Wie werden sich die Märkte weiterentwickeln?
- Wo liegen eure Stärken und Schwächen (sowohl von Produkt/Dienstleistung als auch von eurem Team)?
- Wo liegen eure Chancen und Herausforderungen?

3 Wie siehst du die Welt in zehn Jahren? 30 Min. + 25 Min.

- Wie haben sich die Märkte verändert?
- Wie leben die Menschen ihr Leben?
- Wie hat sich die Gesellschaft verändert?
- Welche Werte sind der Gesellschaft/euren Kunden wichtig?
- Was ist normal?
- Welche Produkte werden von eurer Zielgruppe/in eurem Markt genutzt? Was wird nicht mehr genutzt?

4 Wie seht ihr die Welt in zehn Jahren? 60 Min.

Diskutiert eure Gedanken.

5 Was machen wir in zehn Jahren? 30 Min. + 25 Min.

- Wer sind unsere Kunden?
- Was bieten wir ihnen an?
- Wie liefern wir unsere Produkte an unsere Kunden aus?
- Wie arbeitet wir? Wie sieht unser Team aus?

6 Wer sind unsere Kunden? Was bieten wir an? Wie liefern wir aus? Wie arbeiten wir? 30 Min. + 10 Min.

Diskutiert die Fragen in kleinen Gruppen und einigt euch auf ein Ergebnis.

7 Was machen wir in acht Jahren? 60 Min. 30 Min.

- Wer sind unsere Kunden?
- Was bieten wir ihnen an?
- Wie liefern wir unsere Produkte an unsere Kunden aus?
- Wie arbeiten wir? Wie sieht unser Team aus?
- Welche Meilensteine haben wir erreicht, um die Ziele in zehn Jahren erreichen zu können?

8 Was machen wir in fünf Jahren? 60 Min. 30 Min.

- Wer sind unsere Kunden?
- Was bieten wir ihnen an?
- Wie liefern wir unsere Produkte an unsere Kunden aus?
- Wie arbeiten wir? Wie sieht unser Team aus?
- Welche Meilensteine haben wir erreicht, um die Ziele in acht Jahren erreichen zu können?

9 Was machen wir in zwei Jahren? 60 Min. 30 Min.

- Wer sind unsere Kunden?
- Was bieten wir ihnen an?
- Wie liefern wir unsere Produkte an unsere Kunden aus?
- Wie arbeiten wir? Wie sieht unser Team aus?
- Welche Meilensteine haben wir erreicht, um die Ziele in 5 Jahren erreichen zu können?

Sollten wir weitere Zeiträume diskutieren?

Abbildung 23: Strategieworkshop Backcasting

In ...	2035	2033	2030	2027
Kunden				
Angebot				
Lieferung				
Arbeitsweise				
Team				
Meilensteine				

Abbildung 24: Idee zur Ergebnissicherung

Für die Ergebnissicherung und ggf. ein Strategiepapier ist es wichtig, dass ihr die Ergebnisse strukturiert aufschreibt bzw. sammelt. Wir empfehlen, eine Tabelle zu erstellen, in der ihr die Zielbilder festhaltet. So könnt ihr eure Ergebnisse sowohl horizontal als auch vertikal in Kontext setzen und die Entwicklung sowie Verbindungen sehen. Abschließend könntet ihr Ziele definieren, um eure Meilensteine zu erreichen (siehe S. 152)

Der Workshop ist relativ lang. Wenn ihr die Insights an einem anderen Tag besprechen möchtet, könnt ihr das gern tun. Wichtig ist, dass ihr sie im Workshop verfügbar habt. Pausenzeiten solltet ihr selbstständig einplanen. Falls du während des Workshops feststellst, dass die Gruppen, z. B. beim Zeitraum acht Jahre, schon relativ viel Zeit hatten und während der Diskussion abgeschweift sind, verkürze die Arbeitszeit für fünf und zwei Jahre auf jeweils 30 Minuten.

Solltet ihr den Zeitraum von zehn Jahren als zu abstrakt empfinden, könnt ihr ihn auch etwas verkürzen und einen Zeitraum zwischen fünf und acht Jahren wählen.

Gemeinsam am gleichen Purpose arbeiten – Teamworkshop

Ihr könnt gut gemeinsam im Team euren aktuellen Grad an Transparenz reflektieren. Wenn ihr das regelmäßig tut, entwickelt ihr ein Bewusstsein dafür, wie wichtig das Thema ist und könnt so systematisch eure Strukturen weiterentwickeln. Führt ihr den Workshop zum ersten Mal aus, bietet es sich an, die Zeit auf 180 Minuten zu verlängern oder mit weniger Fragen zu starten und in einem zweiten Workshop die restlichen Fragen zu besprechen.

Für den Workshop könnt ihr etwa 90 Minuten einplanen. In der letzten halben Stunde solltet ihr konkrete Arbeitspakete oder Prozesse besprechen (Frage 4). Ein kurzer Check-in sowie Check-out runden den Workshop ab.

Gemeinsam diskutiert ihr nacheinander die folgenden vier Fragen:

- Wie stellen wir aktuell sicher, dass jeder in der Lage ist, seine Entscheidungen am Purpose der Organisation und des Kreises auszurichten?
- Welche Rituale, Meetings und Tools haben wir, um sicherzustellen, dass jeder weiß, mit wem sich Synergieeffekte realisieren lassen, z. B. weil man an den gleichen Zielen arbeitet oder sich fachlich unterstützen kann?
- Wie stellen wir sicher, dass alle Kreise sowie alle Rollen im Kreis auf die jeweils gleichen Ziele einzahlen? Wie ist dieses Einzahlen für jeden erkennbar?
- Was könnten wir künftig ergänzen oder verändern, um noch transparenter zu werden?

Nehmt euch für jede Frage fünf Minuten Zeit, in der jeder für sich überlegen kann. Anschließend diskutiert ihr 15 bis 20 Minuten eure Ideen und Erkenntnisse. Wahrscheinlich lässt sich die Diskussion nicht strikt nach den Fragen trennen. Am wichtigsten ist, dass die Moderation die Zeit im Blick hat.

1 Wie stellen wir aktuell sicher, dass jeder in der Lage ist, seine Entscheidungen am Purpose der Organisation und des Kreises auszurichten? 20 Min.	**2** Welche Rituale, Meetings und Tools haben wir, um sicherzustellen, dass jeder weiß, mit wem sich Synergieeffekte realisieren lassen, z.B. weil man an den gleichen Zielen arbeitet oder sich fachlich unterstützen kann? 20 Min.
3 Wie stellen wir sicher, dass alle Kreise sowie alle Rollen im Kreis auf die jeweils gleichen Ziele einzahlen? Wie ist dieses Einzahlen für jeden erkennbar? 20 Min.	**4** Was könnten wir künftig ergänzen oder verändern, um noch transparenter zu werden? 20 Min.

Abbildung 25: Workshop-Anleitung: Arbeiten wir am gleichen Purpose?

Die Reflexion der Purpose-Orientierung geht Hand in Hand mit Purpose-Routinen (siehe S. 83). Es sind zwei verschiedene Herangehensweisen. Zu oft sollten sich die zwei Methoden nicht doppeln. Der Erkenntnisgewinn würde gemeinsam mit der Motivation zum Austausch mit der Zeit schwinden.

Gemeinsam in die gleiche Richtung denken und einen gemeinsamen Fokus setzen

Ein Weg, in eurem Team eine Zieltransparenz herzustellen, ist grundsätzlich, mit Zielen zu arbeiten. Dafür stehen euch verschiedene Möglichkeiten zur Verfügung, und euer Weg sollte sich stark daran orientieren, wie schnell sich eure Ziele ändern können und sollten. Smarte Ziele bieten sich als schlanke Methodik an, um regelmäßig zu prüfen, ob man erreicht hat, was man sich vorgenommen hat.

OKRs (Objectives und Key Results) bieten sich an, wenn ihr viele Teams in Einklang bringen möchtet und eure Arbeit komplett an Zielen ausrichten möchtet. Auch mit OKRs werden smarte Ziele nicht obsolet. Ein Kriterium von OKRs ist, dass sie spezifisch und messbar sind.

Smarte Ziele

Die Arbeit mit smarten Zielen unterstützt euch darin, euch sehr genau zu überlegen, woran ihr in der nächsten Zeit arbeiten möchtet. Die Anforderungen *spezifisch, messbar, attraktiv, realistisch und terminiert* machen das Ziel sehr konkret. So weiß jeder im Team, was genau bis wann erreicht werden soll. Darüber hinaus ist klar, welche Kriterien dazu führen, dass das Ziel erreicht wurde – man unterhält sich also über die gleichen Parameter statt über unterschiedliche (geheime) Annahmen.

Wir haben euch einen Fragenkatalog mitgebracht, der euch im Team darin unterstützt, euch über die Kriterien auszutauschen und die Ziele sehr konkret zu machen. Im Prozess werdet ihr feststellen, dass einige Ziele durch diesen sehr kleinteiligen Austausch stark weiterentwickelt werden und ihr zum eigentlichen Kern dessen kommt, was ihr erreichen möchtet.

Spezifisch

- Ist das Ziel spezifisch?
- Was genau möchtest du erreichen?
- Woran merken andere, dass du dein Ziel erreicht hast? Was kann man sehen?
- Geht es um eine Aktivität oder ein Ergebnis?
- Falls es um ein Ergebnis geht: Gibt es andere Strategien, um das Ergebnis zu erreichen, die dir ggf. besser gefallen?

Messbar

- Woher weißt du, dass du dein Ziel erreicht hast?
- Gibt es eine Möglichkeit, es zu messen?
- Kann man das Ergebnis oder die Aktivität bzw. Strategie messen?
- Was genau bedeutet hier dein »mehr« – »besser« – »weniger« usw.?

Attraktiv

- Was macht das Ziel attraktiv?
- Geht es um die Aktivität selbst oder das Ergebnis?
- Sind die Aktivität oder das Ergebnis ein Mittel zum Zweck, um etwas Bestimmtes zu erreichen? Wenn ja, was ist es und welche Strategien könnte es noch geben, um dies zu erreichen?
- Stell dir vor, du hast das Ziel bereits erreicht: Wie unterscheidet sich deine Welt jetzt? Fühlst du dich anders? Ist es ein besseres Gefühl? Kannst du es genauer beschreiben?

Realistisch

- Liegt es bei dir, das Ziel zu erreichen?
- Bist du von anderen Menschen abhängig, um das Ziel zu erreichen, z. B. von Kundenentscheidungen?
- Musst du mit jemandem kooperieren, um es zu erreichen? Falls ja, wie sehen die Ziele von dieser Person aus?
- Kommen externe Faktoren dazu, die dich von der Arbeit an deinem Ziel/deinen Aktivitäten abhalten?

Terminiert

- Bis wann soll was genau erreicht werden?
- Wann genau beginnst du?
- Zu welchen Zeiten arbeitest du an deinen Zielen?
- Ist der Zeitraum überschaubar? Kannst du realistisch so weit vorausplanen?

Wenn ihr zwei oder dreimal mit diesen vielen Fragen eure smarten Ziele geschärft habt, kommt ihr langsam in eine Routine, sodass ihr die Fragen wahrscheinlich nicht mehr benötigt. Smarte Ziele zu entwickeln, ist eine Lernaufgabe. Man braucht einige Erfahrung, um zu verstehen, welche Zielformulierungen nicht funktionieren. Meistens merkt man es dann erst einige Wochen später, wenn man sich das ursprüngliche Ziel erneut anschaut und nichts damit anfangen kann. So möchten wir dich und euch dazu ermutigen, die Methode einige Male auszuprobieren und erst dann zu evaluieren, ob sie für euch sinnvoll ist.

OKRs (Objectives & Key Results)

Mit OKRs zu arbeiten heißt, seine Prozesse und seinen Arbeitsrhythmus nach seinen Zielen auszurichten und einen permanenten Zielfokus im Team zu integrieren.

In den 1950er-Jahren entstand erstmals die Idee, mit Zielen zu führen. Peter Drucker entwickelte damals die Methode »Management by Objectives«. Im Kern geht es darum, jedem Mitarbeitenden Zielvorgaben zu machen, die den Smart-Kriterien entsprechen.

Ende der 1990er-Jahre führte John Doerr OKRs bei Google ein. Die Methode verknüpfte kurzfristige, messbare Ziele mit der Unternehmensstrategie und gab der Arbeitsweise im Unternehmen einen Rahmen, ein Betriebssystem.

Wenn OKRs eingeführt werden sollen, sollten etwa ein bis zwei Jahre eingeplant werden. So lange braucht es, bis die Organisation sich an das Betriebssystem gewöhnt und es sich zu eigen gemacht bzw. adaptiert hat.

OKRs setzen sich zusammen aus Objectives und Key Results. Das Objective (Ziel) gibt die Richtung vor, inspiriert und zeigt bestenfalls das »Warum wollen wir das erreichen?« auf. Jedem Objective sind drei bis fünf Key Results (Schlüsselergebnisse) untergeordnet. Sie zeigen den Weg auf, das Objective zu erreichen, und werden als smarte Ziele formuliert. Die Key Results bauen nicht aufeinander auf und sind somit unabhängig voneinander zu erreichen. Als OKRs werden »Extra-Projekte« formuliert und nicht die täglichen operativen Aufgaben. Alle OKRs sollten für alle Menschen im Team sichtbar sein. Sie können auf Organisations-, Management- und Teamebene entwickelt werden. Bei der Entwicklung von OKRs ist darauf zu achten, dass sie alle in die gleiche Richtung laufen und die Teams sich untereinander gut abstimmen.

Checkliste: Wollen wir mit OKRs arbeiten?
Bevor ihr mit der Einführung von OKRs beginnt, stellt euch die Frage, welches Problem ihr mit der Einführung von OKRs tatsächlich lösen möchtet. Mögliche Antworten könnten sein:

- mehr Fokus im Team (für Innovations-/Extraprojekte)
- bessere Abstimmung und Synchronisation zwischen und innerhalb der Teams
- Steigerung der Verbindlichkeit für Extraprojekte/Vereinbarungen
- verbesserte Ausrichtung auf die Strategie/strategische Ziele

Wenn ihr bei allen vier Punkten mit ja zustimmt und noch weitere Punkte findet, könnten OKRs eine gute Idee für euch sein. Wenn ihr bei folgenden Punkten zustimmen könnt, testet das Arbeiten mit OKRs. Am sinnvollsten ist es, mit einem kleinen Team zu starten, dass ebenfalls bei den obigen Kriterien und den folgenden Punkten zustimmen kann.

- Wir haben eine klare Strategie, die wir verfolgen (möchten).
- Ich bin bereit, meine/unsere Arbeitsprozesse auf den OKR-Prozess auszurichten und an Dailys oder Weeklys, Reviews und Retrospektiven teilzunehmen.
- Ich bin bereit, jedes Quartal oder alle vier Monate erneut OKRs zu entwickeln.

Wenn ihr noch nicht vollständig kollektiv geführt seid, kommen die folgenden Fragen für eure Führungskräfte hinzu:

- Ich bin bereit, das Team im Prozess der OKR-Entwicklung zu unterstützen.
- Ich bin bereit, dem Team die inhaltliche Entwicklung der Key Results zu überlassen.

OKR-Prozessgestaltung

Wenn ihr mit OKRs starten möchtet, bietet es sich an, erstmal mit einem Team zu starten. So könnt ihr über ein oder zwei OKR-Phasen erste Erfahrungen sammeln und sie dann direkt als Learnings in die Organisation weitergeben, wenn alle mitmachen sollen.

Typischerweise werden OKRs für einen Zeitraum von drei bis vier Monaten entwickelt. Wichtig ist dabei, dass genug Zeit für die Entwicklung der OKRs gelassen wird und dann auch für das Review und die Retrospektive, sodass die Learnings in die neue Planungsperiode einfließen können. Die OKR-Zyklen müssen nicht nahtlos ineinander übergehen. So ist es völlig in Ordnung, wenn ihr ein Quartal an bestimmten OKRs arbeitet, euch dann einen Monat für die Auswertung und Neuentwicklung Zeit lasst und erst im fünften Monat mit neuen OKRs beginnt.

Ein Knackpunkt bei OKRs ist stets die Abstimmung zwischen den Teams. Es macht auf jeden Fall Sinn, hier direkt einen Weg einzubauen, der garantiert, dass die Teams sich untereinander abstimmen, in die gleiche Richtung denken und sich nicht gegenseitig viel mehr Arbeit aufhalsen, als tatsächlich leistbar ist. Ihr könntet beispielsweise je Kreis eine Person/Rolle bestimmen, die sich in einem engen Austausch mit den anderen Kreisen befindet oder vielleicht sogar an den Workshops teilnimmt, in denen die OKRs entwickelt werden.

Zu Beginn des OKR-Prozesses solltet ihr im Strategiekreis entscheiden, worauf eure Organisation in der nächsten Planungsphase den Fokus legen möchte. Das könnte beispielsweise eure Reichweite, eure Finanzierung, die Qualität eures Angebots usw. sein. Wo seht ihr aktuell eure größten Baustellen und Potenziale? Worauf möchtet ihr euch konzentrieren? Wichtig ist dabei, dass ihr nur ein Attribut auswählt und nicht versucht, euch auf zwei oder drei Dinge gleichzeitig zu konzentrieren. Damit ginge der Sinn hinter dem Fokus verloren.

Sobald euer Strategiekreis den Fokus gesetzt hat, gehen die Kreise in die Arbeitsphase und entwickeln ihre Ziele für die aktuelle Planungsphase. Entwickelt nach Möglichkeit nicht mehr als drei Objectives je Kreis. Auch hier gilt es, einen Fokus zu setzen.

OKR-Workshop

Auf mural haben wir eine Vorlage für einen OKR-Workshop für dich erstellt. Dahin gelangst du über unsere Webseite www.kollektive-fuehrung.de.

Für den Workshop solltet ihr etwa vier Stunden einplanen.

1. Check-in – 5 Minuten

Gib deinem Team einen Überblick zur Agenda und dem Workshop-Ziel (Fokus für das kommende Quartal). Startet mit einer Check-in-Frage wie »Wenn du deine Laune als Getränk beschreiben würdest, welches wäre es?«

Wenn das nicht eure erste OKR-Planung ist, sollte ihr im nächsten Schritt eure Erkenntnisse und Learnings aus der letzten Planungsrunde teilen und Erwartungen für diesen OKR-Zyklus besprechen. Plant dafür eine weitere Stunde ein.

2. Strategischer Fokus – 20 Minuten Stillarbeit/20 Minuten Diskussion

Überlegt nun gemeinsam, worauf ihr euch im nächsten Quartal fokussieren möchtet. Für den strategischen Fokus haben wir gute Erfahrungen mit vier verschiedenen Kategorien gemacht:

- Umsatz: alles, was euch unterstützt, mehr an Bestands- oder Neukunden zu verkaufen und damit den Umsatz zu steigern
- Reichweite: alles, was die Reichweite und den Einflussbereich eures Produktes steigert
- Bewahrung: alles, was euch unterstützt, die Qualität eures Produktes zu steigern, sodass bestehende Kunden zufriedener werden und Kunden bleiben.
- Internes: alles, was euch unterstützt, eure internen Prozesse, Infrastruktur usw. zu verbessern, sodass ihr effizienter und nachhaltiger arbeitet.

Zunächst überlegt jeder für sich, was jeweils für und gegen einen Fokus auf die jeweilige Kategorie spricht. Diskutiert anschließend jede Kategorie mit ihren Vor- und Nachteilen und legt euch auf eine Kategorie fest. Der Fokus gilt nicht nur für ein Team, sondern für eure gesamte Organisation. Wenn ihr lediglich eure Team-OKRs planen möchtet, sollte es bereits einen Fokus für die Organisation geben, an dem ihr euch orientieren könnt.

3. Brainstorming – 30 Minuten

Sobald ihr euren Fokus habt, geht ihr ins Brainstorming. Vielleicht habt ihr schon konkrete Ideen, was ihr umsetzen möchtet, um eurem Fokus entsprechend zu arbeiten. Mit einem Brainstorming öffnet ihr euch für den Gedanken, dass es andere Lösungsmöglichkeiten geben könnte und das Offensichtliche vielleicht nicht das Beste ist. Wir haben gute Erfahrungen mit der Methode drei/fünf/sechs gemacht: Ihr sammelt jeweils drei Ideen in fünf Minuten und jeweils sechs Runden. Insbesondere in den ersten zwei oder drei Runden, möchtet ihr nicht eure ersten drei Ideen notieren, sondern etwas länger überlegen und dann eure drei besten auswählen. Nachdem ihr drei Ideen auf euren Zettel notiert habt, reicht ihr euer Blatt an die nächste Person weiter. Auf dem Zettel einer anderen Person notiert ihr dann eure drei nächsten Ideen usw.

4. Ideen auswählen – 80 Minuten

Im nächsten Schritt schaut ihr euch all eure Ideen an und kategorisiert sie. Für die Kategorisierung stehen euch die folgenden vier Kategorien zur Verfügung:

- hohe Wirksamkeit, geringe Machbarkeit: verschieben
- geringe Wirksamkeit und Machbarkeit: vermeiden
- geringe Wirksamkeit, hohe Machbarkeit: limitieren
- hohe Wirksamkeit und Machbarkeit: machen

Diskutiert insbesondere die Ideen in den Kategorien machen und limitieren. Wählt dann per Punkt-Wahl (jeder darf insgesamt drei Punkte auf seine favorisierten Ideen kleben: je ein Punkt je Idee oder auch drei Punkte für eine Idee), welche Ideen ihr im kommenden Quartal verfolgt.

5. **OKRs entwickeln – 30 Minuten**
Hinterfragt und konkretisiert die ausgewählten Ideen:

- Was genau wollen wir erreichen?
- Warum wollen wir es erreichen?
- Wie wollen wir es erreichen?
- Ist das der beste Weg oder geht es auch anders?

Formuliert dann eure Objectives und die dazugehörigen Key Results. Eure Key Results sollten smart sein und nicht aufeinander aufbauen.

6. **Umsetzung diskutieren – 40 Minuten**
Im letzten Schritt diskutiert ihr die Umsetzung. Dabei unterstützen euch die folgenden Fragen:

Abstimmung/Alignment

- Mit welchen (KR-)Teams/Personen müsst ihr euch regelmäßig abstimmen, um nicht aneinander vorbeizuarbeiten?
- Welche (KR-)Teams sind ggf. von euren Ergebnissen abhängig?
- Wer ist sonst noch Stakeholder?
- Von wem braucht ihr Informationen?
- Wer muss von euch informiert werden?
- Wer braucht Ergebnisse von euch?

Arbeitsplanung (inhaltlich)

- Wer übernimmt Verantwortung für welche Ergebnisse, Meilensteine, Aufgaben?
- Wer erledigt was bis wann?
- Wie wollt ihr den Fortschritt eures Ziels tracken?

Arbeitsplanung (organisatorisch)

- Wie stimmen wir uns ab? Welche Meetings brauchen wir?
- Wer übernimmt die Planung dieser Meetings?
- Wer legt jeweils die Agenda fest, stellt den Termin ein, moderiert und protokolliert?
- Wer informiert Stakeholder über mögliche Zeitverzögerungen usw.?

Objective Tracking

- Wie wollen wir das gesamte Objective tracken/uns im Team abstimmen, um den Überblick zu behalten und als OKR-Team stets abgestimmt zu sein?

Krisenmanagement

- Was machen wir, wenn wir merken, dass wir das KR nicht (mehr) erreichen können?

Erfolgsmanagement

- Was machen wir, um uns zu feiern, wenn wir das KR erreicht haben?

Je häufiger ihr eure OKRs plant, desto kürzer könnt ihr diesen letzten Schritt halten.

7. Check-out – 5 Minuten
Folgende Fragen bieten sich an: »Was hast du heute über dich und über das Team gelernt?« und »Welche deiner Erwartungen wurden erfüllt und mit welchem Gefühl gehst du nach Hause?«

OKR-Meetings

Sobald ihr eure OKRs entwickelt habt, »müssen« sie sich in eurem Arbeitsalltag wiederfinden. Wenn ihr euch nicht wöchentlich zu euren Fortschritten und aktuellen Entwicklungen austauscht, geraten sie schnell in Vergessenheit und landen in der Schublade. Uns ist es schon öfter passiert, dass wir am Ende des Quartals auf unsere OKRs geschaut haben und uns gewundert haben, was genau wir mit der Formulierung XY meinten. Offensichtlich hatten wir die Ziele formuliert und nicht weiterverfolgt.

So haben wir euch einen Überblick zu verschiedenen Meeting-Formaten mitgebracht, die euch unterstützen, über eure OKRs im Gespräch zu bleiben und damit euren Prozess abrunden bzw. vervollständigen.

Grundsätzlich gilt: Wenn eure bestehende Meeting-Struktur sinnvoll ist und die Inhalte/Ziele der jeweiligen OKR-Meetings darin untergebracht werden können, wunderbar. Wenn euch aber ein regelmäßiger Austausch zur täglichen Arbeit mit Blick auf eure Meilensteine fehlt, probiert neue Meetings aus. Ein Zeitraum von zwei bis vier Wochen als Testphase ist dafür völlig ausreichend. Danach besprecht ihr euch, ob das neue Meeting seinen Zweck erfüllt, wenn nicht, iteriert ihr entsprechend.

Weekly

Was genau? Wöchentlicher Team-Check-in, bei dem jeder im Team einen Ausblick auf die geplanten Aktivitäten der kommenden Woche gibt.

Ziele	Fortschritte sichtbar & Abhängigkeiten transparent machen, Hindernisse aus dem Weg schaffen
Vorab	Ein Dokument, das als Vorlage dient, ist nützlich. Jeder im Team kann so seine Planung einfügen und sich vorab Gedanken machen woran er arbeiten möchte und auf welches OKR das einzahlt.
Format	Das Meeting sollte so kurz wie möglich und so lang wie nötig sein (maximal 30 Minuten). Im Meeting mit dem gesamten Team sollte »nur« das ausgetauscht werden, was tatsächlich für alle relevant ist. Für engere bilaterale Abstimmungen kann ein Zehn-Minuten-Zeitfenster danach geblockt werden.

Moderation	Führt durch das Meeting, unterbricht bilaterale Diskussionen oder Monologe, die nicht für alle relevant sind und behält die Zeit im Blick. Im Zweifel kann einfach gefragt werden, ob das Thema für alle relevant ist.
Sonstiges	In regelmäßigen Abständen (z. B. einmal monatlich) lohnt sich ein ganzheitlicher Blick auf sämtliche OKRs. Dabei wird geschaut, wie der aktuelle Fortschritt für alle OKRs aussieht, wie wahrscheinlich die Zielerreichung ist und ob einige OKRs (oder nur KRs) angepasst, gestrichen oder ergänzt werden sollten. Ein solches Meeting kann ins Weekly integriert werden.

Daily

Was genau?	Täglicher Team-Check-in, bei dem jeder ein sehr kurzes Update dazu gibt, was er gestern gemacht hat, was heute ansteht und wobei Hilfe benötigt wird bzw. Hindernisse aufgetaucht sind.
Ziele	Fortschritte sichtbar machen, Teamsynchronisation, Hindernisse aus dem Weg schaffen bzw. Planung anpassen
Vorab	Jeder überlegt sich vorab, was er sagen wird.
Format	Das Meeting sollte so kurz wie möglich und so lang wie nötig sein (maximal zehn Minuten).
Moderation	Schaut, dass jeder zu Wort kommt und spricht ggf. aktiv Menschen an.

One-on-Ones

Was genau?	Austausch zu Fortschritten & Herausforderungen (operativ & persönlich) mit einem Sparringspartner
Ziele	Zwischenmenschlicher Austausch für Ratschläge, Lösungen, Ideen, Ärger Luft machen (Sparring), persönlicher Fortschritt, Lernmomente schaffen
Vorab	Die Person, die sich austauschen möchte, macht sich vorab eine Liste mit den Themen, die sie besprechen möchte.

Format	Rhythmus und Dauer sind individuell zu bestimmen und je nach Qualität und Themenwahl auszurichten. Orientierung: einmal wöchentlich 15 Minuten oder einmal monatlich 60 Minuten
Vorgehen	Jeder im Team sucht sich einen Sparringspartner für den Austausch, man muss sich nicht gegenseitig auswählen. Jeder ist selbst verantwortlich für die Vorbereitung und die Durchführung. Der Sparringspartner »stellt lediglich seine Zeit zur Verfügung«.

Retrospektiven (siehe auch S. 188)

Was genau? Team-Check-in zur gemeinsamen Diskussion der internen

Kommunikations- und Arbeitsprozesse

Ziel	Teamarbeit verbessern, Feedbackkultur und Vertrauen etablieren und ausbauen, OKR-Prozesse und Strukturen iterieren
Vorab	Der Moderierende erstellt die Agenda und wählt geeignete Methoden für einen guten Austausch aus.
Gängige Agenda	
	Gesprächsatmosphäre schaffen, Themen sammeln, Erkenntnisse gewinnen, Änderungen beschließen und implementieren
Format	Die Dauer orientiert sich an der Häufigkeit der Durchführung. Für jede vergangene Woche sollten 20 bis 30 Minuten eingeplant werden (Beispiel: Retro alle sechs Wochen: 20 x 6 bzw. 30 x 6 = zwei bis drei Stunden) Die Retro ist ein Workshop. Die Inhalte entstehen im Workshop und werden von den Teilnehmenden eingebracht. Die Moderation steuert die Diskussion und führt durch die Agenda.
Moderation	Es kann sehr vorteilhaft sein, die Retro von einer teamexternen (aber organisationsinternen) Person moderieren zu lassen, sodass niemand eine Doppelrolle einnehmen

	muss und so bewusst oder unbewusst die Diskussion in eine bestimmte Richtung lenkt.
Ressourcen	www.retromat.org & www.miro.com

Erfolge feiern

Was genau?	Team-Check-in zur Rückschau für Erreichtes, Abgeschlossenes und Dinge, auf die man stolz oder mit denen man zufrieden ist.
Ziel	Teamarbeit verbessern, Anerkennung & Wertschätzung, Burn-out vorbeugen
Vorgehen	Das Team entscheidet gemeinsam, wie es seine Erfolge feiern will. Bewährt hat es sich, auf der sachlichen Ebene die Erfolge individuell sichtbar zu machen und sie gemeinsam anzusehen. Das kann in Form von Post-its an einer Wand im Teamraum oder auch digital auf einem gemeinsamen Whiteboard erfolgen. Ob danach ein gemeinsames Ritual – beispielsweise eine Runde Dart spielen oder ein gemeinsames Frühstück – folgen soll, bleibt dem Team überlassen.
Vorab	Falls tatsächlich jede Person ihre Erfolge per Post-it an einem Board anbringt, sollte sich jeder vor dem Meeting seine Post-its vorbereiten. Falls einem später noch etwas einfällt: kein Problem.
Format	Wenn die Erfolge monatlich gefeiert werden, sollte eine Stunde eingeplant werden (ohne Dart oder Frühstück).

Sämtliche Meeting-Formate können in ihrer Länge, in ihren Inhalten oder ihrer Häufigkeit vom Team angepasst werden. Ob dafür »der kurze Weg« genutzt wird und im Meeting direkt eine Änderung beschlossen wird oder jemand das Thema in einer Retro einbringt, bleibt dem Team überlassen.

Jede Iteration/jedes Testen eines neuen Formats sollte vorab in seiner Länge festgelegt werden. Einigt sich das Team beispielsweise darauf, die Retros nicht mehr alle zwei Monate, sondern alle sechs Wochen durchzuführen, wird nach zwei bis maximal drei Iterationen gemeinsam geschaut, ob das Team mit dem Ergebnis zufrieden ist.

Eine gute Idee für die ersten Schritte kann sein, die Meetings nach einer gewissen Zeit, oder sogar jedes Mal, evaluieren zu lassen. Drei Fragen oder Gedankenanstöße könnten dafür sein:

- Keep: Was sollte beim nächsten Mal wieder so sein?
- Change: Was sollte beim nächsten Mal anders sein?
- Add: Das würde ich beim nächsten Mal hinzufügen:

Kooperationsmöglichkeiten schaffen

Organigramm & Informationsmanagement-System
Viele kollektiv geführte Organisationen arbeiten mit Rollen und Kreisen. Ein Organigramm gibt einen Überblick, wer in welchen Kreisen mitwirkt und welche Personen zu welchen Themen angesprochen werden sollten.

Es gibt einige tolle Tools, mit denen ihr spielend eure Kreisorganisation abbilden könnt. Das Wichtige bei der Einführung eines solchen Tools ist:

- Löst es für euch ein aktuelles, wiederkehrendes Problem?
- Benötigt der Großteil des Teams das Tool häufiger durch die Woche hindurch, um echte Probleme zu lösen?
- Auch wenn beide Fragen ähnlich klingen: Sie sind essenziell. Denn: Wenn ihr ein Tool einführt, ohne dass es offensichtlich ein Problem für euch löst, ist es etwas, das ihr zusätzlich nutzen müsst. Die Gefahr, dass es dann nur »herumliegt«, steigt.

Das Tool ist an dieser Stelle vielleicht auch nur stellvertretend zu sehen für die Fragen:

- Wie nutzt ihr täglich eure Rollen?
- Sind sie etwas Zusätzliches oder etwas Problemlösendes?
- Falls sie noch nichts Problemlösendes sind: Gibt es einen Moment im Arbeitsalltag, in dem ein gemeinschaftlicher Blick auf eure Rollen für mehr Klarheit o. Ä. sorgen könnte?

Beim Informationsmanagement-System stellt sich die Frage ebenfalls: Ist es ein Tool, das alle gern nutzen oder gibt es mehrere Systeme? Sinnvoll wäre natürlich, wenn die ganze Organisation ihre Informationen, Projekte, Kommunikation usw. mit den gleichen Tools gestaltet, sodass tatsächlich alles allen zugänglich ist. Falls ihr durch die Beantwortung der Fragen feststellt, dass ihr kein weiteres Tool benötigt, bastelt euch eine Übersicht in eurem Online-Whiteboard-Tool (das ihr täglich nutzt) oder in einem anderen Tool, das ihr ständig nutzt, wo ihr sowieso »hingeht«.

Stimmen unsere Informationsflüsse?

Euer Informationsfluss bezieht sich auf euren Arbeitsalltag und euren operativen Bereich. Die allgemeine Frage dazu lautet »Habe ich stets alle Informationen, die ich brauche, um gute Entscheidungen treffen zu können?« Wir haben dir eine Anleitung zusammengestellt, die dich darin unterstützt, diese Frage etwas kleinteiliger zu reflektieren. Deine Ergebnisse könntest du beispielsweise nutzen, um eine konkrete Spannung im nächsten Teammeeting einzubringen (siehe auch S. 215).

Neben der offiziellen Kommunikation wird es immer den Plausch in der Kaffeeküche geben, den ihr durch die formalen Wege nicht abdecken könnt. Sorgt dafür, dass ihr diesen Plausch bewusst gestaltet, insbesondere, wenn ihr digital arbeitet.

Bei der Reflexion unterstützen dich die folgenden Fragen:
Wenn ich die vergangenen 14 Tage betrachte:

- Hatte ich stets alle Informationen, die ich benötigt habe, um eine gute Entscheidung zu treffen?
- Welche Informationen haben gefehlt?
- Welche Informationen wären außerdem hilfreich?

Was genau kann ich vorschlagen, um die Informationen stets rechtzeitig zu haben?

- Sollte ich mich an eine bestimmte Rolle wenden?
- Sollte ich oder sollten wir einen Prozess anpassen?

- Könnte ich einen Arbeitskreis initiieren, um diese Informationen zu sammeln/Erkenntnisse aufzubereiten?

Ist meine Arbeitsroutine transparent?

- Ist für alle zugänglich, welche Rollen ich innehabe?
- Ist für alle Stakeholder zugänglich, welchen Purpose meine Rollen verfolgen und mit welchen Verantwortlichkeiten ich auf den jeweiligen Purpose einzahle? Nutzt jemand diese Informationen?
- Zahlt mein Purpose auf unsere Strategie ein?
- Ist für alle ersichtlich, in welche Entscheidungen ich eingebunden werden möchte und inhaltlich beisteuern kann?

An welcher Stelle hätten mich die Informationen erreichen müssen?

- Besteht hier eine Hol- oder Bringschuld?

Wer sind meine Stakeholder?

- Wer ist auf Informationen von mir angewiesen?
- Habe ich mit diesen Personen regelmäßig Meetings mit fester Agenda, sodass nichts vergessen werden kann?
- Wenn nicht, wie stelle ich die Regelmäßigkeit/Routine stattdessen her?

Gibt es Menschen, über die ich mich ärgere?

- Gibt es Menschen im Team, bei denen ich mich regelmäßig über ihre Arbeitsergebnisse wundere?
- Könnte das auch mit fehlenden Informationen meinerseits zusammenhängen?
- Kann ich mir vorstellen, aktiv zu werden?

Das sind meine Erkenntnisse und Änderungsideen:

Wenn ich die letzten 14 Tage betrachte:

- Hatte ich stets alle Informationen, die ich benötigt habe, um eine gute Entscheidung zu treffen?
- Welche Informationen haben gefehlt?
- Welche Informationen wären außerdem hilfreich gewesen?

Was genau kann ich vorschlagen, um die Informationen stets rechtzeitig zu haben?

- Sollte ich mich an eine Rolle wenden?
- Einen Prozess anpassen?
- Einen Arbeitskreis initiieren, um die Informationen zu sammeln/Erkenntnisse aufzubereiten?

Ist meine Arbeitsroutine transparent?

- Ist für alle Stakeholder zugänglich, welche Rollen ich innehabe, inklusive Purpose und Verantwortlichkeiten?
- Wie können sie diese Informationen erreichen? Werden sie genutzt?
- Zahlt mein Purpose auf die Strategie ein?
- Wer weiß woher, in welche Entscheidungen und Themen ich aufgrund meiner Expertise eingebunden werden möchte und sollte?

An welcher Stelle hätten mich die Informationen erreichen müssen?

- Besteht hier eine Hol- oder eine Bringschuld?

Wer sind meine Stakeholder?

- Wer ist auf Informationen von mir angewiesen?
- Habe ich mit diesen Personen regelmäßige Termine mit fester Agenda, sodass nichts vergessen werden kann?
- Wenn nicht, wie stelle ich stattdessen Regelmäßigkeit her?

Gibt es Menschen, über die ich mich ärgere?

- Gibt es Menschen im Team, bei denen ich mich regelmäßig über ihre Arbeitsergebnisse wundere?
- Könnte das auch mit fehlenden Informationen meinerseits zusammenhängen?
- Kann ich mir vorstellen, hier etwas zu ändern?

Erkenntnisse und Änderungsideen:

Abbildung 26: Informationsfluss reflektieren

GESTALTUNGSPRINZIP 4:
FEEDBACK UND KONSEQUENZEN

Das vierte Gestaltungsprinzip ist angelehnt an Ostroms Design-Prinzip für verhältnismäßige Sanktionen. Wer beispielsweise zum ersten Mal ein falsches Verhalten zeigt, wird nicht so hart sanktioniert, wie jemand, der sich zum fünften Mal falsch verhält. Jemand, der sich ein bisschen falsch verhält, hat mit weniger harten Sanktionen zu rechnen als jemand, der sich unmöglich verhält. Sanktionen klingt vielleicht im ersten Moment sehr autoritär, ermöglicht aber, gemeinschaftlich eingesetzt, eine gute Zusammenarbeit und ein hohes Level an Vertrauen in die Gruppe.

So ist der Grundgedanke hinter dem Prinzip, dass ein kooperatives Verhalten in der Gemeinschaft angestrebt wird, indem alle auf einen gemeinsamen Purpose hinarbeiten. Im Beispiel der Allmende besteht so die gemeinschaftliche Vereinbarung, dass alle im Dorf den See als langfristige Lebensgrundlage nutzen, pflegen und erhalten möchten. So übernimmt jeder im Dorf eine Aufgabe, die darauf einzahlt. Alle Dorfbewohner kooperieren, um ein gemeinsames Ziel zu erreichen. Wenn jemand jetzt immer wieder mehr Fische fängt als vereinbart, werden bei jedem Mal die Sanktionen härter, bis die Person irgendwann ganz von der Ressource See ausgeschlossen wird, sofern sie ihr Verhalten nicht zum Wohle aller anpasst. Im ersten Schritt wird das Verhalten bemerkt (siehe Transparenz S.131) und im zweiten sanktioniert.

Im Organisationskontext besteht ebenfalls eine Vereinbarung darüber, dass alle gemeinsam einen Purpose verfolgen und jeder im Team eine oder mehrere Rollen übernimmt, die auf diesen Purpose einzahlen. Gemeinsam kooperiert ihr für den Purpose und im Rahmen der gemeinsamen Werte. So inkludiert die Vereinbarung das kooperative Verhalten und auch welchen Beitrag jede Einzelne durch ihre Bemühungen in den Rollen leistet. Dazu kommen noch Vereinbarungen, welches Verhalten sozial erwünscht oder unerwünscht ist. Das kann auf gemeinsamen Werten beruhen oder auch auf grundsätzlichen Vereinbarungen bzgl. der Arbeitszeit oder Ähnlichem.

Im Unterschied zur Allmende und den zu viel gefangenen Fischen, ist das Verhalten in Organisationen meistens nicht so schwarz-weiß. So braucht es

- Raum für einen echten, bedürfnisorientierten Austausch, wenn eine Person ein nichtzielführendes Verhalten bei einer anderen beobachtet,
- eine Haltung, die ein ergebnisoffenes Gespräch ermöglicht, und
- ein ausgesprochenes, transparentes Klima der Gerechtigkeit (siehe S.223).

So lassen sich verschiedene Positionen und Perspektiven in Einklang bringen, bevor das Team ein Machtwort spricht und unkooperatives sowie grenzüberschreitendes Verhalten oder Trittbrettfahren abstraft. Zur Gestaltung dieses Prinzips gehören also sowohl eine Feedbackkultur als auch eine Kultur der Konsequenzen.

Das Feedback ermöglicht es jeder Person zu erkennen, wo sie steht, und spendet ein Gefühl von Sicherheit. Das Wissen darum, dass bei Fehlverhalten Konsequenzen folgen, die stets verhältnismäßig sind, gibt ebenfalls Sicherheit. Man weiß, dass man Fehler machen darf, was Fehler sind und dass man Feedback bekommt, wenn man Fehler macht. So wächst das Vertrauen in das Team, kooperatives Verhalten wird gefördert, die psychologische Sicherheit steigt (siehe S. 276) und die Motivation, sich zu engagieren, bleibt erhalten. Wenn sich beispielsweise eine Person immer wieder dazu entscheidet, entgegen vereinbarter Werte oder Ziele zu handeln und nicht abgestraft wird, sinkt die Motivation aller anderen, sich den vereinbarten Werten und Zielen entsprechend zu verhalten.

Was ist Feedback?

Feedback wird in klassischen Organisationen häufig mit den Begriffen Performance Feedback (Leistungsbeurteilung) und Kritik gleichgesetzt und nicht in seinem ursprünglichen Sinne verwendet. In der kollektiven Führung nutzen wir Feedback schlicht als Rückmeldung und damit als Spiegel. Ich spiegle dir, wie ich dein Verhalten beobachte und wahrnehme.

Feedback entspringt einer Haltung, die andere nicht bewertet oder beurteilt. Diese Haltung ermöglicht ein Gespräch auf Augenhöhe. Feedback entsteht nicht aus der Grundhaltung heraus, dass ich etwas besser weiß und dir nun sage, wie du es richtig machst. Feedback beruht auf ehrlichem Interesse und dem Wunsch nach Austausch: Ich habe beobachtet, dass du xy so und so gemacht hast. Ich mache es anders, vielleicht kann ich von dir etwas (über dich) lernen? Auch die Haltung des Feedbacknehmers beruht auf Interesse: Spannend, dass du das so siehst, vielleicht kann ich von dir etwas lernen.

In den letzten 15 Jahren meiner Berufserfahrung habe ich tatsächlich nur einmal die Ehre gehabt, ein solches Feedback live im echten Leben als Zuschauerin erleben zu dürfen. Ich arbeitete damals in einem kleinen Team, in dem jeder jedem Feedback geben konnte und das auch regelmäßig tat.

Matthias war für die visuelle Gestaltung der Webseite verantwortlich. Dazu gehörte auch der Blick für die Zahlen: Welche Webseiten funktionierten und welche mussten anders gestaltet werden, damit sich potenzielle Kunden für das Produkt entschieden. Nancy war für die Texte auf der Webseite verantwortlich und hatte bis dahin weniger für technische und mehr für Lifestyle-Produkte geschrieben. Die beiden arbeiteten nicht im gleichen Team, und es gab keine Hierarchieunterschiede zwischen ihnen. Eines Tages sprach Matthias Nancy mitten im Großraumbüro an und sagte ihr, dass die Texte für diese eine Landingpage neu formuliert werden müssten, sodass sie die Zielgruppe mehr ansprachen. Mit seiner Aussage transportierte er sehr deutlich, dass er keinerlei Zweifel an ihren Fähigkeiten oder an ihrer Leistung hatte. Sein Wunsch war einfach eine neutrale Beschreibung seiner Beobachtung. Ich war besonders beeindruckt, weil ich schon von ein oder zwei anderen Kolleginnen »das gleiche Problem« anders vorgetragen bekommen hatte. Diese anderen Kolleginnen sprachen stets von schlechten Leistungen, fehlender Motivation für technische Produkte und mangelnder Kompetenz. Diese Kolleginnen hätten keinen eleganten Weg finden können, Nancy ihre »Beobachtungen« zu schildern, weil sie schlechte Gedanken über sie hatten. Durch das Feedback von Matthias konnte ein produktives Gespräch entstehen, und Nancy konnte zügig die Texte ändern, sodass sie inhaltlich besser passten.

Wir lernen unser ganzes Leben lang, Situationen, Dinge und auch Menschen in ihrem Verhalten zu bewerten. Dadurch nehmen wir uns selbst und unser Verhalten als Maßstab. In dem Moment, in dem wir das tun, leugnen wir, dass es andere Menschen gibt, die andere Wege wählen als wir und ebenso gut an das gleiche Ziel kommen. Es darf divers sein!

Das Gestaltungsprinzip Feedback wird in der Organisation genutzt, um

- eine Rolle darin zu unterstützen, ihren Purpose zu erreichen,
- kooperatives Verhalten, das auf den Purpose und die Werte einzahlt, zu fördern und
- unkooperatives Verhalten konsequent und verhältnismäßig abzustrafen.

Rollenfeedback

Eine Rolle wird aus der Idee heraus entwickelt, dass sie einen wertvollen Beitrag zum Purpose des Kreises leisten kann. Sobald die Rolle durch eine Person übernommen wird, entsteht eine Vereinbarung der Person mit dem Team: So leiste ich (m)einen Beitrag zum Team. Die Rolle wird durch eine Rollenbeschreibung (siehe S. 204) definiert und auch sie beinhaltet einen Purpose. Der Purpose der Rolle zahlt auf den Purpose des Kreises ein und der Kreis-Purpose zahlt auf den Purpose der Organisation ein.

Jede Rolle sollte regelmäßig Feedback erhalten. Der Sinn hinter diesem Feedback ist, gemeinsam zu reflektieren, ob der Purpose der Rolle noch stimmig ist und ob die Verantwortlichkeiten in ihrer Gestaltung gut auf den Purpose der Rolle einzahlen. So bekommt der Rolleninhaber eine Orientierung dazu, ob er seine Rolle gut erfüllt, gestaltet und sich wie vereinbart verhält.

Darüber hinaus bietet ein Rollenfeedback dem Inhaber die Möglichkeit, sich durch den Austausch mit einer Mentorin fachlich weiterzuentwickeln. Auch ein fachliches Feedback sollte keine Bewertung beinhalten, sondern eher eine Perspektive und Erfahrungswerte aufzeigen, an denen sich der Rolleninhaber orientieren kann.

Es muss klar sein, wann ein Rolleninhaber nicht die Erwartungen an die Rolle erfüllt und welche Konsequenzen daraus folgen.

Kooperatives und unkooperatives Verhalten

Die im Team getroffenen Vereinbarungen zu gemeinsamen Werten und dem Purpose ermöglichen es jeder Person, eine Vorstellung davon zu entwickeln, welches Verhalten sozial erwünscht ist und welches nicht. Das Level an Transparenz, das durch sämtliche Gestaltungsprinzipien auf vielen verschiedenen Ebenen erreicht wird, ermöglicht es, unerwünschtes und unkooperatives Verhalten zu erkennen und abzustrafen. Zwei Knackpunkte, die sich hier ergeben sind folgende:

- Wer richtet wie darüber, dass dieses Verhalten tatsächlich unerwünscht ist?
- Und wer spricht die Konsequenzen aus?

So müssen sowohl die Vereinbarungen, welches Verhalten sozial akzeptiert ist und welches nicht, als auch die Konsequenzen, mit ihren Abstufungen, definiert werden. Dazu gehört auch, dass klar ist, wer Konsequenzen aussprechen darf und ggf. schwierige Gespräche führt.

Feedback wirkungsvoll gestalten

Feedback zu geben, fällt den meisten von uns sehr schwer. Wir sind es so sehr gewohnt, in einer wertenden Haltung zu denken und zu sprechen, dass wir meistens automatisch Kritik statt Feedback geben. Gleichzeitig fühlen wir uns damit unwohl: Wir möchten niemanden offen kritisieren und uns auch nicht kritisiert fühlen. So gibt es einige empirisch fundierte Feedbackregeln, die Feedback auf der individuellen Ebene erleichtern und wertschätzend machen. Auf der Team- und Organisationsebene erleichtern Strukturen und Prozesse das Feedbackgeben.

Feedbackregeln zur Entwicklung einer individuellen Feedbackkompetenz

Wer mit einer wertschätzenden, nichtwertenden Haltung in ein Feedbackgespräch geht, erfüllt häufig intuitiv die Feedbackregeln. Sie unterstützen dabei, wertschätzend und konkret zu bleiben und damit eine gute Gesprächsgrundlage zu schaffen. Feedback möchte nicht überzeugen, sondern ins Gespräch bringen. Wenn du ergebnisoffen in ein Feedbackgespräch gehst und vielleicht sogar die Bereitschaft mitbringst, deine eigene Perspektive zu ändern oder zu erweitern, können tolle Gespräche entstehen.

Im besten Fall wird Feedback erbeten statt ungefragt gegeben. Wenn ich dich einlade, deine Perspektive zu teilen, höre ich dir gern zu und bin offen dafür, deine Perspektive zu betrachten. Ein wertschätzendes Feedback ermöglicht es dem Feedbacknehmer zuzuhören und die Perspektive der anderen Person einzunehmen. Die Augenhöhe bleibt bestehen. Feedback sollte eine konkrete Situation oder Verhalten beschreiben, nicht bewerten, und auf veränderbare Aspekte abzielen. Gerade Formulierungen wie »immer« weichen von einer konkreten Beschreibung ab und geben keinerlei Anhaltspunkte für einen möglichen Perspektivwechsel. Entsprechend sollte das Feedback auch sehr zeitnah gegeben werden, damit sich beide Personen an die konkrete Situation erinnern können.

Eine sehr geeignete Methode oder auch Haltung für die Erweiterung der individuellen Feedbackkompetenz ist die Gewaltfreie Kommunikation (GfK) nach Marshall Rosenberg. Die GfK setzt auf eine wertschätzende Haltung und geht beim Feedbackgeben in vier Schritten vor:

- Du schilderst deine Beobachtung, so als hättest du eine Situation ohne Ton durch ein Fenster beobachtet.
- Du schilderst deine Gefühle und
- Bedürfnisse, die in der Situation, die du beschreibst, entstanden sind.
- Zu guter Letzt formulierst du eine Frage oder Bitte, wobei die Bitte auch an dich selbst gerichtet sein kann. Deine Bitte sollte sich an

folgender Frage orientieren: »Was brauche ich jetzt, damit sich mein Bedürfnis erfüllt?«

Ein Beispiel: Deine Kollegin hat dir wichtige Unterlagen nicht rechtzeitig geschickt.

- Beschreibung: Ich konnte die Unterlagen, um die ich dich gebeten hatte, nicht finden. (Vermutlich hat die Kollegin sie dir nicht geschickt, aber es könnte auch ein technischer Defekt gewesen sein.)
- Gefühl: Ich war verzweifelt und habe mich hilflos gefühlt.
- Bedürfnis: Mein Bedürfnis nach Zuverlässigkeit/Unterstützung war nicht erfüllt.
- Bitte: Könntest du jetzt über mein Dokument schauen und es inhaltlich prüfen?

Die GfK erfordert eine hohe Achtsamkeit bzw. ein Bewusstsein über die eigenen Gefühle und Bedürfnisse und ist definitiv etwas, was man nicht standardmäßig von klein auf lernt. Ebenso ist die Bitte etwas, was man nur äußern kann, wenn man selbst eine Idee hat, was man braucht und was einem helfen könnte, doch noch die eigenen Bedürfnisse zu erfüllen. Die GfK ist eine Sprache, die sehr viel Verbindung und Kontakt ermöglicht. Eine Organisation, in der Gefühle und Bedürfnisse noch keinen Platz haben, kann die GfK langsam und als gemeinschaftliche Teamlernaufgabe in den Alltag integrieren.

> Die Berliner Organisation Soulbottles hat die Gewaltfreie Kommunikation zu einem festen Bestandteil ihrer Unternehmenskultur gemacht. Jeder neue Mitarbeitende erhält zu Beginn ein Buch zur GfK und die Erklärung, wie sich die GfK in den Arbeitsalltag integrieren lässt (Kupfer, 2021).

Eine Komponente, die Feedback auch erleichtert oder vielleicht sogar erst möglich macht, ist, die Ziele meines Gegenübers zu kennen. Erst wenn ich weiß, in welchen Bereichen du dich weiterentwickeln und neue Perspektiven kennenlernen möchtest, kann ich bewusst auf dich – in bestimmten Kontexten – achten und dir entsprechendes Feedback geben. Wenn du beispielsweise daran arbeiten möchtest, wertschätzender zu kommunizieren, kann ich dir gezielt Feedback anbieten.

Feedbackstrukturen für eine Feedbackkultur

Eine Feedbackkultur lässt sich nicht durch die Feedbackkompetenz einzelner Teammitglieder aufbauen. Ihr braucht Mechanismen, die die Hürde, Feedback zu geben, möglichst gering halten, sowie Vereinbarungen, welche Ziele mit Feedback verfolgt werden und dass Feedback grundsätzlich erwünscht ist.

Eine Vereinbarung zu den Zielen von Feedback könnt ihr beispielsweise mithilfe eines Workshops zum Thema Feedback treffen. Ein solcher Workshop kann sehr hilfreich sein, denn häufig wünschen sich viele Menschen Feedback und übersehen gleichzeitig, dass sie selbst öfter Feedback geben könnten. Es bietet sich an, häufiger Feedbackworkshops abzuhalten, in denen ihr regelmäßig darüber sprecht, wie zufrieden ihr mit der aktuellen Feedbacksituation seid und was ihr noch tun könnt, um euren Feedbackzielen und -wünschen ein Stück näher zu kommen. So ladet ihr euch auch ein Stück weit ein, Verantwortung für das Feedback-geben zu übernehmen, und zeigt auf, aus welchen Gründen das wichtig ist.

Folgende Mechanismen können helfen, Feedbackhürden abzubauen:

- Psychologisch sichere Umgebung (siehe S. 276)
- Kleine Rituale für positives Feedback und für Erfolge
- Anstrengungen anerkennen, auch wenn ein Projekt gescheitert ist
- Rituale, um regelmäßig über Gefühle und Bedürfnisse zu sprechen
- Klare Verantwortlichkeiten: Wer darf alles Feedback geben?
- Transparente Prozesse und Verantwortlichkeiten für negatives Feedback/Konsequenzen

- Kommunikationslotsen: z. B. jemanden, der bei Feedbackgesprächen begleiten kann oder als »Feedbackgeber für Feedbackgebende« beobachtet oder bei der Vorbereitung von Feedback unterstützt (siehe auch S. 192)

Beim Gestaltungsprinzip Feedback ist besonders wichtig, dass alle anderen Prinzipien integriert sein sollten: So sollten Feedbackprozesse gerecht gestaltet werden und der Purpose als Grundlage des kooperativen Verhaltens sollte klar sein. Die Verantwortlichkeiten für das Feedbackgeben oder die Prozesse sollten transparent sein und es muss klar sein, wer eine Entscheidung für mögliche Konsequenzen treffen und umsetzen darf.

Feedback und seine verschiedenen Ziele

Feedback lässt sich noch weiter unterteilen und sollte sowohl den zwischenmenschlichen Rahmen, also die Beziehungsebene, als auch den leistungsbezogenen Rahmen, also die Erwartung an die Rolle, inkludieren.

Zwischenmenschliches Feedback geben wir, wenn wir mit dem »Wie« im Team oder einer anderen Person besonders zufrieden oder unzufrieden sind. Kritisches Feedback ist häufig etwas, das sehr negativ behaftet und von vielen gefürchtet ist. Das betrifft sowohl Feedbackgebende als auch -empfangende. Eine Person fühlt sich unwohl beim Kritisieren und die andere fühlt sich unwohl beim Kritisiert werden. Doch genau dieses Feedback ist wichtig, denn es unterstützt uns im Kern darin, uns weiterzuentwickeln – vorausgesetzt, es wird wertschätzend statt kritisch überbracht.

Für die verschiedenen »Feedbackarten« haben wir eine Tabelle für dich zusammengestellt, die verdeutlichen soll, mit welcher Intention man in ein Gespräch hineingeht und aus welchen Gründen manche Gespräche schwieriger sind als andere:

	Soiales Feedback	Ziel-»Feedback«	Kritik
Purpose	Lernmöglichkeit & Perspektivwechsel ermöglichen	Selbst gesetzte Lernziele unterstützen	Seine eigene Bewertung als Maßstab nehmen
Good Practice	Beobachtung – Gefühl – Bedürfnis – Bitte	Referenz zum Ziel – Frage zur eigenen Einschätzung – »Expertentipps«	So Nicht: Bewertung – Interpretation Besser: siehe Feedback
So nicht: wertende Rückmeldung	Deine Kollegin hat dir wichtige Unterlagen nicht rechtzeitig geschickt.	Die Präsentation und der Vortrag deines Kollegen für den Kunden war schlecht.	Dein Kollege kommt zu spät zum Meeting.
Besser: Deine Worte mit »Good Practice«	Ich konnte die Unterlagen, um die ich dich gebeten habe, nicht finden. Ich war verzweifelt und hilflos. Meine Bedürfnisse nach Zuverlässigkeit und Unterstützung waren nicht erfüllt. Könntest du jetzt noch einmal über mein Dokument schauen und es inhaltlich prüfen?	Ich habe deine Präsentation gesehen. Wie ging es dir während der Präsentation? Warst du zufrieden mit dir? Ich kann mir vorstellen, dass du die eben genannten Unzufriedenheiten wie folgt ausgleichen kannst ... Außerdem würde ich – aus der Erfahrung heraus – Folgendes anders machen ...	So nicht: Du bist wie immer zu spät. Ich habe hier fünf Minuten meiner Zeit verschwendet. Alternativ als Feedback: Ich merke, dass ich sehr angespannt bin, wenn ich unsicher bin, wann oder ob du noch kommst. Ich überlege, was mir jetzt helfen könnte, diese Anspannung aufzulösen.

Abbildung 27: Feedbacks im Vergleich

So wird jedes Gespräch durch die »So nicht«-Gedanken erschwert. Erst wenn man diese ablegen kann, ist man in der Lage, ergebnisoffenes Feedback auf Augenhöhe zu geben. Das klassische Performancefeedback, also eine Leistungsbeurteilung, die in klassischen Organisationen häufig noch durchgeführt wird, führt häufig zu einer Auf- oder Abwertung der Person, die bewertet wird. Insbesondere wenn die eigene Bewertung nicht mit der Wertung des Beurteilers übereinstimmt, entsteht eine Diskrepanz, die die Motivation nachhaltig stört. So möchten wir euch dazu ermutigen, euch vom klassischen Bewerten – einer weiß es besser – zu distanzieren und neue Maßstäbe für den Wert eurer Zeit, Kompetenz und Bemühungen zu entwickeln.

Literaturempfehlungen

Amy C. Edmondson: Die angstfreie Organisation

Marshall Rosenberg: Gewaltfreie Kommunikation: Eine Sprache des Lebens

Friedemann Schulz von Thun: Miteinander reden 1 – 3

Methodenkoffer für die Gestaltung von Feedback

Das Feedbackprinzip ist dann gut implementiert, wenn jede Person in eurer Organisation sich in der Lage fühlt, angemessenes Feedback auf erwünschtes und unerwünschtes Verhalten zu geben. Es ist jedem klar, welche Konsequenzen auf welche Art und Weise auf Verhalten xy folgen und was bei dauerhaften Regelverstößen passiert. So haben wir euch den Methodenkoffer entsprechend strukturiert. Im ersten Schritt schauen wir uns an, was ihr tun könnt, um Feedbackhürden abzubauen. Dafür schauen wir auf die individuelle Kompetenz, die im Team getroffenen Vereinbarungen sowie Feedbackstrukturen und schließlich eure Feedbackkultur. Im zweiten Schritt möchten wir euch einladen, euch damit zu beschäftigen, was genau unerwünschtes Verhalten ist und welche Konsequenzen darauf folgen.

Feedback als individuelle Kompetenz

Insbesondere die Methoden für das individuelle Reflektieren kannst du entweder nutzen, um sie als Anregung per E-Mail an dein Team zu verschicken, oder in Form eines Trainings für dein Team anbieten. So könnt ihr gemeinsam eine neue Methode lernen, wodurch ihr gleichzeitig den Raum im Team schafft, diese Methode gemeinsam einzuüben.

Reflektiere dein Feedback und versuche einen Perspektivwechsel
Ein Feedback ist immer dann leicht zu geben, wenn du selbst es nicht als kritisch empfindest. Wenn du beispielsweise denkst »Die Person hat gerade meine Zeit verschwendet« ist das sicherlich ein Gedanke, den du selbst nicht gern gesagt bekommen möchtest, und so möchtest du ungern jemandem direkt ins Gesicht sagen »Du hast gerade meine Zeit verschwendet.«

Der Satz ist eine negative Bewertung und lässt einen ohne Mehrwert zurück. Einen Perspektivwechsel zu versuchen, kann ein erster Schritt sein, kritisches Feedback gut vorzubereiten.

Wenn ich mich nun selbst in die Perspektive versetze, die Zeit einer anderen Person oder vielleicht sogar einer Gruppe verschwendet zu haben, welches Feedback würde mir helfen, damit ich es beim nächsten Mal anders machen kann?

Alleine diesen Gedanken mitzunehmen und sich darauf die passende Antwort zu überlegen, kann eine gute Grundlage für ein »kritisches« Feedback sein, das letztlich sehr konkret und konstruktiv ist. Wenn wir diesen Gedanken nun weiterentwickeln, tauchen bei mir folgende Fragen auf:

- Was genau hat dazu geführt, dass ich das Gefühl hatte, meine Zeit zu verschwenden?
- Hätte die Person das Problem für mich gelöst, wenn sie vorab eine andere Erwartungshaltung in mir hervorgerufen hätte?
- Hätte ich selbst etwas gebraucht, um diese Zeitverschwendung in eine andere Richtung zu lenken oder vorzeitig zu unterbrechen?
- Gibt es etwas, worum ich die Person bitten kann, was ich mir für das nächste Mal anders wünschen würde?
- Gibt es etwas, worum ich mich selbst bitten könnte, um mir beim nächsten Mal etwas Gutes zu tun?

Um einen Gesprächseinstieg für kritisches Feedback möglichst gut vorzubereiten, helfen dir folgende Fragen:

- Versuche einen Perspektivwechsel: Wenn du selbst »den Fehler« gemacht hättest, den die andere Person gemacht hat, welches

Feedback würde dir helfen, dein Verhalten zu reflektieren und es nicht erneut zu tun?

- Was genau ist passiert? Beschreibe die Situation.
- Was waren deine Gefühle, Gedanken, Interpretationen und Bewertungen über die Person?
- Angenommen, die Person kam zu spät:
  - Was genau hat dazu geführt, dass du dich geärgert hast?
  - Was hättest du selbst tun können, um für dich zu sorgen und deinen Ärger loszuwerden?
- Worum könntest du die Person bitten, was sie beim nächsten Mal in einer ähnlichen Situation anders machen könnte?

Versuche einen Perspektivwechsel:

- Wenn du selbst den Fehler gemacht hättest, welches Feedback würde dir helfen, dein Verhalten zu reflektieren und es nicht erneut zu tun?

Was genau ist passiert?
Beschreibe die Situation neutral.

Was waren deine Gefühle, Gedanken, Interpretationen und Bewertungen über die Person?

Angenommen, die Person kam zu spät:

- Was genau hat dazu geführt, dass du das Gefühl hattest, deine Zeit zu verschwenden?
- Hätte die Person das Problem für dich gelöst, wenn sie vorab eine andere Erwartungshaltung in dir hervorgerufen hätte?
- Was hättest du für dich tun können, um diese Zeitverschwendung in eine andere Richtung zu lenken?
- Gibt es etwas, worum du die Person bitten kannst, was sie jetzt oder beim nächsten Mal tun könnte?

Wie könntest du deine Bitte/deinen Wunsch formulieren?

Abbildung 28: Perspektivwechsel für kritisches Feedback

Feedback Guide für den Alltag

Im Arbeitsalltag kann die GfK-Formel etwas sperrig und ungewohnt für die Person sein, die gerade Feedback bekommt. Insbesondere wenn die Haltung beim Feedbackgebenden noch nicht 100 % erreicht ist, kann das (kritische) Feedback passiv-aggressiv wahrgenommen werden.

Unsere Empfehlung für den Arbeitsalltag ist daher eine etwas abgewandelte Form der GfK, die insbesondere dann gut funktioniert, wenn die Haltung hinter der GfK noch nicht zum Standard der Organisation geworden ist.

Schritte	Beispiel
Das Ziel in eurem Team, z. B. für euren gemeinsamen Umgang, miteinander beschreiben. Hier kann auch ein gemeinsamer Wert oder ein grundlegendes Bedürfnis genannt werden, das jeder nachvollziehen kann.	Mir ist es sehr wichtig, dass wir einen respektvollen und wertschätzenden Umgang im Team miteinander pflegen.
Beschreibung der Situation	Heute Morgen habe ich im Chat folgende Worte von dir gelesen: »…« Ggf. ergänzen: Ich war überrascht, weil ich persönlich die Worte als wenig wertschätzend empfinde.
Frage zur Wahrnehmung der Situation aus der Perspektive des anderen	Wie hast du die Situation wahrgenommen? Wie ist es dazu gekommen?
Gespräch	…

Im ersten Schritt wird ein Referenzrahmen gesetzt und im zweiten Schritt eine Beschreibung geäußert. So »spart« sich die feedbackgebende Person eine direkte Bewertung der Situation. Wer noch direkter werden möchte, kann nach dem zweiten Schritt noch die eigenen Bedürfnisse einfügen – z. B. »Mein Bedürfnis nach Wertschätzung war in diesem Moment nicht erfüllt.«

Die Frage nach der Wahrnehmung der Situation ermutigt die andere Person, ins Gespräch zu kommen und bestenfalls gemeinsam zu reflektieren, wie es zu der Situation gekommen ist. Wenn echte Neugier beim Feedbackgebenden vorhanden ist, ist das Gespräch ergebnisoffen. Das heißt, es steht nicht von vornherein fest, dass die oder der Feedbackgeber »recht hat« und die andere Person künftig ihr Verhalten anpassen muss. Das Ergebnis ist offen: Vielleicht ist alles anders als gedacht und es entsteht plötzlich ein neuer Feedbackprozess, eine neue Rolle oder etwas ganz anderes aus dem Gespräch.

Den Feedback Guide kannst du beispielsweise in einer Art Testphase mit einer oder mehreren ausgewählten Kollegen für einen vereinbarten Zeitraum ausprobieren. So könntet ihr euch gegenseitig Feedback in dem Format geben, Rollenspiele ausprobieren oder den Guide mit uneingeweihten Kollegen ausprobieren. Nach der Testphase wertet ihr aus, wie sicher ihr euch beim Feedbackgeben gefühlt habt und wie gut ihr mit der Formel ins Gespräch gekommen seid. Nach der Auswertung beschließt ihr nächste Schritte.

Teamvereinbarungen rund um Feedback

Feedbackreflexion im Teamworkshop
Die Frage im Workshop lautet: »Wie wollen wir uns Feedback geben?« Mit diesem Teamworkshop bekommt das Thema Feedback einen Raum, wird explizit und es entsteht ein gemeinsames Bewusstsein im Team, das Feedback etwas ist, was erwünscht ist und ruhig häufiger passieren darf. Wir haben dir einen 90-minütigen Workshop zusammengestellt, den du online oder offline mit deinem Team von sechs bis acht Leuten durchführen kannst.

1. Check-in – 5 Minuten
Als Check-in-Frage eignet sich beispielsweise: »Wähle ein Wetter-Emoji, das deine Stimmung symbolisiert.«

2. Was macht Feedback leicht? – 30 Minuten
Zunächst überlegt jede Person für sich, was Feedback für sie leicht macht. Nach fünf bis zehn Minuten besprecht ihr gemeinsam eure Antworten. Arbeitet mit folgenden zwei Fragen:

- Was führt dazu, dass ein Feedback für mich akzeptabel ist und ich es gut annehmen kann?
- Was führt dazu, dass ich es leicht finde, ein Feedback zu geben?

3. Feedback umsetzen – 30 Minuten
Nun geht es darum zu reflektieren, welches Feedback sich wer im Team wünscht und wer in welchen Situationen Feedback geben möchte. So sammelt ihr auch Erkenntnisse zu euren Feedbackwünschen. Reflektiert wieder fünf Minuten alleine und besprecht dann eure Gedanken. Arbeitet mit folgenden zwei Fragen:

- In welchen Situationen wünsche ich mir Feedback auf mein Verhalten?
- In welchen Situationen hätte ich gern Feedback gegeben und mir eine konstruktive Formulierung gewünscht?

4. Abschluss – 25 Minuten
Besprecht anschließend eure Erkenntnisse und was ihr aus diesen Erkenntnissen für euer Team ableiten könnt. Gibt es etwas, was ihr künftig gemeinschaftlich anders machen möchtet? Gibt es ggf. neue Rituale oder regelmäßige Feedbacktermine, die ihr implementieren möchtet? Schließt die Runde mit einer kurzen Check-out-Runde. Eine Check-out-Frage könnte sein: »Was hat dich heute überrascht?«

Abbildung 29: Feedbackreflexion im Team

Gemeinsam Feedbackziele entwickeln

Im vorherigen Teamworkshop reflektiert ihr individuell: Was macht Feedback leicht, und wann wünsche ich mir welches? In diesem Workshop geht ihr auf die Meta-Ebene und diskutiert: Mit welchem Ziel wollen wir uns Feedback im Team geben? Obwohl die theoretischen Grundlagen dazu klar sind, wird das Thema erst persönlich und damit relevant, wenn ihr euch im Gespräch damit auseinandersetzt und eigene Gedanken zu eurem Warum hinzufügen könnt.

RAHMEN:

- 6 bis 8 Teilnehmende: 120 Minuten
- bei mehr Teilnehmenden solltet ihr 30 Minuten je Frage einplanen
- online oder offline

ABLAUF:

1. Check-in – 5 Minuten

Beginnt mit einem kurzen Check-in. Als Moderation stellst du den Sinn des Workshops sowie die einzelnen Fragen kurz vor. Dann checkt ihr ein. Überlege dir dafür eine knackige Frage, die die Stimmung lockert und ein Bild vermittelt, wer heute mit welcher Stimmung da ist.

2. Stillarbeit – 20 Minuten

Jede Person hat nun 20 Minuten Zeit, die folgenden Fragen zu beantworten:

1. Welchen Sinn siehst du in Feedback? Warum solltet ihr euch im Team häufig Feedback geben?
2. Was würde passieren, wenn du niemals Feedback bekommen würdest? Wie würde sich dein Verhalten ändern?
3. Worauf sollte Feedback primär abzielen, z. B. Verhalten, Leistung, Erfolge?
4. Wer gibt wem Feedback? Wer entscheidet, wie Dinge einzuordnen/zu bewerten sind?
5. Brauchen wir eine Feedbackstrategie mit konkreten Zielen?

Jede Idee darf sofort sichtbar gepostet werden. Es darf anonym bleiben, wer was gepostet hat. Ein Gedanke je Post.

3. Diskussion und Vereinbarung – 15 Minuten je Frage

Nun geht ihr jede Frage nacheinander durch. Diskutiert ausführlich eure verschiedenen Perspektiven. Trefft am Ende jeder Diskussionsrunde/Frage eine konkrete Vereinbarung. Zum Beispiel könnte eine Vereinbarung lauten: »Jeder im Team gibt Feedback zu sozial erwünschtem und unerwünschtem Verhalten, Erfolgen und Leistungen. Zur besseren Orientierung entwickeln wir in den nächsten zwei Monaten gemeinsam einen Leitfaden, welches Verhalten erwünscht und unerwünscht ist. In besonders kritischen Situationen darf ein Feedbackgeber sich einen Stellvertreter auswählen, der das Feedback überbringt. Grundsätzlich gibt jeder jedem Feedback.«

Falls ihr mit der Zeit nicht hinkommt und merkt, dass hier viel Diskussionsbedarf besteht, macht 30 Minuten vor Ende einen kurzen Stopp, um gemeinsam zu entscheiden, wie ihr weitermacht, z. B. jede Frage verkürzt diskutieren oder einen neuen Termin für nächste Woche vereinbaren.

4. Check-out – 5 Minuten
Überlege dir eine abschließende Frage und fasse kurz die nächsten Schritte zusammen.

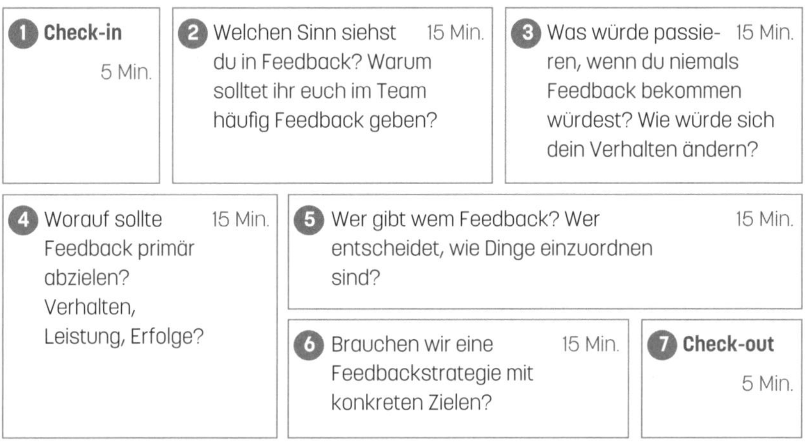

Abbildung 30: Teamworkshop Feedbackziele

Rollenfeedback – auf der Suche nach einer Mentorin
Ein Rollenfeedback kommt dem ursprünglichen Leistungsfeedback am nächsten. Ein Rollenfeedback ist ein Review der Verantwortlichkeiten einer Rolle mit Blick auf den Purpose der Rolle (siehe S. 204). So wird gemeinsam reflektiert, ob die gewählten Verantwortlichkeiten zielführend mit Blick auf den Purpose sind. Gleichzeitig entsteht in einem solchen Gespräch auch der Raum für Lernmöglichkeiten.

Die Person, die Feedback bekommt, sollte für den Prozess verantwortlich sein. Sie wählt die Person aus, von der sie sich Feedback wünscht, macht transparent, was vorbereitet werden soll und lädt zum Termin ein. Wer dir Feedback geben soll, ist letztlich Geschmackssache. Du kannst gern etwas herumprobieren, wie es für dich am sinnvollsten ist. So kannst du dir jemanden suchen, mit dem du eng zusammenarbeitest, euren Kreiscoach oder eure Experten im Sinne eines Sparrings ansprechen. Je nachdem mit wem du sprichst, fällt das Feedback wahrscheinlich sehr unterschiedlich aus. Wir empfehlen dir, das Rollenfeedback nachzubereiten und eine Dokumentation mit den wichtigsten Erkenntnissen und ggf. Vereinbarungen anzufertigen. Die Dokumentation dient dir selbst als Gedankenstütze, kann von anderen eingesehen werden und steht auch noch zur Verfügung, wenn eine andere Person deine Rolle übernehmen sollte. So bleiben Anforderungen und Learnings transparent und nachvollziehbar.

Vorbereitung: Zur Vorbereitung reflektierst du selbst. Orientiere dich dabei an folgenden Fragen:

Purpose

- Ist der Purpose meiner Rolle noch stimmig? Zahlt er wie erwartet auf den Kreis-Purpose ein?
- Falls nicht, wie sollte der Purpose stattdessen formuliert sein?

Verantwortlichkeiten

- Zahlen die definierten Verantwortlichkeiten noch angemessen auf den Purpose ein?
- Gibt es Verantwortlichkeiten, die ich nicht übernommen habe, weil entweder die Zeit oder der Sinn dahinter gefehlt hat?
- Gibt es Dinge, die ich zusätzlich übernommen habe, die auf den Purpose einzahlen?
- In welche Richtung würdest du die Rolle strategisch weiterentwickeln, damit sie weiterhin gut auf den Purpose einzahlt?

Zusammenarbeit

- Konnte ich die Kraft der Rolle voll entfalten, weil ich sehr effektiv mit dem restlichen Team zusammengearbeitet habe?
- Falls nicht: Was fehlt mir dafür? Wie könnte ich selbst dafür sorgen, die Rolle noch effektiver zu machen?
- Gibt es Roadblockers/Hindernisse, die ich z. B. im Spannungsmeeting (siehe S. 215) einbringen sollte?

Fachliche Weiterentwicklung

- Was könnte ich besser machen?
- In welchen Bereichen würde mich noch mehr fachliche Kompetenz unterstützen, die Rolle noch besser auszuführen?
- Gibt es Bereiche, in denen eine Weiterentwicklung persönlicher Kompetenzen hilfreich wäre? Wenn ja, welche?

Die gleichen Fragen kannst du zur Vorbereitung auch an deinen Feedbackgeber senden.

Gesprächsgestaltung: Die Gesprächsgestaltung kannst du entweder selbst übernehmen oder auch eine dritte Person bitten, das Gespräch zu moderieren und eure Erkenntnisse sowie Vereinbarungen zu notieren.

Ihr tauscht euch zu den Themenblöcken aus und diskutiert inhaltlich eure verschiedenen Perspektiven.

Rhythmus: Teste für dich, wie viel Zeit du zwischen zwei Rollenfeedbacks sinnvoll findest. Mit drei bis sechs Monaten haben wir gute Erfahrungen gemacht. Du kannst dir auch einen Maximalzeitraum als Mindestmaß setzen, z. B. alle sechs Monate, und dann einfach ein Rollenfeedback initiieren, sobald dir danach ist. Längere Zeiträume zwischen den Feedbacks führen dazu, dass du den Zeitraum nicht mehr gut überblicken kannst und dir inhaltlich relativ viel verloren geht.

Für den Termin empfehlen wir eine Dauer von 60 Minuten, sofern du ihn alle sechs Monate durchführst.

Eine Rolle für Feedback

Eine Rolle für Feedback unterstützt euch darin, Feedback als etwas Alltägliches zu etablieren. So könnt ihr die persönlichen Hemmschwellen minimieren sowie die persönlichen und gemeinschaftlichen Kompetenzen für Feedback erhöhen. Nutzt die Rollenbeschreibung als Inspiration und entwickelt eure eigene, passgenaue Beschreibung, z. B. nach eurem Teamworkshop zu Feedbackzielen.

Purpose: Du schaffst Strukturen und Angebote, die Feedback als wertfreie Rückmeldung im Team auf allen Ebenen stärken und Konsequenzen bei inakzeptablem Verhalten zulassen.

Verantwortlichkeiten

- Du etablierst, hältst und iterierst Feedbackprozesse und -routinen.
- Du schaffst den Raum dafür, Fehlverhalten anzusprechen.
- Du achtest darauf, dass die psychologische Sicherheit im Team beständig weiterentwickelt wird.
- Du unterstützt dabei, individuelle Feedbackkompetenzen aufzubauen.

Strukturen für Feedback

Retrospektiven und Reviews
Retrospektiven sind ein wunderbarer Weg, eure Prozesse und eure Teamarbeit regelmäßig zu reflektieren und euch weiterzuentwickeln. Die folgende Retrospektive könnt ihr gut für einen längeren Zeitraum nutzen und sie mit einer Review verbinden. So schaut ihr euch nicht nur eure Arbeitsprozesse, sondern auch eure Ziele und Erfolge an.

RAHMEN:

- maximal 12 Teilnehmende
- Durchführung einmal jährlich oder maximal halbjährlich
- 180 Minuten inkl. kurzer Pause
- online oder offline

Individuelle Vorbereitung: Die Kategorien »unsere Erfolge« und »unsere Ziele« sollte jede Person vorab für sich beantworten. Für die Kategorie Ziele beachtet Folgendes: Ihr müsst nicht mit Teamzielen arbeiten, um euch eure Ziele in der Rückschau anzusehen. Jeder hat »irgendwas« erreicht, auch wenn es nicht geplant war, und manchmal hat man auch einfach geheime Pläne/Ziele. Schaut bitte nicht nach, welche Ziele ihr aufgeschrieben habt, sondern an welche Ziele ihr euch erinnert. Auch wenn ihr keine Teamziele vereinbart oder aufgeschrieben habt, wird jeder eine Erinnerung daran haben, woran ihr gemeinsam gearbeitet habt.

Dadurch, dass ihr die Kategorien »zu Hause« vorbereitet, kann sich jeder so viel Zeit nehmen, wie er oder sie möchte. Sofern ihr online arbeitet, darf jede Person bereits vorab ihre Gedanken in das Whiteboard posten. Eine farbige Markierung ist in diesem Fall hilfreich, da man häufig vergisst, welche Karten man gepinnt hat. Sofern man noch weiß, welche die eigenen Karten sind, kann man sie den anderen vorstellen.

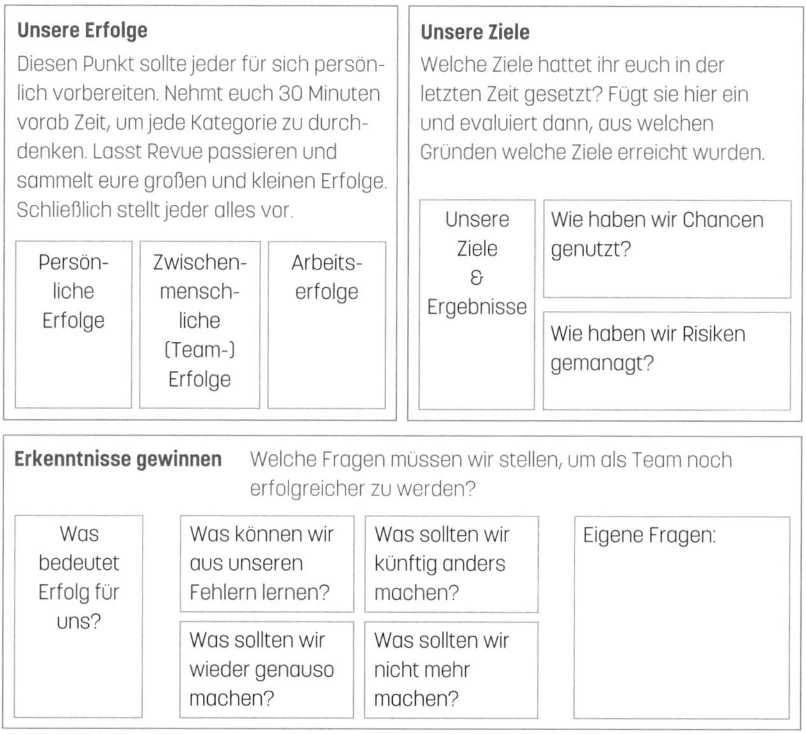

Abbildung 31: Whiteboard-Vorlage für eure Retrospektive

1. Eure Erfolge – 30 Minuten

Ihr startet mit euren Erfolgen: Stellt euch gegenseitig eure Erfolge vor und feiert euch selbst! Arbeitet gern mit den verschiedenen Kategorien persönliche Erfolge, zwischenmenschliche Erfolge und Arbeitserfolge. Spannend ist hier, wer was als Erfolg erlebt und wie unterschiedlich ihr darin seid.

2. Eure Ziele – 40 Minuten

Im zweiten Schritt schaut ihr euch eure Ziele an. Auch diese Frage »Welche Ziele hattet ihr euch für die letzte Zeit gesetzt?« habt ihr vorbereitet.

Es kann sein, dass ihr eure Ziele erreicht, nicht erreicht oder nicht verfolgt habt. Analysiert dazu, was die jeweiligen Gründe waren. Stellt euch außerdem die Fragen »Wie haben wir Chancen genutzt?« und »Wie haben wir Risiken gemanagt?«

Diskutiert eure Antworten und besprecht dann auch folgende Fragen:

- Wie unterschiedlich sind unsere Antworten?
- Welche Gemeinsamkeiten gibt es?
- Was fällt auf, wenn wir die Karten und ihre Zusammenhänge betrachten?

3. Erkenntnisse gewinnen – 60 Minuten

Im dritten Schritt geht es um den Erkenntnisgewinn. Nehmt euch fünf Minuten Zeit, sodass jeder folgende Fragen kurz für sich beantworten kann.

- Was bedeutet Erfolg für uns?
- Was können wir aus unseren Fehlern lernen?
- Was sollten wir künftig anders machen?
- Was sollten wir wieder genauso machen?
- Was sollten wir nicht mehr machen?

Nach den fünf Minuten bildet ihr Dreier- oder Vierergruppen, um die verschiedenen Fragen zu diskutieren und Erkenntnisse zu gewinnen. Nach 40 Minuten präsentiert jede Gruppe (je 3 Min.) ihre Erkenntnisse.

4. Eure Vereinbarungen – 20 Minuten

Im besten Fall könnt ihr im letzten Schritt konkrete Vereinbarungen und nächste Schritte von euren Erkenntnissen ableiten. Konkrete nächste Schritte beinhalten stets, wer was bis wann macht und wann ihr gemeinsam eine Evaluation der Maßnahme durchführt.

Regelmäßige Retrospektiven

Für regelmäßige Retrospektiven eignet sich eine etwas detailliertere Vorlage, die nicht ganz so viel Bezug auf eure Ziele und Erfolge nimmt. Ihr könnt sie gern einmal monatlich oder alle drei Monate durchführen. Testet einfach, wie viel Zeit dazwischen Sinn für euch macht.

Das Ziel der Retrospektive ist die Verbesserung eurer Zusammenarbeit. Dafür schaut ihr euch eure Arbeits- und Kommunikationsprozesse regelmäßig an. Ihr würdet mit einer Art Kick-off starten. Das heißt für einen ersten Termin trefft ihr euch vielleicht lieber offline und plant einen halben Tag (vier Stunden, inkl. Pausen) ein. So könnt ihr euch an das Format herantasten und auch Themen bearbeiten, die schon länger als vier Wochen zurückliegen.

Nach dem Kick-off führt ihr mindestens zwei weitere Termine mit geringerem zeitlichem Abstand durch, z. B. alle vier Wochen, 90 Minuten. Die Zeitfenster für die einzelnen Schritte sind jeweils für das Kick-off und den 90-minütigen Termin (15/5 Minuten). Es sollten nicht mehr als zwölf Teilnehmende sein. Idealerweise seid ihr etwa sechs Personen.

Für die Retrospektive braucht ihr vorab kein bestimmtes Thema. Es geht stets um eure Zusammenarbeit. Zusätzlich zu eurer regulären Retrospektive könnt ihr allerdings themenspezifische Retrospektiven durchführen, etwa nach Abschluss eines großen Projektes.

Für die Moderation lohnt es sich immer, eine teamexterne Person zu bitten. So muss niemand von euch eine Doppelrolle einnehmen.

1./5. Check-in & Check-out – je 15/5 Minuten

Den Check-in und Check-out gestaltet ihr mit einer auflockernden Frage, die euch gut in Kontakt bringt.

2. Themensammlung – 40/20 Minuten

Bei der Themensammlung geht es zunächst um das Sammeln eurer Themen. Nehmt euch fünf oder zehn Minuten Zeit, um in Stillarbeit eure Gedanken zu sammeln und direkt an das Whiteboard zu posten. Die zwei Fragen könnt ihr auch durch andere Fragen ersetzen. So findest du für jede der Kategorien schöne Anregungen auf der Webseite retromat.org.

Ihr müsst nicht alle Karten, die bei der Themensammlung gepostet wurden, ausführlich besprechen. Häufig reicht es aus, dass sich alle alle Karten einmal ansehen und bei Bedarf Klärungsfragen stellen. Nachdem alle Karten geklärt sind, wählt jede Person bis zu drei Themen aus, die sie genauer beleuchten möchte. Nachdem jeder drei Karten ausgewählt hat, schaut ihr, welche die meisten Stimmen bekommen haben.

Nun arbeitet ihr diese ihrer Beliebtheit nach ab, um neue Erkenntnisse zu gewinnen.

3. Erkenntnisgewinn – 120/45 Minuten
Für den Erkenntnisgewinn geht ihr folgenden Fragen nach:

- Wie kam es dazu, dass es so gut/schlecht gelaufen ist?
- Was sollten wir ändern, damit es beim nächsten Mal wieder so gut/besser läuft?
- Was sollten wir beibehalten?
- Was sollten mir nicht mehr tun?

Im Wesentlichen sucht ihr nach den Gründen für eure erfolgreiche oder missglückte Teamarbeit, um die Erkenntnisse in eine Weiterentwicklung eurer Prozesse einfließen zu lassen. Je mehr Leute ihr seid, desto sinnvoller könnte es sein, euch in dieser Phase in kleinere Gruppen aufzuteilen und parallel an zwei oder drei Themen zu arbeiten. Plant dann mindestens zwei Minuten je Gruppe für die Präsentation ein.

Wichtig ist, dass ihr euch vorab einigt: Wollt ihr z. B. alle sechs Themen (oder die Top 3) besprechen und sie jeweils zeitlich begrenzen oder mit dem wichtigsten Thema starten und euch dafür so viel Zeit nehmen, wie ihr braucht. Jedes weitere Thema wäre damit optional.

4. Nächste Schritte – 30/10 Minuten
Im nächsten Schritt einigt ihr euch auf nächste Schritte, zum Beispiel, um die neue Prozessidee umzusetzen. Wenn ihr beispielsweise festgestellt habt, die Urlaubsübergaben führen immer wieder zu Problemen, würdet ihr hier ganz konkret planen, wer was macht, um einen neuen Prozess dafür zu implementieren.

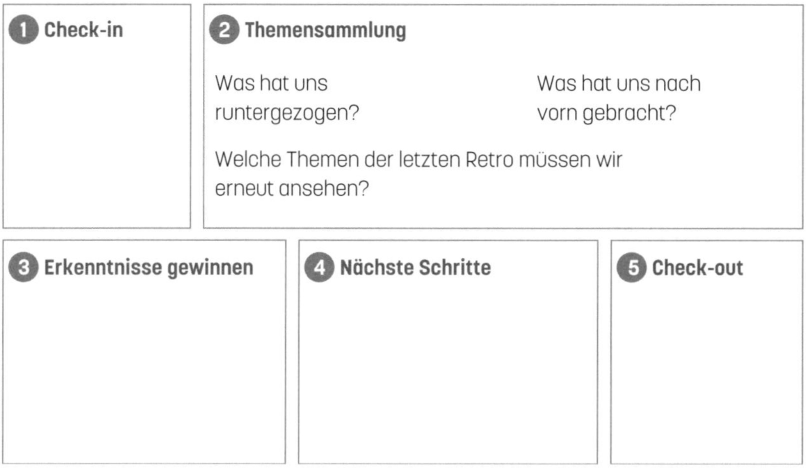

Abbildung 32: Vorlage für eine regelmäßige Retrospektive

Das Erfolgsboard

Das Erfolgsboard zählt ebenfalls zu den Feedbackroutinen. Solltet ihr im Büro arbeiten, ist das Erfolgsboard besonders schön als physisches Board. Dort können alle Teammitglieder täglich in Echtzeit ihre Erfolge anpinnen. Toll ist, wenn ihr einmal wöchentlich oder monatlich als Team zusammenkommt und gemeinsam über eure Erfolge sprecht und euch feiert. Gleichzeitig könnt ihr dieses Treffen auch nutzen, um euch gegenseitig eure Wertschätzung auszusprechen und Danke zu sagen.

Mit dem Erfolgsboard schafft ihr Sichtbarkeit für eure Erfolge und lernt einander besser kennen. Ihr versteht, wie unterschiedlich ihr seid und wer sich worüber freut. Gleichzeitig schafft ihr eine wertschätzende Grundlage für eure Teamatmosphäre.

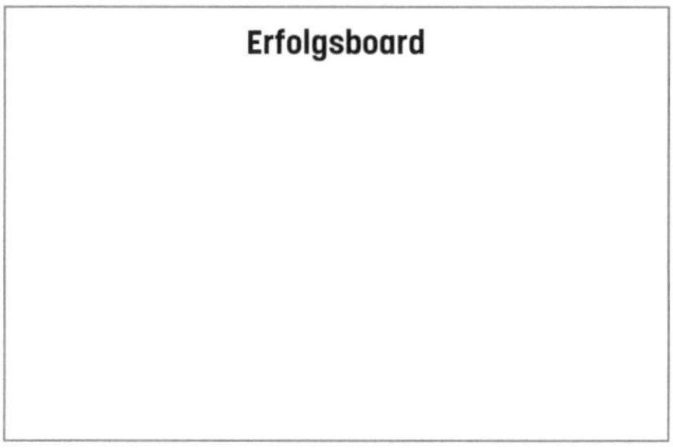

Abbildung 33: Erfolgsboard

Kommunikationslotsen – die erste Hilfe
In jedem Team gibt es Menschen, die du gern ansprichst, wenn du dich z. B. gerade über jemanden fürchterlich geärgert hast. Das ist natürlich nicht der eleganteste Weg. Sehr viel schöner wäre es, wenn du die betreffende Person direkt ansprechen könntest. Manchmal ist uns das nicht möglich und wir müssen uns erst einmal sortieren und die Situation sowie unsere Gefühle einordnen. Die Rolle der Ersthelfer könnt ihr gern offiziell machen.

Sie stehen zur Verfügung, um dich auf ein Feedback vorzubereiten und reflektieren mit dir, was genau deine Gefühle und Bedürfnisse in einer Situation waren und welche Bitte du ggf. formulieren könntest. Sie könnten dich in ein Feedbackgespräch begleiten, wenn du Angst hast, die Situation könnte ohne eine Gesprächsbegleitung eskalieren, oder dich als »Schatten« im Gespräch beobachten, um dir danach Feedback zu geben, was du im nächsten Gespräch anders gestalten könntest. Besprecht die Idee im Team und schaut gemeinsam, was für euch passend ist.

Feedbackkultur entwickeln

Erkenntnis-Nights aka Fuck-up-Nights
Fuck-up-Nights müssen nicht nachts stattfinden. Die Idee dahinter ist, aus Fehlern zu lernen und eine Kultur aufzubauen, in der es erlaubt ist, Fehler zu machen. Was uns an dem Wort Fuck-up stört, ist, dass es eher negativ konnotiert ist, und ein Fehler ein Richtig oder Falsch voraussetzt. In dem Moment, in dem man fehlerhaft entschieden hat, wusste man wahrscheinlich nichts davon. So gehen wir dazu über, die Veranstaltungen in Erkenntnis-Nights umzubenennen und auf Learnings zu fokussieren.

Es können externe Gäste eingeladen werden.

Ihr veranstaltet regelmäßig Sessions, bei denen es darum geht, Lernmomente und Erkenntnisse der letzten Zeit zu teilen. Das kann auf Teamebene mit der gesamten Organisation stattfinden oder auch im kleinen Kreis. Es kann verpflichtend sein und darf zu einer Tageszeit stattfinden, zu der regulär gearbeitet wird.

Wenn ihr Teamerkenntnisse teilt, dann greift auf die Ergebnisse eurer letzten Retros zurück. Ein Beispiel für einen Erkenntnisgewinn könnte sein, eure Lernkurve für einen neuen Prozess zu teilen: Was hat gut funktioniert, was nicht, wie schnell habt ihr iteriert usw.?

Vorbereitung

- Wähle ein Zeitfenster von 60 bis 120 Minuten für die Veranstaltung und setze ein Datum.
- Bitte jedes Team, ein Thema für die Veranstaltung vorzubereiten. Jedes Team bekommt dafür ein festes Zeitfenster. Das Zeitfenster ergibt sich aus der Länge der Veranstaltung und der Anzahl der Teams. Bei 90 Minuten und sechs Teams bekommt jedes Team zehn Minuten Zeit. So habt ihr genügend Zeit für den Wechsel der Referenten, die Begrüßung und den Abschied sowie einen ungezwungenen Austausch aller Teilnehmenden im Anschluss.
- Mache die Referenten vorab darauf aufmerksam, dass sie selbst entscheiden dürfen, ob Fragen erlaubt sind. Falls ja, sollten sie diese zeitlich berücksichtigen.
- Präsentationen sollten dir vorab zugehen. So kannst du für einen reibungslosen Ablauf sorgen.
- Falls ihr eine Veranstaltung zu individuellen Erkenntnissen machen möchtet, würde ich auch hier im Vornherein gezielt Menschen ansprechen, ob sie einen Beitrag leisten möchten. So können sich die Personen entsprechend vorbereiten.

Ablauf

- Begrüßung und Vorstellung des Formats für alle, die es noch nicht kennen. Du kannst gern fragen, ob es jemanden gibt, der Notizen machen möchte. Ansonsten werden die Beiträge nicht näher dokumentiert.
- Jeder Referent stellt nun die Erkenntnisse seines Teams vor. Ob Fragen zugelassen sind, entscheiden sie jeweils selbst.
- Nach dem letzten Referenten bedankst du dich für die Beiträge und lädst zum ungezwungenen Austausch ein.

Feedbackroutinen
Mit Feedbackroutinen sind kleine Rituale gemeint, mit denen ihr euch regelmäßig den Raum schafft, euch gegenseitig Feedback zu geben.

So könntet ihr am Freitagvormittag in eurer Wochen-Review oder auch in jedem Daily beispielsweise eine der folgenden Fragen unterbringen:

- Welches Teammitglied hat dich in dieser Woche besonders beeindruckt?
- Was hast du diese Woche von einem Teammitglied gelernt?
- Welches Feedback hast du diese Woche als besonders wertschätzend oder hilfreich empfunden?
- Welches Verhalten eines Teammitgliedes hat diese Woche am stärksten unseren Wert xy repräsentiert?
- Was hättest du diese Woche anders gemacht als eines deiner Teammitglieder, wenn du entscheiden hättest können?

Besonders schön an dieser regelmäßigen Routine ist, dass ihr auf etwas Positives fokussiert, übt und so automatisch besser darin werdet.

Um mit einer solchen Feedbackroutine zu starten, wähle ein Meeting aus, in das sie gut hineinpasst. Erkläre dann deinem Team, dass du das Meeting mit einem neuen Ritual schließen möchtest. Bring dann eine der oben genannten Fragen ein. Für den Anfang ist es vielleicht angenehmer für jeden, seine Antworten auf einen Klebezettel zu schreiben und an die Wand zu pinnen. Wenn jeder so weit ist, können die Ergebnisse laut vorgetragen oder einfach durchgelesen werden. Ihr müsst sie nicht dokumentieren.

Die Auswahl des Meetings und die Erklärung für das Team kann die Feedbackrolle oder die Person übernehmen, die das Meeting moderiert.

Transparente Prozesse für das Ausschließen von Trittbrettfahrenden

Um Trittbrettfahrende ausschließen zu können, braucht ihr die Transparenz, die es ermöglicht, sie zu erkennen, und ihr braucht die Klarheit, was genau Trittbrett fahren für euch bedeutet. Um der zweiten Frage auf den Grund zu gehen, beantwortet für euch folgende Fragen:

Inakzeptables Verhalten

- Worüber ärgerst du dich, was deine Kolleginnen und Kollegen tun oder nicht tun?
- Was darf auf gar keinen Fall auf der Arbeit passieren?
- Welches Verhalten einer Kollegin oder eines Kollegen fändest du absolut inakzeptabel?
- Was sollte sich jemand auf keinen Fall rausnehmen? Was ist zu viel? Denke beispielsweise an verkürzte Arbeitszeiten, zu viel genommenen Urlaub, entwendete Briefmarken, mangelnde Leistung, mangelndes Engagement, ständiges Krankfeiern usw.

Kündigungsgründe

- Was sind für dich Gründe, eine Kündigung auszusprechen?
- Was sind für dich Gründe, eine fristlose Kündigung auszusprechen?

Gesprächsführung

- Wer sollte schwierige Gespräche im Team mit wem führen dürfen/müssen?
- Muss es eine Transparenz geben, dass es ein Gespräch gab und was besprochen wurde?

Abgestufte Konsequenzen

- Welche Arten von Konsequenzen oder Sanktionen habt ihr oder fändest du gerechtfertigt, um Menschen auf ihr Trittbrettfahren aufmerksam zu machen? Wie sollten Konsequenzen je nach »Vergehen« unterschiedlich ausfallen?
- Welche Konsequenzen sollten folgen, wenn das gleiche Trittbrettfahren oder ein anderes erneut auftreten? Was passiert mit »Wiederholungstätern«?
- Welchen Zeitraum als Bewährungsprobe findest du angemessen? Darf das Verhalten nie wieder vorkommen oder beginnen die Konsequenzen irgendwann wieder auf der mildesten Stufe?

Zu diesem Thema könnt und solltet ihr einen Workshop mit eurem Team durchführen. Falls euer Team bereits sehr groß ist, fragt gern, wer an einem solchen Workshop teilnehmen möchte, und schaut, dass euer Teilnehmerkreis möglichst divers ist.

RAHMEN:

- max. 16 Teilnehmende
- 4 Stunden inkl. Pausen
- offline

ABLAUF:

- Begrüßung und Überblick zur Agenda
- Verteile die obigen Fragen an alle Workshop-Teilnehmenden.
- Jeder hat nun 30 Minuten Zeit, die Fragen für sich zu beantworten.
- Nun bildet ihr Zweiergruppen und diskutiert eure Antworten. Zeitfenster: 30 Minuten
- Bildet im Anschluss Vierergruppen. Geht die verschiedenen Kategorien nacheinander durch und diskutiert eure Antworten. Nutzt die letzten 15 Minuten, um euch für jede Kategorie auf gemeinsame Punkte zu einigen und auf ein Ergebnis zu kommen (45 Minuten).
- Nach dieser Runde kommt ihr alle zusammen. Jede Gruppe präsentiert ihre Ergebnisse. Anschließend einigt ihr euch auf ein finales Ergebnis je Kategorie. Schließt die Diskussion mit einer Vereinbarung zu euren nächsten Schritten. Dazu gehört auch, was künftig für alle im Team gelten soll und wie ihr eure Überlegungen publik machen wollt (90 Minuten: 60 Minuten für Präsentation und Diskussion, 30 für nächste Schritte).
- Schließe den Workshop mit einem kurzen Check-out.

Sofern nicht alle Mitglieder eurer Organisation an dem Workshop teilgenommen haben, empfehlen wir, euer Workshop-Ergebnis als Auftakt zu betrachten. So würdet ihr die Aufgabenstellung sowie eure Ergebnisse als ersten Entwurf mit dem Team teilen und alle um Feedback bitten.

Legt vorab fest, bis wann Feedback gegeben werden kann (fixes Datum nennen) und wie die nächsten Schritte aussehen.

Nächste Schritte könnten sein: Nach dem fixen Datum kommt das ursprüngliche Workshop-Team zusammen und prüft, wie das Feedback in den Entwurf integriert werden kann. Im Anschluss könnt ihr entweder eine weitere Feedbackschleife drehen oder die Ergebnisse final veröffentlichen.

GESTALTUNGSPRINZIP 5: SELBSTBESTIMMUNG FÜR HOHE AUTONOMIE

Das fünfte Gestaltungsprinzip ist die Selbstbestimmung. Nach Ostrom geht es bei diesem Prinzip vor allem darum, dass die Gemeinde am See selbst in der Lage ist, ihre Angelegenheiten zu regeln. Sie besitzt die Freiheit, zentrale Vorgaben auf regionale Gegebenheiten anzupassen oder grundsätzlich eigene Vorgaben zu erlassen. So kann die Gemeinde selbst entscheiden, wie ihre Fangquote aussieht und wie viele Boote zeitgleich auf dem See sind. Interessant wird dieses Prinzip insbesondere im größeren Kontext. Gibt es beispielsweise fünf Gemeinden an einem See, würden sie sich gemeinsam auf die Fangquote einige, und jede Gemeinde darf dann selbst entscheiden, wie die konkrete Umsetzung aussehen soll.

Im Kontext Organisation liegt der Fokus des Gestaltungsprinzips auf der individuellen, selbstbestimmten Gestaltung einer Vereinbarung auf der jeweils nächstkleineren Ebene. Entscheidet beispielsweise das Personalteam einer Organisation, dass ab dem nächsten Monat die 4-Tage-Woche gilt, so kann jedes Team selbstbestimmt in die Umsetzung gehen. Die Vorgabe lautet dann beispielsweise: 32-Stunden-Woche. Wenn es nun ein Team gibt, das an sechs Tagen die Woche für Kunden verfügbar sein möchte, kann es entweder einen ausgeklügelten Schichtplan entwickeln oder den Kunden kommunizieren, dass die Verfügbarkeit künftig eingeschränkt sein wird. So müsste nicht jedes Team die Arbeitszeiten auf eine Montag-Donnerstag-Woche anpassen. Bei der Gestaltung der neuen Vorgabe (32 Stunden) orientiert sich das Team am Purpose der Organisation und des Kreises sowie der Strategie und den eigenen Zielvereinbarungen.

Die Gestaltung im Rahmen der Selbstbestimmung orientiert sich am Purpose und den gemeinsamen Werten. So bestimmt jede Ebene – Individuum, Team, Organisation -, nach welchen Regeln sie arbeiten möchte, was dem Purpose nutzt und welche Verantwortlichkeiten dafür ausgefüllt sein sollten.

Als Individuum bin ich in der Lage, selbst zu bestimmen, welchen Purpose meine Rolle verfolgt und wie ich diesen Purpose erreichen möchte. Zur Selbstbestimmung zählt auch das autonome Entscheiden. Auf individueller Ebene braucht es klare Rollen, die Erlaubnis, psychologische Eigentümerschaft und Selbstführungskompetenz.

Als Team dürfen wir uns selbst auf unsere Ziele festlegen und bestimmen, welche Regeln oder Meilensteine wir ggf. als Team benötigen, um unseren Zielen näherzukommen.

Selbstbestimmung im Organisationsalltag

Wenn ihr in eurer Organisation beschließt, dass jeder Experte für seine Angelegenheiten ist und sie selbst regeln darf, dass sich alle am Purpose orientieren und jedem klar ist, wer was wie entscheidet, dann lebt und arbeitet ihr nach völlig neuen Annahmen. Das klassische hierarchische Arbeiten verliert spätestens mit der Selbstbestimmung seine Berechtigung. So legen wir euch nahe, dass ihr dieser Änderung eurer Haltung Rechnung tragt, indem ihr künftig mit Kreisen und Rollen arbeitet, statt mit Abteilungen, die von Führungskräften geführt werden.

Das Arbeiten in Kreisen

In einem Kreis gibt es »nur« gleichwertige Rollen, die auf Augenhöhe miteinander arbeiten. Jede Person übernimmt für ihre Rolle Verantwortung und Führung, ein Unterschied in der Wertigkeit der Rollen wird nicht gemacht. Eine Hierarchie entsteht jeweils themenbezogen oder fachlich, allerdings nicht durch Zuweisung (ein Bestimmen von oben), sondern durch Kompetenz. Damit beginnt das rollenbasierte, transparente und dynamische Arbeiten in Form von kollektiver Führung.

Die verteilte Führung der kollektiven Führung wird umgesetzt, indem Führung kollektiv durch Vereinbarungen gestaltet und auf viele Personen verteilt wird. Es gibt keine einzelnen Personen (mehr), auf die Machtzentralen fallen, die in ihrer Position verankert sind. Die

Führungsverantwortung wird fluider, man kann schneller Führung übernehmen und auch wieder abgeben.

Die Grundlage eines jeden Kreises ist sein Purpose. Der Purpose der gesamten Organisation wird erfüllt, indem es viele Kreise gibt, die jeweils ihren eigenen Purpose verfolgen, um damit auf den Purpose der Organisation einzuzahlen. Die Rollen, die innerhalb eines Kreises geschaffen werden, verfolgen wiederum ihren eigenen Purpose, der auf den Kreis-Purpose einzahlt. Die Verantwortlichkeiten aller Rollen eines Kreises zahlen auf den Purpose des Kreises ein.

Das Prinzip der Selbstbestimmung verwirklicht sich auf Kreiseben, wenn der Kreis in der Lage ist, sich selbst Regeln setzen zu können und sie auch selbst wieder außer Kraft zu setzen. Wenn beispielsweise der Kreis selbstständig entscheiden kann, ob er nur noch Remote arbeitet – unabhängig davon, was der Rest der Organisation macht – ist er selbstbestimmt. Auch die Frage nach der Arbeitsorganisation, z. B. Scrum oder Kanban, gehört zur Selbstbestimmung: Hier darf es keine Vorgaben durch eine einzelne Person, eine Geschäftsführung oder die Eigentümerinnen geben.

Welche Führungsrollen ein Kreis braucht, um sich gut und sicher geführt zu fühlen, kann der Kreis für sich selbst festlegen. Hier geht es darum, gemeinsam zu entscheiden, welcher Bedarf tatsächlich besteht, um dann zu schauen, wer den jeweiligen Bedarf bestmöglich in Form einer Rolle ausfüllen kann. Viele Menschen sehen beispielsweise Feedback, Coaching und die Organisation von Arbeitsprozessen als wichtige Führungsrollen an. Wie genau die Führungsrollen gestaltet und umgesetzt werden können, findet ihr im Kapitel zum Thema Führung, siehe S. 46. Auch die Entscheidungsregeln fallen in den Bereich der Selbstbestimmung. So entscheiden die Kreise selbst, nach welchen Regeln sie was entscheiden wollen. Mehr dazu findest du im Kapitel zum Gestaltungsprinzip Entscheidungen ab S. 105.

Die Größe für einen Kreis sollte 15 Personen nicht überschreiten. Bei 15 Menschen könnt ihr euch gut absprechen und enge Beziehungen pflegen. Übersteigt euer Team diese Größe, wird es Zeit zu überlegen, ob ihr den Kreis in zwei Unterkreise aufteilen könnt, die sich zum Beispiel in ihrem Purpose unterscheiden, wobei beide Unterkreis-Purpose weiterhin auf den gleichen (Ober-)Kreis-Purpose einzahlen.

Kreisentwicklung mithilfe der vier Felder

Unter dem Begriff Teamentwicklung kann sich jede Person etwas vorstellen. Hinter dem Begriff der Kreisentwicklung verbirgt sich etwas Ähnliches. Es geht um die Frage »Worüber müssen wir im Kreis im Gespräch bleiben, um langfristig gut miteinander arbeiten zu können?« Bei den vier Bereichen der Kreisentwicklung kann man auch von den horizontalen Ebenen sprechen.

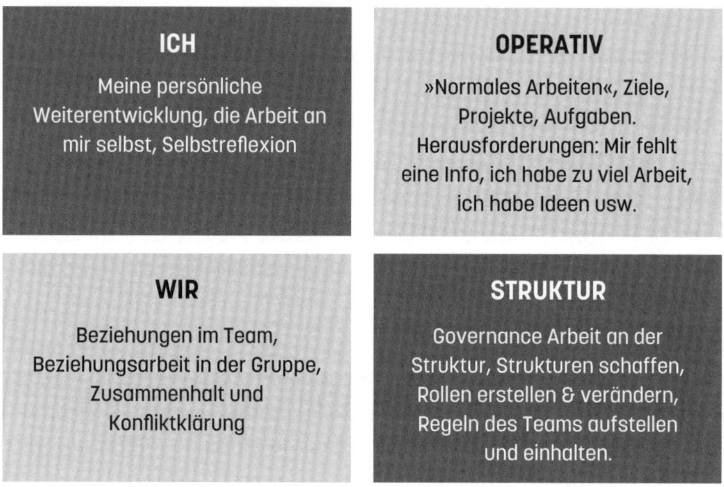

Abbildung 34: Vier Bereiche der Kreisentwicklung

Für die Kreisentwicklung orientieren wir uns an den »Vier Feldern« nach Ken Wilber. In jedem Kreis (auch in jeder Abteilung) gibt es vier Bereiche, die immer bewusst oder unbewusst präsent sind, und bei Konflikten, Reibungen, Spannungen und Ideen mitschwingen.

Der erste Bereich »Ich« beschreibt den individuellen Bereich, die subjektive Wahrnehmung. In der Zusammenarbeit im Team beispielsweise, bin ich stets ich und bringe meine Perspektiven, Muster, Glaubenssätze, meine Energie, meine Projektionen und Ängste mit. Die Weiterentwicklung dieses Bereichs erfolgt durch Reflexion. Als Kreis könnt ihr jede Person in ihrer Entwicklung unterstützen, indem ihr auch für diesen Bereich Rollen, Strukturen und (Frei-)Räume schafft und damit ein Angebot macht.

Der zweite Bereich »Wir« beschreibt die Beziehungsebene. In diesem Bereich geht es darum, Raum für das Zwischenmenschliche zu schaffen. Dabei geht es sowohl um die Entwicklung der gemeinsamen Identität und des Purpose als auch um das Bearbeiten von zwischenmenschlichen Konflikten. Es geht darum, den Raum für das Zwischenmenschliche bewusst zu gestalten und es nicht »einfach so nebenbei« passieren zu lassen. So liegt in diesem Bereich beispielsweise die Rolle für das Wir-Gefühl (siehe Gestaltungsprinzip 1, ab S. 72), die sich vielleicht um ein regelmäßiges Kaffeetrinken bemühen würde und Raum für den persönlichen Austausch, für gemeinsame Rituale schafft. Genauso liegen in diesem Bereich Konfliktlösungsmechanismen des Kreises: Welche Vereinbarungen oder Rollen/Institutionen schafft der Kreis, um Menschen bereits in der Anfangsphase von Konflikten bestmöglich zu unterstützen? Mehr dazu findet ihr im Gestaltungsprinzip Konfliktlösung ab S. 257.

Im dritten Bereich »Operativ« geht es darum, die Arbeitsebene, das Operative, zu entwickeln. Folgende Fragen könnten dabei beantwortet werden: Was brauche ich, um meine persönlichen Arbeitsprozesse gut zu gestalten? Welche Informationen benötige ich von wem, um meine Rolle gut auszufüllen? Welche Informationen müssen täglich ausgetauscht werden, um allen im Team und der Organisation ein gutes Arbeiten zu ermöglichen? Für die stetige Weiterentwicklung in diesem Bereich würde ein Kreis beispielsweise wöchentliche Synchronisationsmeetings und regelmäßige Retrospektiven einführen, gemeinsame Ziele entwickeln und Klarheit sowie regelmäßigen Austausch zu aktuellen Rollen, Entscheidungsverfahren und Missverständnissen schaffen.

Im vierten Bereich »Struktur« werden die gemeinsamen Strukturen definiert. Welcher Prozess passt zu uns, wenn es darum geht, Urlaub zu genehmigen, Rollen neu zu schaffen, Gehälter zu verteilen usw. Wichtig dabei ist anzuerkennen, dass auch dieser Bereich bzw. seine Vereinbarungen sich permanent ändern und an aktuelle Gegebenheiten angepasst werden müssen. Auch für diesen Bereich braucht es klare Strukturen und vielleicht auch eine Rolle, die sich um die Entwicklung kümmert. Ein typisches Format wäre ein monatliches Governance-Meeting, das ihr sehr gut mit einer Retrospektive (siehe S. 123) verbinden könnt. So würde eure Leitfrage lauten: Welche Regelungen waren in diesem Monat hilfreich, welche waren hinderlich? Was müssen wir verändern und anpassen?

Bei der Gestaltung der vier Bereiche ist es wichtig, dass ihr Angebote schafft, die wiederum selbstbestimmt angenommen werden müssen. Wenn sie nicht angenommen werden, sind sie vielleicht nicht die richtigen oder es ist noch nicht der richtige Zeitpunkt. Ein gängiges Format für die Weiterentwicklung eurer vier Bereiche sind Spannungsmeetings. Eine Spannung kann sowohl eine angespannte Situation, also ein Problem oder Konflikt, als auch eine Idee sein. Wenn ihr regelmäßig Spannungsmeetings (siehe S. 215) durchführt und eure Kreismitglieder im Vorhinein bittet, ihre Spannungen in die Vier-Felder-Matrix einzutragen, könnt ihr strukturiert eure Ideen besprechen und eure Kreisangebote und -Strukturen weiterentwickeln.

Das Arbeiten in Rollen

Die Einführung von Kreisen geht mit der Einführung von Rollen Hand in Hand. Bevor ihr Rollen einführt, solltet ihr euch die Frage stellen: »Welches Problem lösen wir damit?« Denn nur, wenn ihr tatsächlich ein echtes Problem damit löst, ist es wirklich sinnvoll, Rollen einzuführen. Wir haben es schon öfter erlebt, dass Rollen eingeführt wurden und allmählich in der Schublade verschwunden sind, weil es keinen Anlass gab, regelmäßig auf die Rollen zu schauen.

Eine klare Definition der Rollen im Team führt dazu, dass jedem im Team klar ist, wer wofür verantwortlich ist, wer bei Entscheidungen zu welchen Themen einbezogen werden muss und kann und wer was alleine entscheiden darf und sollte. So können Entscheidungen dort getroffen werden, wo sie erforderlich sind, und die Entscheidungskompetenz kann dauerhaft und verbindlich an die jeweiligen Rollen übertragen werden. Die Entscheidungskompetenz für die Verantwortlichkeiten wird damit Teil der Rolle. Die Macht für diese Entscheidungen wird durch die Führungskraft abgegeben und dauerhaft übertragen. Es gibt keinen Weg zurück. Die Rolle an sich bleibt bestehen, solange sie einen Sinn erfüllt. Wer Inhaber der Rolle wird oder bleibt und sie optimal ausfüllt, entscheidet das Team im Prozess.

Durch die Rollenklarheit ist somit nicht nur jeder einzelnen Person klar, was sie entscheidet. Ihr ist auch klar, was andere entscheiden und bei welchen Fragestellungen wer in die Entscheidung einbezogen oder mit der Entscheidung beauftragt werden muss. So bleiben die Arbeitsteilung, Koordination und Abstimmung im Team weiterhin relevant.

Selbstbestimmung heißt nicht, dass jeder macht, was er will. Die Zusammenarbeit und Wahrung der Selbstbestimmung lebt von der Klarheit über die Rollen und Zuständigkeiten sowie den wechselseitigen Erwartungen und damit verbundenen Spielregeln – immer in Bezug auf den Purpose der Rolle, des Kreises und der Organisation.

In Rollen zu arbeiten, ermöglicht ein Arbeiten auf Augenhöhe. Durch das Etablieren von Rollen werden ungleiche Machtverhältnisse relativiert und jede Person bekommt mehr Selbstverantwortung, Entscheidungskompetenz und Klarheit, was in der eigenen Verantwortung und in der Verantwortung anderer liegt. Die Idee hinter Rollen liegt in der Selbstverantwortung: Alles, was ich selbst verantworten kann, sollte ich auch selbst tragen.

Beim rollenbasierten Arbeiten wird durch das Team bemerkt, dass es Arbeit gibt, die der Kreis sinnvollerweise übernehmen sollte, es aber aktuell nicht tut. Das kann daran liegen, dass es nicht genug Personen für die vorhandene Arbeit gibt, oder einfach nicht alle Verantwortlichkeiten klar geregelt sind. Nun stellt das Team die Frage: »Woran sollte die neue Rolle arbeiten?« und definiert damit einen Zweck (Purpose) für die Rolle. Daran angelehnt werden Aufgaben oder Verantwortlichkeiten definiert, die zweckerfüllend sein könnten. Gleichzeitig bleibt es der Person, die die Rolle einnehmen wird, überlassen, die Aufgaben in Absprache mit dem Team im Governance-Meeting entsprechend abzuändern.

Als Beispiel zur Veranschaulichung nehmen wir die Feedbackrolle, die wir im Kapitel zum vierten Gestaltungsprinzip definiert haben (siehe S. 185):

Purpose: Du schaffst Strukturen und Angebote, die Feedback als wertfreie Rückmeldung im Team auf allen Ebenen stärken und Konsequenzen bei inakzeptablem Verhalten zulassen

Verantwortlichkeiten

- Du etablierst, hältst und iterierst Feedbackprozesse und -routinen.
- Du schaffst den Raum dafür, Fehlverhalten anzusprechen.
- Du achtest darauf, dass die psychologische Sicherheit im Team beständig weiterentwickelt wird.
- Du unterstützt dabei, individuelle Feedbackkompetenzen aufzubauen.

Eine Rolle wird anhand des tatsächlichen Bedarfs im Team entwickelt und muss keine 40 Stunden ausfüllen. Eine Rolle nimmt selten die komplette Arbeitszeit einer Person ein. Sobald der Bedarf für diese Rolle nicht mehr vorhanden ist, wird sie im Governance-Meeting wieder abgeschafft. Die Person, die die Rolle innehatte, verbleibt in der Organisation und hat freie Kapazitäten für andere Rollen. Das Team entscheidet, wer eine Rolle übernimmt oder abgibt. Eine einzelne Person kann entsprechend mehrere Rollen übernehmen und sich so ein sehr vielseitiges Verantwortungsprofil zusammenstellen. Zur Frage, wer eine neue oder freiwerdende Rolle übernimmt, sollte sich jeder Kreis auf ein Entscheidungsverfahren einigen, dass sowohl die Kompetenz berücksichtigt als auch die Gerechtigkeit und damit den Zugang zur Rolle für alle in der Organisation sicherstellt. Große Themen in mehrere kleinere Rollen aufzuteilen, schafft den Vorteil, dass es nicht eine Person geben muss, die alles kann, sondern viele Expertinnen geben darf, die über sehr spezielles Wissen verfügen.

Wenn Verantwortlichkeiten wiederkehrend sind, werden sie in einer Rolle etabliert und sichtbar gemacht. Eine Rolle neu zu erschaffen, macht immer dann Sinn, wenn sie wiederkehrende Verantwortlichkeiten übernimmt und ihr Purpose ohne dauerhafte Rolle verloren geht, weil sich dann niemand darum kümmert. So ist die Entwicklung der Rolle tatsächlich nützlich und nicht »nur« etwas, was zusätzliche Arbeit produziert.

Rollen tragen dazu bei, Sichtbarkeit für Dinge zu schaffen, die sonst unsichtbar bleiben, weil sie scheinbar nebenher passieren. So schafft ihr auch Gelegenheit, diesen Tätigkeiten die entsprechende Wertschätzung entgegenzubringen.

Im Vergleich zu Positionen sind Rollen flexibel. Sie beschreiben stets einen konkreten Purpose, für den eine Rolle arbeitet, sowie die damit verbundenen Verantwortlichkeiten. So kann jede Person mehrere Rollen innehaben und sie auch wieder abgeben, wenn sie nicht mehr passen.

Rolle	Position
Erfüllen konkreten Zweck & Bedarf	Verantwortungsbereiche/ Aufgaben ohne einheitliche Zwecke
Flexible Neuschaffung/ Abschaffung durch Kreis	Fixe Zeitvorgabe
Flexibles Zeitvolumen	Einordnung in Hierarchie
Unabhängig von Person & Gehalt	Recruiting für ganze Positionen

Abbildung 35: Rolle & Position im Vergleich

Der entscheidende Unterschied zwischen Rollen und klassischen Positionen ist der Purpose der Rolle, der jeder Rolle die maximale Selbstbestimmung gibt. Durch den Purpose ist die Rolle so klar definiert, dass die Ausführung durch die rolleninhabende Expertin selbst bestimmt werden kann. Weiterhin entwickeln sich Rollen ständig weiter, sowohl auf dem »Papier« als auch in ihrer Ausgestaltung. Die Rolle wird durch den Kreis entwickelt und die Inhaberin wird beauftragt. Wenn der Purpose der Rolle nicht mehr sinnvoll für den Kreis ist, wird sie wieder abgeschafft und es entstehen Kapazitäten für etwas Neues.

Positionen sind häufig eher starr und fixiert. Eine einmal geschaffene Stellenbeschreibung wird selten angepasst. »Nur« eine Beförderung führt dazu, dass man auf einer neuen Position arbeitet. Was man zusätzlich übernimmt, wird im schlimmsten Fall als nicht vereinbart verworfen. Auch der »Fit« für eine Position muss sehr genau sein. So werden in einer Stellenbeschreibung häufig viele Anforderungen an eine Person gestellt. Würde man diese Stelle in mehrere kleine Rollen aufteilen, entstünde mehr Spielraum, individuell auf Bewerbende einzugehen.

Selbstführungskompetenz

Wer selbstbestimmt entscheiden soll, kann das noch besser mit einer ausgeprägten Selbstführungskompetenz. Sie lässt sich in verschiedene Teilaspekte untergliedern und trainieren: verhaltensfokussierte Strategien, natürliche Belohnungsstrategien und konstruktive Gedankenmuster.

Zu den verhaltensfokussierten Strategien gehören die Selbstbeobachtung, die Selbstzielsetzung, die Selbstbelohnung und die Selbsterinnerung. Man muss das eigene Verhalten bewusst wahrnehmen und steuern können. Ein einfaches Beispiel ist: Man möchte nicht mehr »Äh« sagen, wenn man einen Vortrag hält. Man muss das Verhalten bei sich selbst beobachten, sich ein Ziel setzen (z. B. »Ich sage nicht mehr Äh.«), sich selbst erinnern, wenn man es vergisst, und sich selbst belohnen oder bestrafen, um das Ziel motiviert zu verfolgen.

Zu den natürlichen Belohnungsstrategien gehören der positive Fokus – sich auf positive Aspekte zu konzentrieren – sowie die intrinsische Motivation -, sich die Aufgabe so schön wie möglich zu gestalten.

Zu den konstruktiven Gedankenmustern gehören folgende Aspekte: Man kann sich bildlich vorstellen, wie es aussieht, wenn man sein Ziel erreicht hat. Man verbalisiert seine (positiven) Gedanken laut. Man prüft die eigenen Glaubenssätze und ändert sie, wenn nötig.

Prozesse gestalten: High Involvement Work Processes

Ein weiterer Kniff, der auf der Kreis- und auch Organisationsebene bedacht werden sollte, ist das Wissen um die High Involvement Work Processes (HIWP). Sie bieten den größtmöglichen Hebel für die Selbstbestimmung. So können die Mitarbeitenden eigenständig gute und arbeitsrelevante Entscheidungen treffen, wenn sie die Macht, die Informationen und die Kenntnisse oder das Können dazu haben und darüber hinaus ein Belohnungssystem existiert, das Erfolge von guten Entscheidungen honoriert.

Mit Macht ist das Maß, selbst Entscheidungen treffen zu können, die die eigene Arbeit beeinflussen, gemeint. Das wiederum spielt ins Prinzip der Entscheidungen mit hinein: Bei Dingen, die einen selbst betreffen, wird man gefragt. So ist man in der Lage, die Entscheidung zu beeinflussen.

Bei Informationen geht es darum, dass alle Mitarbeitenden Zugang zu Informationen der Unternehmens- und Teamziele sowie der Performance-Faktoren haben, um qualifizierte Entscheidungen treffen zu können. Hierzu gehören auch Faktoren der Verfahrensgerechtigkeit, also die Wahrnehmung von Fairness in Entscheidungsprozessen. Eine besondere Herausforderung ist in diesem Zusammenhang, ein funktionierendes Informationssystem zu entwickeln. Die Daten/Informationen müssen stets aktuell und relevant für die eigenen Arbeitsprozesse sein. Sie müssen außerdem verständlich und beeinflussbar sein. Je transparenter die operativen Entwicklungen gemacht werden, desto besser können Mitarbeitende ihre Anstrengungen so ausrichten, dass sie den Unternehmenserfolg weiter unterstützen und nicht aus Versehen dagegen arbeiten. Die Transparenz kommt hier der Verfügbarkeit von Feedback gleich. Wer erkennen kann, welche Auswirkungen sein Verhalten hat, kann sein Verhalten entsprechend steuern. Ein fehlender Zugang zu dieser Rückkopplung hat katastrophale Auswirkungen auf die Leistung jedes Einzelnen.

Belohnung beschreibt ein Belohnungssystem, das die Vergütung, Beförderungen und Anerkennung gleichermaßen an die Leistung des Individuums, des Teams und des Unternehmens koppelt. Bei der Belohnung geht es darum, dass das, was man tut, sich lohnen muss. Das heißt beispielsweise, dass es sich lohnen muss, Vorschläge einzubringen. Das tut es, wenn sichergestellt ist, dass die Vorschläge umgesetzt werden und ich am Ende von der Umsetzung profitiere.

Unter den Kompetenzen wird zusammengefasst, dass die Mitarbeitenden die Kompetenz besitzen, ihre Aufgaben zu erledigen und sich weiterzuentwickeln. Wenn die Organisation in die Mitarbeitenden investiert und ihre Kompetenzen beständig weiterentwickelt, verbessert sich auch die Organisation beständig. Die Investition in Trainings und Lernräume ist in »High Involvement«-Organisationen unerlässlich.

Literaturempfehlungen

Richard M. Ryan, Edward L. Deci: Self-Determination Theory – Basic Psychological Needs in Motivation, Development, and Wellness

Christopher Neck, Charles Manz, Jeffery Houghton: Self-Leadership – The Definitive Guide to Personal Excellence

Methodenkoffer für die Gestaltung von Selbstbestimmung

Für die Methoden des fünften Gestaltungsprinzips möchten wir uns auf Kreise und Rollen sowie die Darstellung mithilfe eines Tools konzentrieren. Sämtliche andere Prinzipien finden sich in der Gestaltung und Arbeit der Rollen und Kreise wieder. Sie brauchen einen Purpose, müssen mit Entscheidungskompetenzen ausgestattet sein, sämtliche Informationen bekommen und allen muss transparent sein, was sie tun.

Wenn ihr mit Rollen und Kreisen arbeiten möchtet, schaut, welche Einheit eure Organisation weniger überlastet. Damit meinen wir: Wenn ihr 100 Mitarbeitende seid und im ersten Schritt Kreise einführt, ist die Umgewöhnung im täglichen Arbeiten machbar. Die Einführung von Rollen im ersten Schritt würde eine sehr viel größere Umstellung bedeuten. Wenn ihr ein kleines Team von zehn Leuten seid, machen Rollen im ersten Schritt wahrscheinlich mehr Sinn. Das ganze Team wäre dann ein Kreis und Absprachen auf Kreisebene, beispielsweise die Kreisentwicklung oder Spannungsmeetings, könnt ihr alle gemeinsam durchführen.

Kreise definieren

Bei der Entwicklung eurer Kreise leiten euch zwei Fragen:

- Welche Personen arbeiten am gleichen Purpose zusammen?
- Welche Personen sollten an Entscheidungen des Kreises beteiligt werden?

Die Anzahl eurer Kreise sollte im Verhältnis zu eurer Teamgröße stehen. Angenommen ihr seid zehn Mitarbeitende und definiert zehn Kreise, weil sie thematisch Sinn machen, so hättet ihr vermutlich je Person fünf Kreismeetings pro Woche, in ganz leicht unterschiedlichen Personenvariationen. Wenn das sinnvoll ist, tut es. Wenn ihr könnt: Fasst verschiedene Kreise zusammen und agiert etwas »allgemeiner«. Überlegt, wer sich bewusst aus welchen Entscheidungen rausziehen kann und nur noch bei Bedarf als Beraterin zum Kreis dazustößt.

Wenn eure Organisation bereits größer ist, z. B. 50 Mitarbeitende und mehr, kann es Sinn machen, zunächst den Begriff Team mit Kreis zu ersetzen.

Im nächsten Schritt

- entwickelt jeder Kreis seinen Purpose (siehe S. 75),
- einigt sich jeder Kreis auf Entscheidungsverfahren (siehe S. 109),
- schaut jeder Kreis, ob es bestimmte Führungsrollen braucht, die aktuell nicht vergeben sind und für das Funktionieren des Kreises unerlässlich sind (siehe S. 46),
- und es wird evaluiert, welche Regeln der Kreis künftig selbst festlegen statt befolgen möchte (siehe Kreise entwickeln S. 202).

Es kann passieren, dass es einzelne Menschen gibt, die sich im falschen Kreis wiederfinden. Man ist richtig in einem Kreis, wenn man mit dem Purpose seiner Rolle auf den Purpose des Kreises einzahlt und mitentscheiden möchte. Man kann Teil mehrerer Kreise sein. Man kann einigen Kreisen als Beraterin angehören. Als Berater entscheidet man bei Kreisentscheidungen nicht mit.

Falls eine Person mit ihrer Rolle Teil eures Kreises werden möchte, kann sie zum nächsten Spannungs- oder Kreisentwicklungsmeeting dazukommen. Sie selbst oder eine andere Rolle würde dann im Bereich »Strukturell« den Vorschlag einbringen, die Rolle/Person in den Kreis zu integrieren.

Kreise entwickeln

Für eure Kreisentwicklung haben wir euch verschiedene Fragen mitgebracht, die ihr euch regelmäßig gemeinsam stellen dürft. Im Unterschied zu den Spannungsmeetings geht ihr bei der Kreisentwicklung strukturiert die verschiedenen Bereiche durch, um bewusst nach Entwicklungsmöglichkeiten zu suchen, die euch im täglichen Arbeiten bisher nicht aufgefallen sind.

RAHMEN:

- bis zu 15 Teilnehmende (ein Kreis)
- plant 4,5 Stunden exkl. Pausen
- online als Tagesworkshop oder offline
- alle 6 bis 12 Monate

ABLAUF:

1. Check-in – 5 Minuten

Beginnt mit einer kurzen Check-in-Frage, um alle abzuholen und anzukommen.

2. Silent Brainstorming – 20 Minuten

Jede Person ist nun eingeladen, für alle vier Bereiche Ideen zu entwickeln. Die Fragen in den verschiedenen Feldern sollen anregen und nicht einschränken. Sie geben einen Hinweis darauf, was die jeweiligen

Bereiche beinhalten. Beschränkt euch nicht darauf, sondern nutzt die fünf Minuten tatsächlich aus und denkt über den Tellerrand hinaus. Alle Ideen dürfen sofort in den jeweiligen Bereich gepinnt werden. Sie müssen weder farblich sortiert noch namentlich gekennzeichnet werden.

Die Fragen für die vier Bereiche

Persönlich: meine persönliche Entwicklung, Selbstreflexion und die Arbeit an mir selbst

- Wie stellt der Kreis sicher, dass sich jeder unterstützt fühlt, wenn es eine persönliche Herausforderung gibt (z. B. psychische Gesundheit, Zeitmanagement, Arbeitsbelastung, Probleme mit einer bestimmten Situation usw.)?
- Gibt es eine Rolle, die Ansprechpartner ist?
- Gibt es einen Weg, im Team transparent zu machen, wie es einem geht (tatsächlich über seine Gefühle zu sprechen), der nicht »komisch«, sondern normal ist?

Team/wir: Beziehungsarbeit in der Gruppe, Zusammenhalt, Wir-Gefühl, Konfliktlösung zwischen Kollegen

- Wie stellen wir sicher, dass sich alle im Team gut verstehen (wer ist dafür verantwortlich?)?
- Wie stellen wir sicher, dass wir eine Teamidentität und ein Wir-Gefühl haben?
- Welchen transparenten, geregelten Weg gibt es, wenn zwei (oder mehr) Kollegen einen Konflikt miteinander haben? Wie wird sichergestellt, dass der Konflikt tatsächlich gelöst wird und nicht unterschwellig bleibt?
- Wie bleiben wir über unsere Werte im Gespräch?

Operativ – »Normales Arbeiten«: woran ihr täglich arbeitet

- Wie wird entschieden, woran wir arbeiten?

- Wie wird entschieden, wie wir Prioritäten setzen bzw. was priorisiert wird?
- Wie wird entschieden, wer welche Aufgaben übernimmt?
- Wie stellen wir sicher, dass alle Menschen/Rollen die relevanten Informationen haben?
- Was wird wie entschieden?
- Wie wird sichergestellt, dass Spannungen (z. B. fehlende Informationen, Verbesserungsvorschläge, neue Ideen usw.) eingebracht werden?

Strukturell – Governance: die Arbeit an der Struktur, Organisation, Veränderung von Rollen, Regeln des Teams

- Wie stellt der Kreis sicher, dass der Purpose im Blick behalten und ggf. weiterentwickelt wird?
- Wann werden wie neue Rollen entwickelt und geschaffen bzw. abgeschafft?
- Wie werden Kompetenzen im Kreis ergänzt/aufgebaut?
- Wann schaut sich der Kreis bewusst bestehende Prozesse und Strukturen an, um sie weiterzuentwickeln?
- Wie werden bestehende Entscheidungsstrukturen weiterentwickelt?

3. Jeden Bereich durchgehen – 60 Minuten

Im nächsten Schritt schaut ihr euch jeden Bereich nacheinander an. Entscheidet, mit welchem Bereich ihr beginnen möchtet und was ihr tun möchtet, falls ihr für einen Bereich länger braucht: mit dem gleichen Bereich oder mit einem anderen weitermachen und ggf. später zurückkommen oder z. B. als nächsten Schritt beschließen, wann ihr die Diskussion zu diesem unbeendeten Bereich abschließen möchtet.

Für den Bereich, mit dem ihr beginnt: Schaut zuerst, ob ihr alle Karten versteht. Stellt inhaltliche Rückfragen und markiert dann per

Punktabfrage (jede Person darf drei Punkte vergeben), welche Ideen ihr zuerst diskutieren möchtet. Diskutiert dann im Detail die jeweiligen Ideen. Beschließt am Ende jeder Idee, mit welchen konkreten Schritten ihr weitermachen möchtet.

Nach 60 Minuten wechselt ihr in den nächsten Bereich. Schaut die Karten an, stellt inhaltliche Rückfragen, markiert per Punktabfrage, welche Ideen ihr zuerst diskutieren möchtet. Schließt jede Idee mit konkreten nächsten Schritten.

Auch beim dritten und vierten Bereich geht ihr so vor: Dokumentiert insbesondere die nächsten Schritte sehr gut, sodass ihr auch in vier Wochen noch wisst, worauf ihr euch geeinigt habt und wer was bis wann machen wollte/gemacht hat.

Abschließend evaluiert ihr, ob ihr bei der nächsten Kreisentwicklung genauso vorgehen möchtet oder stattdessen in vier Gruppen parallel diskutieren möchtet.

4. Check-out – 5 Minuten

Zu guter Letzt schließt ihr den Workshop mit einer kurzen Check-out-Frage.

Persönlich

Meine persönliche Entwicklung, Selbstreflexion, die Arbeit an mir selbst

Fragen, die ihr euch stellen könnt, um diesen Bereich zu entwickeln:

- Wie stellt der Kreis sicher, dass sich jeder unterstützt fühlt, wenn es eine persönliche Herausforderung gibt (z.B. psychische Gesundheit, Zeitmanagement, Arbeitsbelastung, Probleme mit einer bestimmten Situation)
- Gibt es eine Rolle, die Ansprechpartner ist?
- Gibt es einen Weg, im Team transparent zu machen, wie es einem geht (tatsächlich über seine Gefühle zu sprechen), der nicht »komisch«, sondern normal ist?

Operativ

»Normales Arbeiten« – Woran ihr täglich arbeitet

Fragen, die ihr euch stellen könnt, um diesen Bereich zu entwickeln:

- Wie wird entschieden, woran wir arbeiten?
- Wie wird entschieden, wie wir Prioritäten setzen bzw. was priorisiert wird?
- Wie wird entschieden, wer welche Aufgaben übernimmt?
- Wie stellen wir sicher, dass alle Menschen/Rollen die relevanten Informationen haben?
- Was wird wie entschieden?
- Wie wird sichergestellt, dass Spannungen (z.B. fehlende Informationen, Verbesserungsvorschläge, neue Ideen) eingebracht werden?

Team/wir

Beziehungsarbeit in der Gruppe, Zusammenhalt, Wir-Gefühl, Konfliktlösung zwischen Kollegen

Fragen, die ihr euch stellen könnt, um diesen Bereich zu entwickeln:

- Wie stellen wir sicher, dass sich alle im Team gut verstehen? Wer ist dafür verantwortlich?
- Wie stellen wir sicher, dass wir eine Teamidentität und ein Wir-Gefühl haben?
- Welchen transparenten, geregelten Weg gibt es, wenn zwei (oder mehr) Kollegen einen Konflikt miteinander haben? Wie wird sichergestellt, dass der Konflikt tatsächlich gelöst wird und nicht unterschwellig bleibt?
- Wie bleiben wir über unsere Werte im Gespräch?

Strukturell

Governance: die Arbeit an der Struktur, Organisation, Veränderung von Rollen, Regeln des Teams

Fragen, die ihr euch stellen könnt, um diesen Bereich zu entwickeln:

- Wie stellt der Kreis sicher, dass der Purpose im Blick behalten und ggf. weiterentwickelt wird?
- Wann werden wie neue Rollen geschaffen bzw. abgeschafft?
- Wann schaut sich der Kreis bewusst bestehende Prozesse und Strukturen an, um sie weiterzuentwickeln?
- Wie werden bestehende Entscheidungsstrukturen weiterentwickelt?

Abbildung 36: Vorlage für eure Kreisentwicklung

Spannungsmeetings gestalten

Spannungsmeetings sind für den regelmäßigen Austausch auf Kreisebene gedacht und sorgen für die kontinuierliche Kreisentwicklung. Eine Spannung bezeichnet sowohl Herausforderungen, Blockaden, Konflikte als auch Chancen, Ideen und Änderungswünsche.

Eure Spannungsmeetings solltet ihr tatsächlich auf Kreisebene durchführen und nicht auf Organisationsebene. Das heißt, dass ihr beispielsweise keinen Kreis »Organisationsentwicklung« haben solltet, der dann wiederum überlegt, welche Spannungen er für alle anderen Kreise auf Organisationsebene sieht. Insbesondere mit Blick auf das Gestaltungsprinzip der Selbstbestimmung ist es essenziell, dass jeder Kreis sich seine eigenen Regeln machen darf. Für Themen wie rechtliche Rahmenbedingungen (Arbeitssicherheit, Arbeitsschutz usw.) darf es kreisübergreifende Vorgaben geben.

Für die Vorbereitung eines Spannungsmeetings ist es hilfreich, wenn sich jeder Mitarbeitende vorab Gedanken dazu machen kann, welche Spannungen es aktuell gibt. So könntet ihr dazu einladen, dass alle digital im gleichen Dokument ihre Spannungen der verschiedenen Bereiche notieren (sog. Spannungsspeicher). Es kann sich auch jeder privat Notizen machen. Schaut, wie es für euch passt.

In der Vorbereitung könnt ihr Folgendes überlegen:

- Gibt es etwas, was du dir für den Bereich anders wünschen würdest?
- Aus welchen Gründen würdest du es dir anders wünschen?
- Was ist dein Ziel/der Sinn dahinter?
- Wenn ja, wie würdest du diese Änderung konkret gestalten?

Eine Spannung, die im Spannungsmeeting vorgetragen wird, wird nicht als Problem, sondern als Lösung formuliert. Beispielsweise würde ich nicht sagen »Mir fehlen häufig Informationen.«, sondern eher »Für mich fühlt es sich häufig an, als stecke ich in einer Sackgasse. Für bestimmte Entscheidungen möchte ich häufiger Rücksprache halten. Ich wünsche mir ein 15-minütiges, wöchentliches Synchronisationsmeeting mit Rolle x und y, sodass ich sicher sein kann, alle Informationen bei meinen Entscheidungen zu berücksichtigen.«

Im Spannungsmeeting selbst:

- Geht die einzelnen Bereiche und die Spannungen Schritt für Schritt durch.
- Während eine Person ihre Spannung vorträgt, hören alle anderen Teilnehmenden aufmerksam zu. Es dürfen inhaltliche Rückfragen gestellt werden.
- Nachdem die Spannung (als Vorschlag) vorgetragen worden ist, wird nach schwerwiegenden Einwänden gefragt, die dann vorgetragen werden können. Der Spannungseinbringer kann nun seinen Vorschlag verändern, um den Einwand zu integrieren. Sobald im Konsent (siehe S. 120) entschieden wurde, könnt ihr zur nächsten Spannung übergehen.
  Die Leitfrage für euch im Kreis ist stets »Is it safe enough to try?«. Können wir den Vorschlag ausprobieren, ohne große Verluste zu erleiden, auch wenn er nicht perfekt ist?

RAHMEN:

- Alle Mitglieder eures Kreises nehmen teil
- Durchführung: alle zwei Wochen (evaluiert den Zeitraum nach drei Treffen und schaut, ob ihr euch häufiger oder seltener treffen möchtet)
- 90 Minuten
- online oder offline

Rollen entwickeln – Kick-off-Workshop

Bevor ihr Rollen einführt, solltet ihr euch vor Augen führen, welches Problem die Einführung von Rollen für euch lösen wird: Warum machen wir das? Wenn ihr die Antwort dazu klar habt, könnt ihr euch auch überlegen, wie ihr künftig damit arbeiten wollt. Beide Fragen sind eng verknüpft. Die größte Herausforderung für viele Organisationen, die wir immer wieder beobachten, ist die Frage: »Was machen wir mit den Rollen, wenn wir sie haben?«

Um eure Rollen zu entwickeln, braucht ihr etwa zwei Wochen Vorlauf. Jedes Teammitglied bringt seine Vorbereitung mit zum Workshop.

VORBEREITUNG:

1. Vorbereitung

Zur Vorarbeit sollte jede Person im Team ein bis zwei Wochen lang detailliert festhalten, woran sie gerade arbeitet. Sobald jeder ein solches Protokoll hat, könnt ihr in die Rollenentwicklung gehen.

2. Rollenentwürfe entwickeln – 40 Minuten

- Schau dir an, welche Aufgaben du notiert hast und wie sie sich zusammenfassen/clustern lassen.
- Die verschiedenen Tätigkeiten lassen sich dann clustern, wenn sie einen gemeinsamen Zweck verfolgen. Überlege, welcher Zweck/ Purpose das sein könnte.
- Für jedes Cluster kannst du dir eine Überschrift/einen Rollennamen überlegen und schauen, ob du zu dem jeweiligen Purpose (gemeinsamer Zweck) entsprechende Verantwortlichkeiten definieren kannst. Falls dir der Unterschied zwischen Tätigkeit und Verantwortlichkeit nicht ganz klar ist, zerbrich dir nicht den Kopf. Wir befinden uns alle im Lernprozess.
- So beinhaltet jede Rolle den Rollennamen, den Purpose und die dazugehörigen Verantwortlichkeiten.

WORKSHOP:

Nun hat jedes Teammitglied einen Entwurf seiner Rollen vorbereitet. Diese werden in den Workshop zur Rollenentwicklung mitgebracht.

Falls euer Team mehr als sechs Personen umfasst, schärft die Vorbereitung zunächst in 3er-Gruppen, sodass ihr es später leichter in der großen Gruppe habt.

1. Gallery Walk – 20 Minuten

Jede Person hängt ihre definierten Rollen im Raum oder virtuell auf, sodass ihr einen Gallery Walk machen könnt: Jeder hat nun Gelegenheit, alle Rollen der anderen Personen zu lesen, Fragen, Ergänzungen, Verbesserungsvorschläge in Form von Klebezetteln danebenzuhängen und Aha-Momente zu markieren.

2. Rollen diskutieren – 120 Minuten
Im zweiten Schritt diskutiert ihr gemeinsam eure Rollen. So geht ihr jede Rolle mit den folgenden Fragen durch:

- Hast du inhaltliche Rückfragen zu den Rollen der Person?
- Gab es Überraschungen für dich bzgl. der Inhalte?
- Gibt es Ergänzungen, Verbesserungsvorschläge oder Änderungswünsche von dir für diese Rolle?
- Welche Entscheidungen trifft diese Rolle allein?

3. Was ist neu? – 10 Minuten
Nehmt euch fünf Minuten Zeit, um zu überlegen, ob etwas neu für euch war/ist:

- Gibt es z. B. für bestimmte Verantwortlichkeiten neue Ansprechpartner für dich?
- Ist jemand Rolleninhaber, von der du es nicht dachtest?
- Gibt es Entscheidungen, die du künftig nicht mehr treffen darfst oder solltest, weil sie bei einer bestimmten Rolle liegen?

Mit dem zweiten Schritt habt ihr die Rollenvorschläge geschärft und für euch im Kreis ist transparent, wer woran arbeitet, wer wofür verantwortlich ist und wer was allein entscheidet. Mit dem dritten Schritt überlegt ihr, was sich künftig ändert.

Grundsätzlich sollten eure Rollen euch nicht erschlagen. Im ersten Schritt kann es wichtiger sein, mit einem schlanken Modell zu starten, es zu erproben und es dann ggf. weiter auszubauen. Eine individuelle Weiterentwicklung der Rollen ergibt sich aus dem Rollenfeedback (siehe S. 183).

Prozessidee »Rollen reflektieren«
Sobald ihr eure Rollen entwickelt habt, ist der Moment gekommen, in dem ihr sie nutzen und auf Kreisebene reflektieren könnt, ob euch Rollen fehlen oder einige zu viel sind. So könnt ihr schauen, ob es sich lohnt, einen gesonderten Workshop mit eurem Kreis dazu durchzuführen – beispielsweise einmal im halben Jahr – oder ob ihr so sicher

in euren Spannungsmeetings seid, dass dieses Thema automatisch integriert wird.

Klarheit – »Wer macht was?«
Teil des Prinzips Transparenz ist die Idee, dass jeder im Team weiß, wer gerade an welchen Zielen arbeitet und welche Verantwortlichkeiten übernimmt. Beides ist nicht statisch, sondern entwickelt sich stetig weiter. Alle vier Wochen auf die Rollen und Verantwortlichkeiten zu schauen und zu prüfen, was sich wie verändert hat, welche Projekte dazu gekommen sind und welche Tätigkeiten vielleicht doch dauerhaft im Team verbleiben und eine offizielle Rolle bekommen sollten, schafft Transparenz und stärkt die Entscheidungsfähigkeit des Teams. Gleichzeitig lassen sich so neu entstandene Rollen in einem gerechten, geregelten Prozess vergeben, anstatt sie »unter der Hand« zu verteilen. Es besteht auch die Möglichkeit, Rollen zusammenzufassen, wenn es Sinn macht, sie unter einem Purpose zusammenzufassen.

Klarheit – »Sind wir als Team arbeitsfähig und auf Kurs?«
Beim Rollenfeedback (siehe S. 183) haben wir beschrieben, wie ihr Rollenfeedback geben könnt. Gleiches gilt für den Kreis als Ganzes. Ein Kreisfeedback ermöglicht es euch, zu reflektieren, ob ihr als Kreis eurem Purpose gerecht werdet und wie ihr das macht: Welche Rollen sind dabei besonders hilfreich, welche Rollen solltet ihr als Kreis neu einführen, ändern oder eliminieren, weil ihr so die Wirkung für euren Purpose vergrößern könntet?

Für das Kreisfeedback verwendet ihr die Fragen aus dem Rollenfeedback und passt sie auf euren Kreis an. Ein solches Meeting eignet sich auch und vor allem im Rahmen eurer Strategieentwicklung (also im Kontext zur Arbeit der Organisation und aller anderen Kreise) und natürlich als eigene Qualitätskontrolle.

RAHMEN:

- Teilnehmende: euer Kreis
- online oder offline
- 210 Minuten ohne Pausen

ABLAUF:

1. **Check-in – 5 Minuten**
Startet mit einer kurzen Check-in-Frage.

2. **Stillarbeit – 25 Minuten**
Jeder beantwortet nun alle Fragen zu den vier Themenbereichen Purpose, Verantwortlichkeiten, Zusammenarbeit und fachliche Weiterentwicklung (siehe www.kollektive-fuehrung.de). Die Antworten werden sofort angepinnt, sodass sie für jeden nutzbar sind. Eure Gedanken auf den Karten dürfen selbsterklärend und gut lesbar sein. Nachdem alle alles beantwortet haben, dürfen inhaltliche Rückfragen gestellt werden.

3. **Aufteilung in vier Gruppen – 60 Minuten**
Nun teilt ihr euch in vier Gruppen, die nicht gleich groß sein müssen, auf. Jede Gruppe diskutiert jeweils ein Thema, sodass alle Themen bearbeitet werden. Die Gruppeneinteilung könnt ihr nach Interessenlage vornehmen. Entwickelt in der Diskussion eure Antworten, Änderungsvorschläge, Pläne und konkrete nächste Schritte.

4. **Zwischenpräsentation der Ergebnisse – 20 bis 40 Minuten**
Jede Gruppe präsentiert nun ihre Ergebnisse. Es dürfen Rückfragen gestellt, Einwände geäußert und Verbesserungsvorschläge gemacht werden. Die Gruppen nehmen dieses Feedback mit in die nächste Runde. Sollte es eine Gruppe geben, die bereits ein finales Ergebnis präsentieren konnte, darf sie sich nun auf die restlichen Gruppen verteilen.

5. **Feedback verarbeiten – 60 Minuten**
Nun wird das Feedback integriert und eure Ideen/Vorschläge werden von den Gruppen finalisiert.

6. **Abschlusspräsentation – 20 Minuten**
Die Gruppen präsentieren ihre finalen Ergebnisse. Falls der Kreis noch nicht mit den Ergebnissen einverstanden ist, dreht eine weitere Runde. Schließt nun inhaltlich ab mit euren nächsten Schritten: Gibt es etwas, das durch eure Änderungen beeinflusst und ebenfalls weiterentwickelt werden muss?

7. **Check-out**

Tipp

Solltet ihr mit euren regulären Tools und der Darstellung der Rollen an eure Grenzen kommen, können wir *peerdom* empfehlen. Mit diesem Tool lassen sich eure Kreise und Rollen individuell definieren und darstellen. Neben den Verantwortlichkeiten und Projekten könnt ihr Feedback, Ziele und Gehälter hinterlegen. Ein zusätzliches Tool sollte auch zusätzliche Funktionalitäten bieten, beispielsweise die Möglichkeit, die aktuellen OKRs zu tracken oder »How to Guides« zu hinterlegen.

GESTALTUNGSPRINZIP 6: GERECHTIGKEIT FÜR EIN STABILES FUNDAMENT & DEN SEELENFRIEDEN

Das sechste Gestaltungsprinzip ist die Gerechtigkeit. Gerechtigkeit ist ein tief verankertes Bedürfnis. Die Erfüllung sowie die Nichterfüllung dieses Bedürfnisses setzen unglaubliche Antriebskräfte in uns frei. Sie motivieren oder lähmen uns. Für jede Organisation ist die Beachtung und Orientierung an Gerechtigkeit ein entscheidender Faktor, um die Zufriedenheit und das Vertrauen im Team aufrechtzuerhalten.

Im Kontext der Tragik der Allmende beschreibt das Prinzip ein Gleichgewicht von Kosten und Nutzen, ein selbst entwickeltes System, das die Beiträge der Personen gleichermaßen würdigt und auf Statussymbole o. Ä. verzichtet. So dürfen in der Gemeinde am See alle, die gleich viel arbeiten, von den gleichen Vergünstigungen profitieren und den gleichen Preis für ihren Bootsanlegeplatz zahlen. Werden Kosten und Nutzen nicht gerecht verteilt, werden die kollektiven Bemühungen der Gemeinschaft erstickt.

Definition & Abgrenzung

Gerechtigkeit ist eine subjektive Empfindung, die immer aus der Relation heraus entsteht. Menschen vergleichen sich miteinander und gleichen dabei einen individuellen Kriterienkatalog mit ihrem Umfeld ab. So passiert es häufiger, dass man z. B. mit seinem Gehalt für den neuen Job äußerst zufrieden ist, bis man die Stelle antritt und erfährt, was die anderen verdienen. So entsteht hohe Unzufriedenheit, wenn man das Gefühl hat, zu wenig zu bekommen, aber auch ein Gefühl des Unwohlseins, wenn man mehr als alle anderen bekommt.

Das subjektive Empfinden, ob etwas gerecht ist oder nicht, gleicht sich im Team an. Durch den Dialog rund um das Thema Gerechtigkeit entwickelt ein Team und auch eine Gruppe ein gemeinsames Verständnis, ein gemeinsames Maß für Gerechtigkeit. Es entsteht ein Klima der Gerechtigkeit. Der Dialog rund um das Thema Gerechtigkeit sollte unternehmensweit geführt werden. So kommt es nicht zu Differenzen zwischen den verschiedenen Teams und Kreisen. Ein Beispiel für eine solche Differenz wäre, dass die IT-Kreise und-Rollen frei entscheiden dürfen, welchen Rechner sie nutzen möchten und die Werkstudierenden des Marketing-Kreises ihren privaten Rechner mitbringen müssen.

Gerechtigkeit in Organisationen wurde viel erforscht und es wurden verschiedene Dimensionen identifiziert. Man unterscheidet zwischen der Verteilungs- oder Distributionsgerechtigkeit, der Verfahrens- oder Prozessgerechtigkeit und der interaktionalen Gerechtigkeit, die wiederum in interpersonale und informationale Gerechtigkeit unterteilt ist.

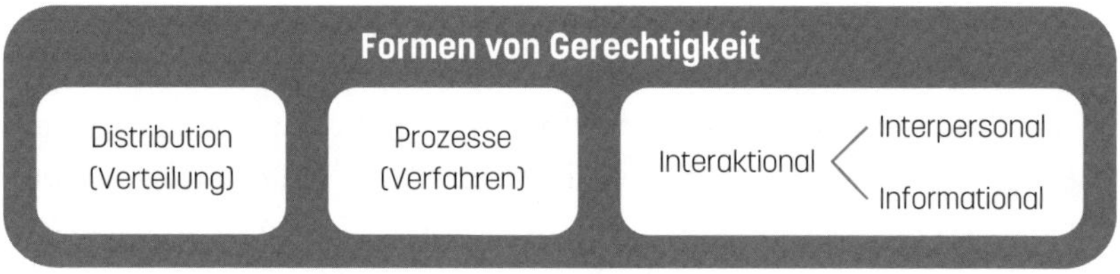

Abbildung 37: Verschiedene Formen von Gerechtigkeit

Für die kollektive Führung ist Gerechtigkeit genauso wichtig wie für jede andere Organisationsform. Als Besonderheit kommt natürlich hinzu, dass die Kriterien für Gerechtigkeit nicht mehr »von oben« gemacht werden, sondern im Team entstehen. Viele alte Maßstäbe für Gerechtigkeit verlieren im Kontext der kollektiven Führung ihre Bedeutung, beispielsweise die Größe des Schreibtisches und andere Statussymbole oder auch Richtlinien für Beförderungen, die durch die Führungskräfte beurteilt und in Kraft gesetzt werden.

Eine kollektiv geführte Organisation steht immer vor der Herausforderung, den Nutzen (Gewinne) aus den gemeinsamen Kosten (Arbeitszeit und -kraft) gerecht zu verteilen. Es kommen auch immer öfter neue Dimensionen hinzu wie vorhandene Privilegien (z. B. erbe ich später viel oder nicht) oder andere Verpflichtungen wie die Pflege Angehöriger. Da es noch keine neue Rechtsform für die Gesellschaft mit gebundenem

Vermögen gibt, können sich die Unternehmenseigentümerinnen, z. B. einer GmbH, stets auch unverhältnismäßig bereichern.

So ist die Rechtsform bzw. die Möglichkeit, die Eigentümer unverhältnismäßig zu begünstigen, eine Frage der Verteilungsgerechtigkeit. Mit Blick auf die Prozessgerechtigkeit werden bei der kollektiven Führung Fragen wie »Wer darf was warum?« relevant. Der Prozess rund um die Verteilung von Arbeit, Projekten und Vergünstigungen darf nicht zufällig entstehen, sondern muss jeder Person die Möglichkeit geben, sich für etwas melden zu können. Hat beispielsweise eine Person eine Idee für ein neues Projekt und holt sich eine weitere Kollegin an Bord, um die Idee umzusetzen, war der Prozess für die Umsetzung der Idee und die Auswahl des Teams nicht gerecht. Nicht jede Person hatte die Möglichkeit, ihr Interesse an der Mitarbeit zu äußern und berücksichtigt zu werden.

Wirkungsweise von Gerechtigkeit

Das Bedürfnis nach Gerechtigkeit ist – aus unserer Perspektive – einer der stärksten Antriebsfaktoren in der menschlichen Psyche, die man sich vorstellen kann.

> *»Wenn die Gerechtigkeit untergeht, so hat es keinen Wert mehr, dass Menschen auf Erden leben.«*
> *Kant, 1797, S. 453*

Wird das Bedürfnis nach Gerechtigkeit erfüllt, steigen der Teamspirit, die Leistung, die Loyalität, die Motivation, die Kreativität, die Innovationskraft, die Kooperationsbereitschaft und die Unterstützung im Team. Gruppenentscheidungen werden eher unterstützt und man verzichtet eher auf Dinge, um das Gerechtigkeitsgefüge im Team nicht zu stören. Die anerkennenden Worte vor versammeltem Team fühlen sich nur gut an, wenn auch andere regelmäßig öffentlich anerkannt werden.

Eine positiv wahrgenommene Gerechtigkeit trägt zu einer Internalisierung von Organisationszielen und -werten bei und führt zu *Organizational Citizenship Behavior* – häufig übersetzt mit »freiwilligem Engagement«. Sie stärkt die Gruppenzugehörigkeit (siehe Sinnstiftung/Purpose ab S. 67) und das Vertrauen im Team. Unsicherheiten werden reduziert.

Empfinden Menschen eine Organisation als ungerecht, werden negative Energien freigesetzt. Die Gefahr von Diebstahl, Racheaktionen und Sabotage innerhalb der Organisation steigt. Menschen reduzieren ihr Engagement für Gruppenziele, schrauben ihre Leistung herunter und sind weniger kooperativ. Insbesondere eine Ungerechtigkeit in der Verteilungsgerechtigkeit wirkt sich nachgewiesenermaßen negativ auf die Gesundheit aus, fördert Schlaflosigkeit und Erschöpfung. Die Krankheitsquote sowie die Fluktuation nehmen zu.

Gerechtigkeit in eurem Organisationsalltag

Ihr solltet Gerechtigkeit im Design sämtlicher Prozesse, insbesondere Entscheidungsprozesse, sowie im Verteilen von Ressourcen und im zwischenmenschlichen Miteinander berücksichtigen. Mit einem Verständnis zu den verschiedenen Formen von Gerechtigkeit bekommst du auch ein Verständnis dafür, was in welchen Organisationsprozessen zu beachten ist.

Verteilungsgerechtigkeit

Die Verteilungsgerechtigkeit bezieht sich auf sämtliche Ressourcen, die im Team und der Organisation verteilt werden können. Dazu zählen das Gehalt, Lob und Kritik, Karrieremöglichkeiten, tatsächliche Beförderungen und auch soziale Zustimmung.

Teilweise wird dem noch entgegengesetzt, was man in die Organisation hineingibt. Welche Faktoren hierbei berücksichtigt werden, kann sehr individuell sein. In manchen Organisationen sowie für manche Menschen zählt nur Leistung. Andere fokussieren auf Zeit, Bedürfnisse, Fürsorge, Kompetenz, Empathie, Menschlichkeit usw.

In verschiedenen Kulturen ist das Verständnis von Gerechtigkeit von verschiedenen Merkmalen geprägt. So empfinden es einige als fair, wenn der Einzelfall betrachtet wird (Amerika), andere streben danach, dass persönliche Umstände und Bedürfnisse berücksichtigt werden (Indien) und wieder andere danach, dass alle das Gleiche bekommen (Niederlande). Deshalb ist es so wichtig, dass ihr gemeinsam darüber sprecht, was ihr gerecht findet und warum.

Für die Gestaltung der Verteilungsgerechtigkeit im Unternehmenskontext ist das Gehalt eine sehr wichtige Komponente, die berücksichtigt werden muss. New Pay ist hier das Stichwort. New Pay bezieht sich auf die Entwicklung einer Gehaltssystematik, die die Gleichwürdigkeit der Menschen und ihren Beitrag zur Organisation sowie die Fluidität des Systems und der Annahme und Abgabe von Rollen berücksichtigt. New Pay entfernt sich damit von klassischen Gehaltssystematiken, die für Positionen gemacht sind und meist auf Faktoren wie Erfahrung und Budget- sowie Personalverantwortung basieren. Viele Organisationen beginnen darüber hinaus, auch gesellschaftliche Dimensionen zu berücksichtigen wie Privilegien (erbe ich oder nicht, habe ich einen Studienkredit) oder Bedarfe (habe ich z. B. durch eine chronische Krankheit mehr Ausgaben für Gesundheitskosten, muss ich noch jemanden pflegen).

Verfahrensgerechtigkeit

Noch entscheidender als die absolute Höhe der verteilten Ressourcen – beispielsweise das Gehalt – ist der Prozess hinter der Verteilung. Wenn ein Prozess als gerecht wahrgenommen wird, wird die Verteilung eher unterstützt, auch wenn das Ergebnis dahinter nicht optimal ist. Häufig empfinden Menschen einen Prozess als gerecht, wenn sie Mitsprachemöglichkeiten bei der Gestaltung haben und klar ist, warum so entschieden wurde.

So ist die Verfahrensgerechtigkeit für sämtliche Prozesse relevant, bei denen etwas verteilt wird. Wie wird entschieden, ...

- wer wie viel verdient,
- wer warum etwas mehr bekommt,
- was mit Gewinnen passiert,
- an wen Lob oder Kritik geht,
- wie die Verteilung neuer Rollen gestaltet wird,
- wie wer Kritik äußern darf,
- wer wichtige Dinge entscheidet bzw. grundsätzlich entscheiden darf usw.?

Das Verteilen von Geld nimmt einen hohen Stellenwert ein, weil es auch ein sehr emotionales Thema ist. Die »restlichen« Themen, die in der Organisation verteilt werden können, ergeben in der Summe ein schönes Gegengewicht. So müsst ihr nicht mit den Gehältern starten, um an eurer Gerechtigkeit zu arbeiten. Schaut euch eure Prozesse genau an: Wann wird was verteilt, wer ist eingeladen zu profitieren und wer nimmt tatsächlich an den Verteilungsprozessen teil? Wenn ihr eure Governance-Meetings rund um Entscheidungen zu euren Prozessen und der Vergabe neuer Rollen durchführt, nehmen tatsächlich alle teil, die mitreden dürfen und sollen, oder fühlt es sich für viele wie eine exklusive Veranstaltung an, die vielleicht nur den ehemaligen Führungskräften vorbehalten ist?

Im Rahmen der kollektiven Führung funktionieren viele Prozesse nicht mehr so, wie sie es in hierarchischen Systemen getan haben. Früher entschied die Führungskraft, ob du gute Arbeit geleistet hast und gelobt oder kritisiert wurdest. In der kollektiven Führung müssen solche Prozesse neu gedacht werden:

- Wie können wir als Team entscheiden, wer wie eine Rückmeldung gibt?
- Wie können wir einen kollektiven, inklusiven Prozess dazu gestalten, wo Raum ist für Kritik oder Abmahnungen und die Fragen, wer eingestellt wird, wer die Probezeit nicht übersteht usw.?
- Wie schaffen wir es, unsere Gehälter so zu gestalten, dass das Gefühl von »Wie viel bin ich wert?« von Geld entkoppelt wird?

Im Kontext Verfahrensgerechtigkeit wird letztlich alles relevant, was in irgendeiner Art und Weise an eine Regelmäßigkeit geknüpft werden kann und irgendwie mit den Themen Geben und Nehmen gekoppelt ist: Anerkennung bekommen, Erfolge feiern, Gehaltserhöhung, »Beförderung«/neue Rolle bekommen, Urlaub bekommen oder nehmen.

Auf der anderen Seite stehen meine Kosten, also was ich eingebe: meine Zeit, besonders große Anstrengungen, Freizeit für zusätzliche Fortbildungen, persönliche Kontakte, Verzicht auf Zeit mit der Familie oder mit Freunden, Verzicht auf Erholung, Schlaf, Gesundheit. Dabei spielt dann auch eine Rolle, wie die Dynamik in der Organisation funktioniert: Wird eine Kultur der Kapazitäten gefördert, in denen persönliche Grenzen und tatsächliche Kapazitäten geachtet und gefördert werden, oder hat sich eine Dynamik von (unbewusstem) Druck, es allen recht machen zu wollen, »gemeinsam schaffen wir das«, »das muss heute noch fertig werden«, »alles ist wichtig« etabliert?

Hinter vielen dieser Transaktionen stecken letztlich Prozesse, die häufig nicht bewusst ausgearbeitet werden. Erfolge werden eben dann gefeiert, wenn man sich danach fühlt oder daran denkt. Es fehlt der Prozess, sodass mindestens die Konsistenz fehlt. So gibt es viele Themen in der Organisation, die auf den Prüfstand gestellt werden sollten:

- Wie werden Rollen neu entwickelt und vergeben? Ist es für jeden grundsätzlich möglich, den Prozess anzustoßen und eine Rolle zu bekommen oder kann das nur eine Gründerin oder ehemalige Führungskraft?
- Welche Erfolge werden gefeiert? Sind es nur die, die besonders viel Geld einbringen oder für die besonders lange und hart gearbeitet wurde? Werden auch persönliche Erfolge, (gescheiterte) Versuche, Talente usw. gefeiert? Wird überhaupt gefeiert oder nur geschimpft, wenn etwas schiefgeht?
- Wie wird entschieden, wer in den Urlaub darf und wie lange? Was passiert mit Überstunden? Werden besondere Anstrengungen besonders gewürdigt? Werden Jahrestage/Jubiläen und Geburtstage gleichermaßen beachtet oder nur bei »besonders verdienten« Teammitgliedern?

Wenn ihr euch einmal hinsetzt und eine reguläre Woche oder Monat durchdenkt, findet ihr viele Ansatzpunkte für die Entwicklung gerechter Prozesse.

Folgende Parameter spielen bei der Verfahrensgerechtigkeit eine entscheidende Rolle und sollten bei der Entwicklung neuer Entscheidungsprozesse bedacht werden:

1. **Konsistenz:** Die entwickelten Prozesse werden konsistent – personen-, situations- und zeitunabhängig – angewendet. Wenn ein Mitarbeiter einen Blumenstrauß zum Geburtstag bekommt, müssen alle einen bekommen usw.

2. **Neutralität:** Entscheidungen werden auf Grundlage von Informationen und entsprechend neutral getroffen. Es macht keinen Unterschied, ob ich mit Luka oder Tiam meine Gehaltserhöhung bespreche, das Ergebnis ist stets gleich.
3. **Richtigkeit:** Die Informationen, die als Entscheidungsgrundlage dienen, sind akkurat und aktuell. Wenn ich ein Gespräch zum Gehalt habe, dann nicht mit einer Person, die die letzten sechs Monate im Urlaub war und keine Informationen zu meinen Rollen hat.
4. **Korrigierbarkeit:** Es gibt Wege, eine Entscheidung zu ändern, auch nachdem sie getroffen wurde. Dazu gehört auch, dass ich als betroffene Person die Entscheidung anfechten und die Korrektur damit selbst auf den Weg bringen kann.
5. **Repräsentativ:** Der Prozess, beispielsweise wie Gehälter gemacht werden, wurde inklusiv entwickelt. Das heißt, es wurden alle, die ein Gehalt bekommen, in der Gestaltung berücksichtigt. So wurden sowohl das ehemalige Management als auch Werkstudierende und Auszubildende sowie 538-Euro-Kräfte gehört und einbezogen. Nur so lässt sich ein Gerechtigkeitsklima entwickeln.
6. **Moralisch und ethisch:** Die Entscheidungen sind moralisch und ethisch nachvollziehbar und nicht voreingenommen bzgl. Geschlecht, Alter, Religion usw. Stell dir mal vor, jemand würde mehr verdienen, nur weil er oder sie Mitglied im Fahrradclub ist.

Neben den genannten Parametern ist außerdem wichtig, dass das Stimmprinzip gilt. Sofern meine Stimme im Entscheidungsprozess gehört wurde, fühle ich mich als Teil der Gruppe wertgeschätzt und bin eher gewillt, das Ergebnis zu unterstützen, auch wenn es nicht das Ergebnis ist, das ich mir gewünscht hätte.

Interaktionale Gerechtigkeit

Die interaktionale Gerechtigkeit ist streng genommen ein Teil der Verfahrensgerechtigkeit. Aufgrund ihrer Wichtigkeit wird sie stets gesondert genannt. Die interpersonale Gerechtigkeit bezieht sich auf die Qualität des zwischenmenschlichen Miteinanders und damit auf die gerechte Gestaltung von Beziehungen. Alle Mitarbeitenden werden im Entscheidungsprozess und im täglichen Umgang gleichbehandelt. Sie bezieht sich auf die Einhaltung von Regeln im zwischenmenschlichen Kontakt. So verhalten sich Personen gleich höflich und respektvoll gegenüber verschiedenen Personen und alle werden gleichwürdig behandelt. Die Putzkraft wird genauso begrüßt wie eine Eigentümerin und die Werkstudierende wird genauso zum Dialog rund um die Gehälter eingeladen wie die langjährige Vollzeitkraft.

Das Thema Diversity spielt an dieser Stelle ebenfalls eine Rolle. So stellt sich an dieser Stelle die Frage, ob Faktoren, die zu Diversity zählen, so gewürdigt oder ignoriert werden, dass sie zu einem Umgang führen, der alle Menschen gleichermaßen einbezieht, respektiert und sie – auch durch die Prozesse – gleichwürdig behandelt. An dieser Stelle möchten wir auch unterstreichen, dass Diversity sich in jeder Gerechtigkeitsform widerspiegelt und bereits in der Außendarstellung und dem Recruiting beginnt.

Für die informationale Gerechtigkeit gelten bestimmte Prinzipien, die beachtet werden sollten:

- Wahrhaftigkeit: Verteilte Informationen sind akkurat und werden aufrichtig kommuniziert.
- Respekt: Mitarbeitende werden würde- und respektvoll behandelt.
- Richtigkeit: Aussagen sollten immer korrekt und nicht diskriminierend sein.
- Rechtfertigung: Wenn etwas nicht korrekt war, folgt eine Entschuldigung, Erklärung und ggf. Korrektur.

Um gerecht zu sein, braucht es nicht für jede Entscheidung einen Prozess. Bei manchen Entscheidungen ist noch nicht absehbar, dass es wiederkehrende Entscheidungen werden. In diesem Fall spielt die interaktionale Gerechtigkeit eine besonders wichtige Rolle: Die Entscheidung erfolgt nach bestem Wissen und Gewissen, wurde aufrichtig und respektvoll kommuniziert und kann nach einer Entschuldigung oder Erklärung ggf. korrigiert werden. Wenn klar ist, dass Entscheidungen wiederkehrend sind, sollte ein Prozess dazu skizziert und weiterentwickelt werden.

Bei der Entwicklung eurer Prozesse lohnt sich auch ein Blick in die Theorie der *High Involvement Work Processes* (siehe S. 208)

Herausforderung Eigentumsverhältnisse

Im Kontext der kollektiven Führung treten die Eigentumsverhältnisse als besondere Herausforderung auf. Aus hierarchischen Organisationen kennt man, dass sich die Eigentümer Geld aus der Organisation herausziehen können. Ihnen stehen verschiedene Optionen zur Verfügung: eine Gewinnausschüttung oder Dividende, die Möglichkeit, eine große Anschaffung wie eine Fortbildung oder einen Dienstwagen über die Firma laufen zu lassen, eine Gehaltserhöhung usw. Viele Eigentümerinnen, die in ihrer Organisation angestellt sind, sind rechtlich nicht an Vorgaben gebunden, die für die meisten anderen Mitarbeitenden gelten. Sie haben mehr Macht über Ressourcen als die anderen Mitarbeitenden.

Auch wenn sich alle Mitarbeitenden darauf verlassen können, dass die aktuelle Eigentümerstruktur sich nicht einfach Geld aus der Organisation herauszieht, können sie sich nicht sicher sein, dass beispielsweise ein neuer Eigentümer es anders machen würde oder die aktuelle Eigentümerin in eine Notsituation gerät und es doch tut.

Diese besondere Herausforderung gehört zu den Dingen, die auf der rechtlichen Seite gelöst werden muss. Das Thema Verantwortungseigentum löst die Problematik zum Teil auf, ist rechtlich aber noch nicht ohne Workarounds umsetzbar. Verantwortungseigentum in einer Organisation bedeutet, dass die Eigentümerinnen des Unternehmens zwar Stimm- und Teilhaberechte besitzen, jedoch nicht am Gewinn teilhaben. So wird beispielsweise in der Satzung ausgeschlossen, dass sie sich Gewinne ausschütten können.

So ließe sich mehr Sicherheit für eine gerechte Verteilung von Kosten und Nutzen durch eine neue Rechtsform schaffen.

Literaturempfehlungen

Susanne Baldwin, Jerald Greenberg, Jason A. Colquitt: Handbook of Organizational Justice
https://purpose-economy.org/de/workbook-steward-ownership/
https://purpose-economy.org/de/ressources/

Methodenkoffer für die Gestaltung von Gerechtigkeit

Das Thema Gerechtigkeit ist groß und kann insbesondere mit Blick auf das Thema Gehalt sehr schwierig werden. Wir möchten versuchen, euch den Einstieg in die Diskussion rund um eure Gehälter etwas zu erleichtern. Wir beginnen mit der individuellen Reflexion zum Thema Geld. Wenn dir klar ist, was dir Geld bedeutet, kannst du einfacher mit anderen dazu ins Gespräch kommen.

Ein Klima der Gerechtigkeit bildet eure Gesprächsgrundlage für Gehälter. Wenn ihr ein gemeinsames Verständnis dazu habt, was für euch als Team gerecht ist, fällt es euch leichter, die erwähnten Prozesse rund um das Thema Ressourcenverteilung zu gestalten. Dazu gehört auch, euch damit auseinanderzusetzen, wen ihr aufgrund von welchem Verhalten von eurer Ressourcenverteilung ausschließen möchtet. Einen Workshop zum Thema »Trittbrettfahrende definieren« findest du auf S. 194.

Nachdem ihr ein gemeinsames Gerechtigkeitsverständnis entwickelt habt, lohnt sich der Blick auf eure Prozessgerechtigkeit und schließlich auch auf das Thema Geld.

Geld als sehr persönliches Thema

Viele Teams, die sich auf den Weg zu New Pay gemacht haben, sagen, dass es viele heiße Diskussionen rund um das Thema Geld gab, dass Urängste hochgekommen sind und mit der Geldfrage auch viele andere Themen berührt werden, beispielsweise Sicherheit und vielleicht auch Erfolg und Karriere.

Geld berührt uns und ist ein zentrales Thema von Gerechtigkeit. Häufig wird Geld mit Wert in Verbindung gebracht, es entstehen Diskussionen rund um den eigenen Wert und auch um die Herkunft: »Du kannst es dir leisten, nichts zu verdienen, deine Familie ist reich.« Geld transportiert für jeden von uns ein anderes Gefühl: Sicherheit, Freiheit, Wertschätzung, Anerkennung, Druck, Überfluss, Notwendigkeit und vieles mehr. So entstehen durch dieses stets sehr individuelle Empfinden viele Dynamiken, vielleicht auch unausgesprochene Glaubenssätze im Team und vielleicht auch Herausforderungen mit Blick auf die Gehälter, wenn beispielsweise festgelegt wird, dass jeder das bekommen soll, was er braucht. Wie viel braucht man? Und was heißt *brauchen*?

Es lohnt sich, einmal genauer hinzusehen, um zu verstehen, welchen Wert Geld für uns hat. Ein Bewusstmachen von dem, was ist, hilft uns, eine bewusste Entscheidung zu treffen, ob das, was ist, überhaupt (noch) zu uns passt. Ihr könnt die Fragen als Anregung zur Selbstreflexion nutzen oder – wenn das zu eurem Team passt – einen gemeinsamen Nachmittag gestalten, an dem ihr in einen intensiven Austausch geht.

Reflexion über die eigene Einstellung zu Geld

Die folgenden Reflexionsfragen sind entnommen aus dem Buch von Rüdiger Dahlke »Die Psychologie des Geldes« (Dahlke, 2008). Weitere Anregungen findet ihr über eure Suchmaschine mit den Stichworten »Blogparade von Nobile«.

- Auf was kann ich verzichten, ohne wirklich zu leiden?
- Was hält mich davon ab, in meine eigene Seele zu investieren anstatt in Geschäfte?
- Wie wichtig ist mir Grund und Boden? Wie wichtig ist mir der Status in Verbindung mit Wohnen und was bin ich bereit, dafür zu opfern?
- Wie weit entferne ich mich für Geld von meinen Prinzipien und meiner Seele?
- Welche Ängste kenne ich im Zusammenhang mit Geld, Armut und Reichtum?
- Wie ist es, wenn ich viel Geld mit mir herumtrage? Gibt es ein sicheres oder unsicheres Gefühl?
- Wie ist es, wenn ich gar kein Geld dabeihabe?
- Wie sehr hänge ich an der Illusion, dass Geld auch gleich Glück

bedeutet? Bin ich bereit, dieses Missverständnis zu revidieren, wie es die Glücksforschung nahelegt?

- Welcher Teil meines Herzens hängt an Geld, welcher an Besitz?
- Inwieweit glaube ich daran, mir mit Geld mehr Liebe sichern zu können?
- Worauf warte ich in meinem Leben? Wie lange will ich noch warten?
- Kann ich die Reisen, von denen ich geträumt habe, überhaupt noch unterbringen? Oder sollte ich langsam starten?
- Wie viel Freizeit habe ich mir bisher schon vorenthalten? Welches Zeit- und Urlaubspolster ergibt sich daraus für mich?
- Inwieweit bestimmt die Gleichung Zeit = Geld mein Leben?
- Was ist mein Preis für meine Zeit?
- Wie viel Geld besitze ich im Augenblick und wie viel Zeit ist darin gespeichert?
- Was sind meine Methoden, um anderen Geld wegzunehmen und es in meine Tasche zu leiten? Kann ich zu diesen Methoden stehen?
- Oder bin ich mir zu gut, um anderen Leuten Geld wegzunehmen?
- Was sind meine Träume bezüglich Geld verdienen? Sind sie realistisch oder seriös?
- Was bin ich mir wert, was sind mir meine Gesundheit und mein Glück wert?
- Stelle ich mir bereits meine Zeit selbst in Rechnung? Oder kann ich mir selbst noch Zeit schenken?
- Zahle ich gern und mit Leichtigkeit meine Rechnungen?
- Was bedeutet Geld für mich und wie hängt es mit meinem Selbstwert zusammen?

Falls ihr euch im Team zu den Fragen austauschen möchtet, geht vor wie folgt:

- Jede Person soll die Fragen vorab zu Hause für sich beantworten.
- Clustert die Fragen nach verschiedenen Überschriften, sodass ihr fünf bis sieben Themenblöcke habt.
- Nun bildet ihr Gruppen von drei bis fünf Personen. Jede Gruppe diskutiert das gleiche Cluster für 20 bis 30 Minuten. Im Anschluss bildet ihr neue Gruppen und diskutiert das zweite Cluster, ebenfalls für 20 bis 30 Minuten.
- Bei eurem Austausch geht es einfach um den Austausch. Ihr müsst nichts dokumentieren.
- Eine Abschlussrunde, in der jede Person teilt, was sie heute für sich und über das Team gelernt hat, rundet das Ganze ab.

Der Austausch eignet sich gut für einen halben Tag als Auftakt für einen Workshop zum Thema Gehalt oder Klima der Gerechtigkeit und auch einfach dann, wenn Geld bei euch ein Thema ist.

Unser Klima der Gerechtigkeit

Das Klima der Gerechtigkeit ist besonders hilfreich als Grundlage für Workshops rund um das Thema Gehalt. Wie du bereits gelesen hast, ist das Thema Gerechtigkeit sehr viel größer als Geld. So zahlt ihr mit dem Workshop insgesamt auf die Gestaltung eurer Gerechtigkeit ein. Der erste Workshop zielt auf ein allgemeines Verständnis von Gerechtigkeit ab. Der zweite Workshop fokussiert Gehalt. Mit beiden Workshops gelingt euch ein sanfter Einstieg in das Gespräch über die Gestaltung eurer Gehälter. Die Idee Gehälter im Team selbst zu gestalten kann schnell Ängste auslösen. Nehmt euch die Zeit, das Thema langsam anzugehen.

Was ist für uns gerecht? Eine Workshop-Anleitung

Die Frage »Was ist für uns gerecht?« bildet die Grundlage sämtlicher Überlegungen zur Gestaltung von Gerechtigkeit. Sicherlich werden langfristig nicht alle im Team sämtliche Prozesse eurer Organisation mitgestalten. So ist es gut zu wissen, dass jede Person repräsentativ für alle gestalten kann, weil ihr ein gemeinsames Verständnis von Gerechtigkeit entwickelt habt.

Der Workshop für das Klima der Gerechtigkeit funktioniert für vier bis 16 Personen. Ihr solltet zweieinhalb bis dreieinhalb Stunden plus Pausen einplanen. Ihr könnt den Workshop auch nach Schritt 3 beenden und damit einen ersten Einstieg abschließen.

1 Check-in

5 Min.

Dein Highlight der Woche

2 Jeder überlegt für sich 10 Min.

- Was waren die größten Ungerechtigkeiten, die du in den letzten Jahren im Job – bei dir und anderen – erlebt hast?
- Kannst du sagen, woran das genau lag? Aus welchen Gründen hast du es als ungerecht empfunden?
- Welche kleinen Verstöße gegen Gerechtigkeit bewegen dich im Alltag?
- Was hast du in den letzten Jahren im beruflichen Kontext als besonders nobel und gerecht empfunden. Denke an eigene Erfahrungen und Dinge, die dir berichtet wurden.
- Aus welchen Gründen fandest du das so gerecht?

3 Bildet nun Dreier-Gruppen und besprecht eure Ergebnisse. Sammelt eure Situationen und die jeweiligen Gründe an einer Moderationswand oder auf dem Whiteboard, sodass ihr sie dem Rest des Teams vorstellen könnt.

45 Min.
+ 5 Min. Vorstellung je Gruppe

4 Nun schaut ihr, welche Cluster an Beweggründen für empfundene Gerechtigkeit/Ungerechtigkeit gesammelt wurden. Bildet so viele Gruppen wie ihr Cluster habt, Gruppengröße: 3-5 Personen. Diskutiert nun je 1 Cluster und Gruppe die folgenden Fragen:

- Wie bewertet ihr das Thema auf einer Skala von 1 bis 10 (10 = fantastisch) bei euch im Unternehmen? Setzt ihr es gut um?
- Welche Prozesse, Rituale, Gewohnheiten oder kulturelle Eigenheiten müsstet ihr im Team weiterentwickeln, um euch auf der Skala einen Punkt zu verbessern?
- Entwickelt konkrete Vorschläge für Anpassungen und verteilt To-dos: Wer macht was bis wann?
- Wählt eine Person bei euch aus (oder wechselt euch ab), um zwischendurch in die Diskussionen der anderen Gruppen reinzuhören und Überschneidungen zu identifizieren.

Clustern & Gruppen einteilen: 15 Min.
Arbeitsphase: 45 Min.

5 Fasst eure Erkenntnisse auf je einem Flipchart zusammen. Anschließend macht ihr ein World Café: Für jede Gruppe bleibt eine Person an eurem Stand. Alle anderen dürfen in der Zeit die Ergebnisse der anderen Gruppen ansehen, Fragen stellen, Ergänzungen machen oder Bedenken zu Vorschlägen äußern.

40 Min.

6 Nach dem World Café kommt die kleine Gruppe erneut zusammen, um die Ergänzungen der anderen Teams einzuarbeiten. Im Anschluss werden die Ergebnisse für je zwei Minuten präsentiert.

Schließt den Workshop mit einem Blitzlicht.

20 Min.

Abbildung 38: Workshop-Anleitung Klima der Gerechtigkeit

1. Check-in – 10 Minuten
Bevor ihr in den Workshop startet, stellt ihr sicher, dass jede teilnehmende Person weiß, was auf sie zukommt. Klärt Begrifflichkeiten und gebt einen Überblick über die Agenda/den Ablauf und mit welchen Ergebnissen ihr aus dem Workshop rausgehen möchtet. Danach checkt ihr mit einer kurzen Frage, beispielsweise »Dein Highlight der Woche«, ein und beginnt mit der inhaltlichen Arbeit.

2. Stillarbeit – 10 Minuten
Jeder überlegt kurz für sich, was er als gerecht empfindet. Dabei helfen folgende Fragen:

- Was waren die größten Ungerechtigkeiten, die du in den letzten Jahren im Job – bei dir und anderen – erlebt/gesehen hast?
- Kannst du sagen, woran genau das lag? Aus welchen Gründen hast du es als ungerecht empfunden?
- Welche kleinen Verstöße gegen Gerechtigkeit bewegen dich im Alltag?
- Was hast du in den letzten Jahren als besonders nobel und gerecht empfunden im beruflichen Kontext? Denke an eigene Erfahrungen und Dinge, die dir berichtet wurden.
- Aus welchen Gründen fandest du das so gerecht?

3. Gruppenarbeit – 70 Minuten
Bildet nun Dreiergruppen und besprecht eure Ergebnisse. Sammelt eure Situationen und die jeweiligen Gründe an einer Moderationswand/auf dem Whiteboard, sodass ihr sie dem Rest des Teams vorstellen könnt.

4. Auswertung und Einordnung – 60 Minuten
Nach der Vorstellung durch die Dreiergruppen schaut ihr, welche Cluster an Beweggründen für empfundene Gerechtigkeit/Ungerechtigkeit ihr gesammelt habt. Bildet so viele Gruppen wie ihr Cluster habt, Gruppengröße: 3 bis 5 Personen. Nun diskutiert ihr je einen Cluster je Gruppe mit folgenden Fragen:

- Wie gut seht ihr das Thema aktuell bei euch in der Organisation umgesetzt? Ordnet euch auf einer Skala von 1 bis 10 ein. Die 10 steht für »besonders gut umgesetzt«.
- Welche Prozesse, Rituale, Gewohnheiten, kulturelle Eigenheiten müsstet ihr im Team weiterentwickeln, um auf der Skala einen Punkt höher zu ranken?
- Entwickelt konkrete Vorschläge für Anpassungen und verteilt konkrete To-dos: Wer macht was bis wann?
- Wählt eine Person bei euch aus oder wechselt euch ab, um zwischendurch in die Diskussionen der anderen Gruppen hineinzuhören und Überschneidungen zu identifizieren.

5. Erkenntnisse sichern – 40 Minuten

Jede Gruppe fasst ihre Erkenntnisse auf je einem Flipchart zusammen. Anschließend macht ihr ein World Café: Für jede Gruppe bleibt eine Person an eurem Stand. Alle anderen dürfen in der Zeit die Ergebnisse der anderen Gruppen ansehen, Fragen stellen, Ergänzungen machen, Bedenken zu Vorschlägen äußern usw.

6. Iteration & Abschluss – 20 Minuten

Nach dem World Café kommen die kleinen Gruppen erneut zusammen, um die Ergänzungen der anderen Teams einzuarbeiten. Im Anschluss werden die Ergebnisse in je zwei Minuten präsentiert. Schließt den Workshop mit einem Blitzlicht.

Workshop-Anleitung – Grundlagen gerechte Gehälter

Mit dem vorangegangenen Workshop schafft ihr eine Grundlage für die Diskussion rund um Gehälter. Mit diesem Workshop schafft ihr den Einstieg ins Thema. Nutzt die Schritte 1 bis 3 der Workshop-Anleitung Klima der Gerechtigkeit (siehe Abbildung 38 auf S. 238) und ersetzt die Fragen unter Schritt 2 mit geldbezogenen Fragen wie:

- Ist es gerecht, wenn Eltern und Paare mehr verdienen als Singles?
- Ist es gerecht, wenn meine Leistung bei den Gehältern nicht berücksichtigt wird?

- Ist es gerecht, wenn ich nach Leistung und nicht nach Zeit bezahlt werde?
- Ist es gerecht, wenn meine Ausbildung und Berufserfahrung keine Rolle spielen?
- Ist es gerecht, wenn ich mehr Geld bekomme, weil mein Marktwert hoch ist?
- Ist es gerecht, wenn ich weniger Geld bekomme, weil ich privilegiert bin (Vermögen geerbt, keine Ausbildungsschulden, reich verheiratet)?
- Was müsste passieren, damit ich noch zufriedener/unzufriedener mit meinem Gehalt bin?

Die Ergebnisse dieser Diskussion solltet ihr dokumentieren, sodass ihr bei späteren Workshops darauf aufbauen könnt.

Workshop-Anleitung – unsere Verteilungsgerechtigkeit
Noch genauer werdet ihr mit Blick auf eure Geldgerechtigkeit, wenn ihr Beispiele für konkrete Verteilungsfragen nehmt und sie mit eurem eigenen Gerechtigkeitsverständnis abgleicht. Dazu haben wir einige Beispiele in der folgenden Abbildung zusammengestellt und laden euch ein, eigene Beobachtungen aus eurer Organisation zu beleuchten.

Keine Konsequenzen bei Fehlverhalten	Gleiches Gehalt bei verschiedenen Jobs	Mehr Geld für Neue	Putzkraft bekommt kein Hallo
Öffentliche Kritik	Mehr Lob als andere	Ständig auf Konferenzen	Keine Förderung zur fachlichen Entwicklung
Einer darf keinen Urlaub nehmen	Billiger PC vs. teures Notebook	Ständig stupide Aufgaben	Bildung = Kompetenz?
Bedarf vs. Fürsorge vs. Leistung	Der Chef bekommt 20-mal mehr ...	Interne Vergabeprozesse (z.B. neue Rollen, Ideenumsetzung)	Kuchen zum Geburtstag für manche

Abbildung 39: Beispiele für ungleiche Verteilung

RAHMEN:

- 6 bis 16 Teilnehmende
- 150 bis 180 Minuten
- online oder offline (offline ist für sensible Themen wesentlich schöner)

ABLAUF:

1. **Check-in/Check-out – je 5 bis 10 Minuten**

Ihr startet und schließt den Workshop mit einer kurzen Frage, beispielsweise »Deine Assoziation für die Worte Geld und Gerechtigkeit?« sowie »Was hast du vor dem Workshop gedacht? Was denkst du jetzt?«

2. **Stillarbeit – 15 Minuten**

Ihr nehmt euch etwa 15 Minuten Zeit, um folgende Fragen zu reflektieren:

- Was ist bei uns aktuell wie gerecht?
- Welche unserer Verhaltensweisen und Prozesse empfinde ich als gerecht? Welche als ungerecht?
- Wo sehe ich Verbesserungspotenziale?

Im Ergebnis solltet ihr konkrete Beispiele aus eurer Organisation notiert haben wie »Die Praktikanten müssen mit ihrem privaten Laptop arbeiten« oder »Manche bekommen ein Dienstrad, andere nicht.«

3. **Gruppenarbeit – 60 Minuten**

Wenn jeder mit seinen Gedanken zu einem Ende gekommen ist, schließt ihr euch zu Dreier- oder Vierergruppen zusammen. Im ersten Schritt überlegt ihr, welche Beispiele ihr diskutieren möchtet. Stellt euch dafür gegenseitig vor, was ihr jeweils notiert habt, und werft einen kurzen Blick auf die Beispiele in der Abbildung 39. Wählt gemeinsam fünf Beispiele aus. Diese diskutiert ihr im Detail:

- Wie fair/unfair findet ihr die Beispiele?
  - Warum findet ihr sie fair? Wie wären sie unfair?
  - Warum findet ihr sie unfair? Was müsste passieren, damit sie fair wären?

Im Anschluss an eure Diskussion zu den fünf Beispielen diskutiert ihr außerdem folgende Fragen:

- Was ist bei euch aktuell gut geregelt?
- Welche Aspekte sollten grundsätzlich geregelt/überarbeitet werden?
- Betreffen die Regelungen direkt oder indirekt das Gehalt?

Wenn ihr am Ende noch Zeit habt, könnt ihr gern weitere Beispiele diskutieren.

4. **Präsentation – maximal 5 Minuten je Gruppe**
Im Anschluss stellt jede Gruppe ihre Diskussionsergebnisse vor. Achtet darauf, dass ihr diese gut dokumentiert und darüber hinaus auf einer gemeinsamen Pinnwand sammelt. Im Anschluss an die Vorstellungen dürfen Rückfragen gestellt werden.

5. **Nächste Schritte – 20 Minuten**
Nun kommt der schwierige Teil. Diskutiert, welche Aspekte ihr euch in eurer Organisation genauer ansehen und verändern möchtet. Einigt euch auf eine Priorisierung und vereinbart einen nächsten Termin, um sie zu diskutieren.

Prozessgerechtigkeit

Um ein starkes Fundament der Gerechtigkeit im Team zu etablieren, solltet ihr schauen, welche Vergünstigungen, Belobigungen, Belohnungen usw. sowie Dinge, die von Mitarbeitenden eingebracht und eingefordert werden, als Prozess gestaltet werden können. Das Entwickeln eines Prozesses trägt dazu bei, den Sachverhalt zu reflektieren und ihn so bewusst einzusetzen. Das führt wiederum dazu, dass das »Zu-Verteilende« nicht aus einem Schnellschuss oder einer Bequemlichkeit abgesegnet wird, weil es in dem Moment das Einfachste war.

Bei vielen Dingen, die verteilt werden, ist von vornherein klar, dass es nicht das einzige Mal ist bzw. sein wird, dass diese Sache »ausgegeben« wird. Dazu zählen Dinge wie Gehalt und Gehaltserhöhungen, Beförderungen, Karrieremöglichkeiten, neue Rollen einnehmen, Lob, Kritik,

Pralinen, Blumensträuße, Geburtstagsgeschenke, gefeierte Erfolge und Urlaubsbewilligungen.

Die Dinge, die durch Mitarbeitende hineingegeben werden, sind beispielsweise Arbeitszeiten/Überstunden, ein besonderes Engagement sowie Kompetenzen und damit ein Verzicht auf Freizeit, Familienzeit, Schlaf und auch Fortbildungen, die belegt werden. Auch hier muss gemeinsam ausgehandelt werden, inwieweit das erwünscht ist und wo es zu einem Konkurrenzkampf wird, wer sich am meisten ausbeutet, um Anerkennung und Vorteile zu bekommen. Wichtig ist, dass es einen Raum gibt, gemeinsam darüber zu reflektieren und zu besprechen, was als gerecht empfunden wird.

Wenn wir uns nun ein Beispiel ansehen: Wenn ich Blumensträuße verteile, sollte jedem im Team klar sein, wer aus welchen Gründen einen bekommen hat. Oder wenn ein Externer Kuchen mitbringt, sollte jedem ersichtlich sein, wofür der Kuchen ist und wer davon essen darf. Es klingt banal und doch macht es einen Unterschied.

Checkliste Prozessgerechtigkeit

Mit der folgenden Checkliste könnt ihr eure Prozesse zu den oben genannten Themen ansehen, um zu prüfen, ob sie die Kriterien für gerechte Prozesse erfüllen. Besonders hilfreich für eure Überlegungen ist es, wenn ihr an jeweils drei bis vier konkrete Beispiele aus der letzten Zeit denkt.

Eure Anleitung zur Checkliste:
Nehmt euch zwei bis drei Stunden Zeit, wählt einen Prozess aus, der aktuell relevant ist, und prüft ihn mit der Checkliste. Entwickelt den Prozess weiter, sodass er allen Kriterien gerecht wird und überlegt euch, wie ihr die Neuerungen ausrollt. Trefft euch regelmäßig, um peu à peu alle Prozesse zu (re-)evaluieren. Achtet darauf, dass ihr auch Prozesse, die ihr bereits geprüft habt, erneut prüft und so beständig weiterentwickelt. Alternativ könntet ihr im ersten Schritt mehrere oder sogar alle Prozesse prüfen und im nächsten Schritt priorisieren, welche Prozesse ihr zügig überarbeitet.

Eure Checkliste:
Konsistenz

- Gilt der Prozess für alle Mitarbeitenden auf gleiche Weise?
- Werden unternehmensweit alle Mitarbeitenden gleichbehandelt?

Neutralität

- Wird die Entscheidung aufgrund einer neutralen Information getroffen (z. B. Urlaubsantrag oder Gehaltserhöhung) anstatt personen-, situations- oder zeitabhängig?

Richtigkeit

- Wie stellt ihr sicher, dass akkurate und aktuelle Informationen als Entscheidungsgrundlage dienen statt persönliche Einschätzungen?

Korrigierbarkeit

- Welchen Weg gibt es, eine getroffene Entscheidung zu ändern?
- Wie kann diese Änderung durch eine betroffene Person initiiert werden?

Repräsentativität

- Repräsentiert der Prozess alle betroffenen Personen und wurde für alle gestaltet, anstatt zwei Prozesse für zwei Zielgruppen aufzusetzen?

Moralisch & ethisch

- Sind die Entscheidungen moralisch und ethisch nachvollziehbar und nicht voreingenommen bzgl. Geschlecht, Alter, Religion usw.?

Eure Prozesse

1. Vergeben (neuer) Rollen
2. Feiern von Erfolgen
3. Anerkennung aussprechen
4. Wertschätzende Gesten wie Geburtstagsgeschenke und Jubiläen
5. Gehaltserhöhungen
6. Gewährung von Boni
7. Verteilung von Unternehmensgewinnen
8. Urlaub nehmen dürfen/Höhe des Urlaubsanspruches
9. Überstunden abbauen/aufbauen
10. Arbeitszeiten und -orte festlegen
11. Probezeit bestehen
12. Abmahnungen bei Fehlverhalten
13. »Mahnungen« aufgrund mangelnder Leistung
14. Kündigungen
15. Möglichkeit, zu Veranstaltungen zu gehen
16. Möglichkeit von Fortbildungen
17. Möglichkeit von Sparring und Mentoring
18. Feedbackprozesse
19. Entscheidungen treffen
20. Strategieentwicklung
21. ______________
22. ______________

Eure Checkliste

Konsistenz

1. Gilt der Prozess für alle Mitarbeitenden auf gleiche Weise?
2. Werden unternehmensweit alle Mitarbeitenden gleich behandelt?

Neutralität

Wird die Entscheidung aufgrund einer neutralen Information getroffen (z. B. Urlaubsantrag oder Gehaltserhöhung) anstatt personen-, situations- oder zeitabhängig?

Richtigkeit

Wie stellt ihr sicher, dass akkurate und aktuelle Informationen als Entscheidungsgrundlage dienen statt persönlicher Einschätzungen?

Korrigierbarkeit

1. Welchen Weg gibt es, eine getroffene Entscheidung zu ändern?
2. Wie kann diese Änderung durch eine betroffene Person initiiert werden?

Repräsentativität

Repräsentiert der Prozess alle betroffenen Personen und wurde für alle gestaltet, anstatt zwei Prozesse für zwei Zielgruppen aufzusetzen?

Moralisch & ethisch

Die Entscheidungen sind moralisch und ethisch nachvollziehbar und nicht voreingenommen bzgl. Geschlecht, Alter, Religion usw.

Eure Anleitung

Nehmt euch zwei bis drei Stunden Zeit, wählt einen Prozess aus, der aktuell relevant ist und prüft ihn mit der Checkliste.

Entwickelt den Prozess weiter, sodass er allen Kriterien gerecht wird und überlegt euch, wie ihr die Neuerungen ausrollt.

Trefft euch regelmäßig, um peu à peu alle Prozesse zu (re-)evaluieren. Achtet darauf, dass ihr auch Prozesse, die ihr bereits geprüft habt, erneut prüft und so beständig weiterentwickelt.

Abbildung 40: Checkliste Prozessgerechtigkeit

Schau dir die Liste an und überlege, welche weiteren Prozessbeispiele dir noch einfallen. Bei einigen Prozessen kannst du sicherlich allein überlegen, bei anderen fragst du ausgewählte Experten und Rolleninhaber.

Für die Auswahl von Prozessen kannst du wie folgt vorgehen: Wählt einen Prozess aus, der aktuell nicht gut entwickelt ist, und entwickelt ihn gemeinsam im Team weiter.

Mithilfe der Checkliste könnt ihr auch eure Verteilungsgerechtigkeit sowie die anderen Arten der Gerechtigkeit prüfen.

New Pay – Kick-off-Workshop

Ihr seid bereits über das Thema Gerechtigkeit im Gespräch miteinander und möchtet nun ans Thema Gehälter. Mit einem Kick-off-Workshop könnt ihr in eurem Team ein erstes Verständnis dafür entwickeln, welche Kriterien ihr eurem neuen Gehaltsmodell zugrunde legen möchtet.

Für den Workshop solltet ihr euer Team inhaltlich so weit abholen, dass jeder im Team eine Idee hat, was sich hinter dem Begriff New Pay verbirgt und was genau das Ziel eures Workshops sein wird. Ihr schafft eine gute Gesprächsgrundlage im Team, wenn jeder bereits Gelegenheit hatte, sich mit inspirierenden New Pay-Modellen auseinanderzusetzen.

Die folgenden drei inspirierenden New Pay-Modelle gehen bereits neue Wege und haben ihre eigene Systematik für die Verteilung von Geld in der Organisation gefunden. Bei allen Organisationen handelt es sich um eine Momentaufnahme, denn New Pay wird stets iteriert.

Otkopulli: Wie viel brauchst du zum Leben?

Oktopulli ist ein Slow-Fashion-Label für nachhaltige und faire Mode mit Sitz in Berlin. Es handelt sich um ein Sozialunternehmen in Verantwortungseigentum. Oktopulli hat von Anfang an einen transparenten Umgang mit dem Thema Gehalt angestrebt. In dem Moment, als die ersten Mitarbeitenden kamen, gab es ein gewisses Budget, dass sie für Gehälter zur Verfügung hatten. So stellten sie sich und den Mitarbeitenden und potenziell Mitarbeitenden die Fragen: Was möchtest du verdienen? Wie viel brauchst du zum Leben?

Sie haben sich viel mit dem Thema Geld auseinandergesetzt und darüber reflektiert, wie man mit Geld aufgewachsen ist und welche Zwänge hinter dem eigenen Umgang mit Geld liegen.

Die Philosophie im Unternehmen ist klar: Das Geld, das in der Organisation vorhanden ist, muss dafür reichen, Gehälter zu zahlen, die die individuellen, existenziellen Bedarfe der Mitarbeitenden decken. Zu den existenziellen Bedarfen gehören die Miete, Essen, Hobbys und auch der Anspruch, als Mensch glücklich zu sein und für sich selbst gut sorgen zu können. Es ist klar, dass das Produkt und die Unternehmensstrategie angepasst werden müssen, wenn das verdiente Geld nicht (mehr) für die Bedarfsdeckung reicht. Sie machen sich frei von Konkurrenzzwängen und dem Markt. Die Frage lautet: Was muss unser Produkt kosten, damit wir es so, wie wir wollen, herstellen können? Die Zusammensetzung bzw. Entstehung der Preise wird den Kunden transparent gemacht.

Hinter dem Prinzip der Bedarfsdeckung steckt auch der Anspruch, bei sich zu bleiben: Was brauche ich, wenn ich nur auf mich schaue, ohne mich und meine Bedürfnisse zu vergleichen? So gibt es auch nur einen Mindesturlaubsanspruch, nicht aber einen Höchsturlaubsanspruch. Manche Menschen brauchen mehr Erholung und andere weniger. Unterschiedliche Bedarfe sind in dem Moment nicht mehr unfair bzw. werden nicht als unfair empfunden, wenn jeder die Sicherheit hat, dass man selbst auch »mehr« bekommen kann, wenn man ein Mehr braucht.

Nancy, die Gründerin sagte in unserem Podcast: »Du bist hier als Mensch, nicht als Arbeitskraft. Wir vertrauen darauf, dass du weißt, wer du bist und was du brauchst. So kommt man der Kultur 'Was brauche ich jetzt?' näher.«

Der Grundkonsens in der Organisation lautet »Das Ding hier muss laufen.« So stimmt sich das Team ab, was gebraucht wird, damit es läuft, und niemand gefährdet durch eigennütziges Verhalten, dass das Ding läuft.

Verschiedene Gehaltsbestandteile bei Ökofrost

Ökofrost ist ein Anbieter von Bio-Tiefkühlkost, der seit 1996 deutschlandweit Bioläden, Großhändler und Supermärkte beliefert und Teil der Gemeinwohlökonomie ist.

Die Teamgröße liegt bei 22 Mitarbeitenden. 2012 wurde ein neues Gehaltsmodell von allen Mitarbeitenden entwickelt. Teil dieser Entwicklung war die grundsätzliche Auseinandersetzung darüber, welche Ziele und Werte sie mit dem neuen Modell verfolgen möchten. So haben sie ein Modell entwickelt, das sich aus verschiedenen Gehaltsbestandteilen zusammensetzt. Zu den Bestandteilen gehören beispielsweise ein Basisgehalt, die Betriebszugehörigkeit, die Berufserfahrung und die Verantwortung sowie Zuschüsse zur Kita und für Sport sowie zu Fahrtkosten und Unterstützung bei akuten Lebenskrisen.

Bei Veränderungen, die Einfluss auf einzelne Bestandteile des Gehaltes haben, kann sich das Gehalt sowohl erhöhen als auch nach unten korrigieren. Die Änderungen werden vom Gehaltsrat beschlossen. Der Gehaltsrat setzt sich aus dem betroffenen Mitarbeitenden, dem Leadlink, der Rolle Lohnbuchhaltung sowie dem Gesamt-Leadlink zusammen. (https://oekofrost.de/wp-content/uploads/2021/08/Oekofrost_Gehaltsmodell_Stand_2021.pdf).

Transparenz in der Gehaltszusammensetzung bei erdbär

erdbär stellt Lebensmittel mit der Mission »Wir machen Gesundes spaßig, damit Kinder besser essen« her. Sie wollen es Eltern möglichst leicht machen, ihren Kindern Obst und Gemüse spielerisch nahe zu bringen: »für eine frühe Freundschaft mit Obst und Gemüse«. Seit 2016 sind sie B Corp-zertifiziert. Mittlerweile ist das Team auf eine Größe von etwa 90 Mitarbeitenden gewachsen.

2018 stellten sie sich die Frage, wie sie eigentlich arbeiten wollen. So starteten sie ihre Reise in die Selbstorganisation. Damit gingen sie auch zu ihren Gehältern in den Dialog. Ein Schmerzpunkt, der damals gelöst werden sollte, war, dass es viele Quereinsteigende im Team gab, die mit einem geringen Gehalt gestartet waren. Nun kamen Neue dazu, die mehr Gehalt bekamen. Es bestand der Wunsch nach Transparenz zur Gehaltsentstehung, also dem Prozess hinter der Verteilung.

So bildete sich ein Change Agent Team, das über vier Monate diskutierte, welche Faktoren bei der Gehaltszusammensetzung berücksichtigt werden sollten. Es entstand schließlich eine Gehaltsformel, die bestehende Ungleichheiten eliminierte oder reduzierte und für einen transparenten Prozess sorgte.

Mit den Jahren schärfte erdbär seinen Prozess, das Ziel und den Purpose dahinter. Das Modell ist darauf ausgelegt, die individuelle und fachliche Weiterentwicklung jedes Einzelnen zu fördern. Es gibt ein Gehaltsgremium, das einmal jährlich einen großen Prozess-Review macht, bei dem Prozessänderungswünsche des Teams diskutiert und ins bestehende Modell integriert werden.

Das aktuelle Modell basiert auf sechs Bestandteilen, die sich einerseits auf die Aufgaben beziehen, die eine Rolle mit sich bringt, beispielsweise die Anforderungen an die Rolle oder auch der Marktwert, und andererseits werden personenbezogene Faktoren wie Erfahrung berücksichtigt. Daraus ergibt sich eine transparente Tabelle, die es jeder Person ermöglicht zu ermitteln, wie sich das aktuelle Gehalt zusammensetzt. Gehaltsverhandlungen fallen damit weg.

Die Workshop-Teilnehmenden können sich bereits vor dem Workshop die verschiedenen Modelle der drei vorgestellten Organisationen durchlesen, sodass sie im Workshop diskutiert werden können. Es macht tatsächlich Sinn, den Teilnehmenden bereits vorab die Möglichkeit zu geben, sich ihre eigenen Gedanken und Meinungen bilden zu können. So haben sie ausreichend Gelegenheit, sich mit der Thematik auseinanderzusetzen und ggf. eigene Annahmen und Glaubenssätze zu hinterfragen.

Wenn ihr operativ stark am Limit seid, könnte ein Weg sein, zwei Wochen vor eurem Workshop ein 20-minütiges Meeting einzurichten und die Geschichten kurz vorzustellen.

Vorbereitung: Die Teilnehmenden sollten also bereits vorab Gelegenheit haben, in Ruhe folgende Fragen zu reflektieren:

Was bräuchtest du mit Blick auf die folgenden Formen von Gerechtigkeit, um eure Gehälter als fair zu bezeichnen?

- **Verteilungsgerechtigkeit**
  - Nach welchen Kriterien sollte bemessen werden, wer wie viel verdienen darf und soll?
    Welche Faktoren sollten (nicht) berücksichtigt werden, z. B.
    (a) Herkunft, Alter, Geschlecht
    (b) Ausbildung, relevante Erfahrung, Verantwortung
    (c) Familiärer Hintergrund, Privilegien, Erbschaften, Mitgliedschaften, Netzwerke
    (d) Care-Arbeit, individuelle Bedarfe
    (e) Bedarfe vs. Bedürfnisse
    (f) Leistung, Ergebnisse
    (g) Weitere?

  Wie unterschiedlich können und dürfen Gehälter bei euch sein?
  Sollte es Ober- und Untergrenzen geben?

- **Verfahrensgerechtigkeit**
  - Wie sollte der Prozess rund um die Gehälter gestaltet sein? Was sollte auf jeden Fall und was auf keinen Fall passieren?
  - Wer entscheidet auf Grundlage wovon?
  - Stell dir vor, du arbeitest als jemand anderer in eurer Organisation, z. B. als Person in Teilzeit, als Person mit Einschränkungen, als Person in Ausbildung usw. Stell dir vor, es ist eine Person, die dir unähnlicher nicht sein könnte. Wenn du dich in ihre Lage versetzt: Findest du deine Überlegungen immer noch gerecht?

Workshop-Durchführung

RAHMEN:

- Wenn ihr die Wahl habt, den Workshop online oder offline durchzuführen, entscheidet euch für offline. Es ist ein intensives Thema und es strengt an, sich damit auseinanderzusetzen. Zusätzlich im digitalen Raum unterwegs zu sein, schafft eine weitere Belastung und darüber hinaus kommt ihr offline, im persönlichen Kontakt, in eine andere Qualität, was den Austausch angeht.
- Die Zeitfenster für den Workshop sind großzügig bemessen, lassen also durchaus Platz für längere Diskussionen. Diese Zeit ist bei dem Thema sehr gut investiert. Bei zwölf Teilnehmenden kommt ihr auf acht Workshop-Stunden, inklusive Pausen seid ihr bei etwa zehn bis elf Stunden. Das ist definitiv zu viel für einen Tag. Wenn ihr Zu Beginn noch die Selbstreflexion und die New Pay-Geschichten sowie einen kleinen Input zu den verschiedenen Formen von Gerechtigkeit machen möchtet, plant 90 Minuten mehr ein. So könntet ihr beispielsweise 1,5-Workshop-Tage machen und den zweiten Tag mit einer gemütlichen Teamaktivität ausklingen lassen.
- Falls das Team sich nicht vorbereiten sollte, plant mindestens 60 Minuten für das Durchlesen der Fallbeispiele und die Selbstreflexion ein.
- Für einen Offline-Workshop benötigt ihr Moderationsmaterial (schwarze Filzstifte, einige Flipchartstifte, Post-its, Klebeband, ein Flipchart/eine Moderationswand je Gruppe) sowie einen großen Raum mit Stuhlkreis.

- Passt vor der Durchführung die Gruppengröße (Schritt 5 bis 8) in der Workshop-Beschreibung auf euer Team an und rechnet dann noch mal die Zeiten durch, die variabel sind, z. B. bei der Anzahl der Präsentationen (z. B. Schritt 9).

ABLAUF:

1. **Check-in – 15 Minuten**

Ihr startet mit einer Begrüßung, einem Check-in, der Agenda, also dem Überblick zum geplanten Ablauf, und euren Workshop-Regeln.

> **Vorbereitung – 90 Minuten**
> Sofern ihr bereits den Input zu New Pay gegeben habt, alle Teilnehmenden die Gelegenheit hatten, die Beispiele der drei Organisationen zu lesen sowie die Fragen unter der Überschrift »Vorbereitung« auf den vorherigen Seiten.
>
> Falls ihr all das nicht vorbereiten konntet, beginnt mit dem Input zu New Pay, den Beispielen sowie der Reflexion der Fragen.

2. **Speed Dating – 15 Minuten**

Ihr beginnt mit einem Speed-Dating: Teilt euer Team in zwei große Gruppen und stellt die Gruppen einander in zwei Schlangen gegenüber. Jedes Pärchen hat nun zwei Minuten Zeit, sich zu folgender Frage auszutauschen: deine Gedanken und Erkenntnisse zu New Pay.

Nach zwei Minuten rutscht eine Reihe von Menschen jeweils einen Menschen weiter, sodass sich neue Paare bilden. Durch den schnellen Austausch mit vielen Leuten bekommt jeder im Team eine Orientierung, welche Meinungen vertreten sind. Bei zwölf Teilnehmenden seid ihr bei 15 Minuten.

3. **Ziele für unser Gehaltsmodell – 30 Minuten**

Bildet nun Dreiergruppen, in denen ihr Ziele bzw. einen Purpose für euer Gehaltsmodell aushandelt:

- Welche Probleme soll das Modell lösen?
- Welchen Anforderungen sollte es standhalten?
- Gibt es einen höheren Sinn, den wir im Geld/im Gehalt sehen?

4. Ziele fürs Diskutieren – 60 Minuten
Präsentiert eure Ergebnisse (je fünf Minuten) und stimmt darüber ab, auf welche Top 3 ihr euch einigen möchtet.

5. Bestandteile diskutieren & festlegen – 90 Minuten
In Vierergruppen handelt ihr nun aus, welche Faktoren Bestandteil eines neuen Gehaltssystems sein sollen. Ihr adressiert damit ausschließlich die Verteilungsgerechtigkeit, die Prozessgerechtigkeit kommt später (60 Minuten).

- Soll es eine Formel mit verschiedenen Faktoren geben?
- Soll es sich am Bedarf oder an Leistung oder etwas ganz anderem orientieren?
- Welche Faktoren sollten unbedingt berücksichtigt werden?
- Was sind absolute No-Gos, was sollte auf gar keinen Fall berücksichtigt werden?

Nun finden sich je zwei bestehende Gruppen, bei 16 Teilnehmenden also zwei Achtergruppen, zusammen. Ihr diskutiert erneut eure Bestandteile. Einigt euch auf eine sinnvolle Anzahl.

6. Präsentation & Entscheidung – 20 Minuten
Nun präsentieren die letzten zwei Gruppen ihre Ergebnisse inkl. ihrer Beweggründe (warum diese Faktoren und nicht andere) je zehn Minuten. Verständnisfragen sind erlaubt. Nachdem beide Gruppen präsentiert haben, können die Faktoren diskutiert werden.

7. Prozessgerechtigkeit – 60 Minuten
Ihr habt nun ein vorläufiges Zwischenergebnis erarbeitet. Damit habt ihr die Faktoren, die auf eure Verteilungsgerechtigkeit einzahlen. Nun beschäftigt ihr euch mit eurem Prozess. Dafür teilt ihr euch erneut in zwei bis vier Gruppen ein. Entweder diskutieren je zwei Gruppen die gleiche Frage oder ihr bildet je eine Gruppe je Frage. Die Gruppen sollten nicht zu groß werden. Dann diskutiert ihr die folgenden Fragen:

- Wie soll es weitergehen? Was soll mit den Faktoren passieren, wie kommt ihr zu eurem Modell, eurer Formel? Wann soll es implementiert werden? Trefft ihr euch erneut alle gemeinsam, soll ein Gehaltsrat/repräsentativer Arbeitskreis die Arbeit fortsetzen?

- Wie soll der Prozess schließlich aussehen, was muss er leisten? Wie werden Gehaltserhöhungen entschieden, darf es Down-Rounds geben? Was passiert, wenn ich keine »Fokus-Rolle« habe oder meine Rollen sich alle vier Monate ändern? Wie viel administrativer Aufwand darf im Team durch Gehälter entstehen? Müssen die Gehälter transparent werden oder reicht es, wenn es ein transparentes System gibt?

8. Vorstellung & Iteration – 90 Minuten
Eure Gruppen stellen ihre Ergebnisse (je fünf Minuten) vor, sie bekommen Feedback (je fünf bis zehn Minuten) und integrieren dieses in einer erneuten Arbeitsrunde (45 Minuten) in ihre Überlegungen. Finale Präsentation (je fünf Minuten).

9. Check-out – 15 Minuten
Was hast du heute über dich und dein Team gelernt? (Je eine Minute)

0 Vorbereitung oder zu Beginn
1. Vorstellung von New Pay
2. Vorstellung der drei Beispielorganisationen
3. Reflexion der genannten Fragen

1 Check-in 15 Min.
Begrüßung
Überblick zur Agenda
Workshop-Regeln

2 Speed Dating 10 Min.
Deine Gedanken und Erkenntnisse zu New Pay

3 Ziele 30 Min.
1. Welche Probleme soll das Modell lösen?
2. Welchen Anforderungen sollte es standhalten?
3. Gibt es einen höheren Sinn, den wir im Geld/im Gehalt sehen?

4 Ziele Diskutieren
Einigt euch auf eure Top 3
60 Min.

5 Bestandteile diskutieren & festlegen 90 Min.
1. Soll es eine Formel mit verschiedenen Faktoren geben?
2. Soll es sich am Bedarf oder an Leistung oder etwas ganz anderem orientieren?
3. Welche Faktoren sollten unbedingt berücksichtigt werden?
4. Was sind absolute No-Gos, was sollte auf gar keinen Fall berücksichtigt werden?

Diskutiert zuerst zu dritt oder viert und dann in insgesamt zwei Gruppen (zu sechst oder acht).

Einigt euch auf sinnvolle Bestandteile.

6 Präsentation & Entscheidung 20 Min.
Präsentation – Verständnisfragen – Diskussion

7 Prozessgerechtigkeit 60 Min.
1. Wie soll es weitergehen? Was soll mit den Faktoren passieren, wie kommt ihr zu eurem Modell, eurer Formel? Wann soll es implementiert werden? Trefft ihr euch erneut alle gemeinsam, soll ein Gehaltsrat/repräsentativer Arbeitskreis die Arbeit fortsetzen?
2. Wie soll der Prozess schließlich aussehen, was muss er leisten? Wie werden Gehaltserhöhungen entschieden, darf es Down-Rounds geben? Was passiert, wenn ich keine »Fokus-Rolle« habe oder meine Rollen sich alle vier Monate ändern? Wie viel administrativer Aufwand darf im Team durch Gehälter entstehen? Müssen die Gehälter transparent werden oder reicht es, wenn es ein transparentes System gibt?

8 Vorstellung & Iteration
90 Min.

9 Check-in 15 Min.
Was hast du heute über dich und dein Team gelernt?

Abbildung 41: Workshop-Überblick Kick-off New Pay

Eure Rolle für die Gerechtigkeit

Da Gerechtigkeit nicht nebenbei stattfinden sollte, macht es auf jeden Fall Sinn, eine verantwortliche Person zu benennen, die das Thema aktiv gestaltet. Sie behält die Prozesse im Blick und hält nach, was vereinbart und besprochen wurde. Unsere Rollenbeschreibung soll euch eine Orientierung geben.

Prüft, was ihr braucht, welche Ziele und welchen Purpose ihr mit der Rolle verfolgen möchtet und wie die Rolle gestaltet werden kann, damit sie zu euch passt. Dazu gehört auch zu überlegen, ob es eine Rolle ist, die in eine andere Rolle integriert ist oder möglicherweise von zwei Rolleninhaberinnen mit verschiedenen Schwerpunkten besetzt wird.

Purpose: Formale und wahrgenommene Gerechtigkeit maximieren

Verantwortlichkeiten:

- Du behältst sämtliche Prozesse im Blick, bei denen »etwas verteilt« wird, und achtest darauf, dass die Gerechtigkeitskriterien eingehalten werden.
- Du meldest anderen zurück, wenn eine Entscheidung getroffen wurde, die nicht den formalen Kriterien entspricht und unterstützt bei der Neu-Entscheidung/Iteration.
- Du unterstützt den teamweiten und individuellen Reflexionsprozess bzgl. Gerechtigkeit inkl. der Thematik Geld und Gehalt.
- Du unterstützt das Team bei der Entwicklung einer fairen Verteilung von Kosten (individuellen Belastungen, Kritik, Abmahnungen, Überstunden usw.) und Nutzen (Lob, Vergünstigungen, Gehälter usw.).
- Du sorgst dafür, dass deine Entscheidungen bzw. die Überlegungen dahinter transparent gemacht und iteriert werden können.

GESTALTUNGSPRINZIP 7: KONFLIKTLÖSUNG FÜR WEITERENTWICKLUNG STATT HARMONIE

Konflikte im Team oder in einer Gemeinde gefährden kooperatives Verhalten. Wenn ich mich über einen Nachbarn ärgere, bin ich weniger bereit, ihm einen Gefallen zu tun. So basiert unser siebtes Gestaltungsprinzip der Konfliktlösungen auf Ostroms Designprinzip für funktionierende Konfliktlösungsmechanismen.

Eine Gemeinde, die sich darauf geeinigt hat, ihren See so zu nutzen, dass er den Bürgern nachhaltig als Lebensgrundlage dient, ist auf kooperatives Verhalten ihrer Bewohner angewiesen. Sie braucht funktionierende Konfliktlösungsmechanismen, die allen zugänglich sind und wirksam werden, sobald es Streit gibt.

In einer kollektiv geführten Organisation braucht es ebenfalls funktionierende Konfliktlösungsmechanismen. Sie sollten es jeder Person in der Organisation ermöglichen, einen Konflikt zügig anzusprechen/transparent zu machen und ihn erfolgreich zu klären. Wenn es diese Mechanismen gibt, fühlt sich jede Person in die Lage versetzt, Spannungen auf der persönlichen, der Beziehungs-, der Arbeits- und der Governance-Ebene (mehr zu den verschiedenen Bereichen ab S. 202) anzusprechen und zu klären. Der gemeinsame Purpose ermöglicht es dem Team, um die beste Lösung zu streiten.

So werden keine Konflikte mitgezogen, die sich auf das Informations- und Kooperationsverhalten auswirken und der Organisation schaden. Jeder Mensch hat bereits erlebt, wie destruktiv ein ungelöster Konflikt werden kann und welcher Schaden daraus entsteht. Werden Konflikte als Chance begriffen und mithilfe funktionierender Lösungsmechanismen geklärt, ergeben sich meist Win-win-Situationen.

So entstehen und lösen sich Konflikte

Um noch besser zu verstehen, welche Lösungsmechanismen für Konflikte es für euch geben könnte, möchten wir einen kurzen Ausflug zur Konfliktentstehung machen.

Ein Konflikt entsteht immer sowohl auf der Sach- als auch auf der Emotionsebene. Nur, wenn er auf beiden Ebenen bearbeitet wird, ist er wirklich gelöst.

Ein Kunde von uns hatte die Situation, dass eine für die Organisation sehr wertvolle Mitarbeiterin ein Störgefühl mit ihrer Führungskraft entwickelte. Anfangs waren es Kleinigkeiten, über die sie sich wunderte. Später entwickelte sich daraus ein Groll, und letztlich führte dieser ungeklärte Konflikt zum Ausscheiden der Mitarbeiterin. Trotz punktueller Unterstützung in Form von Mediationen und Coachings fand sie keinen Weg, den Konflikt mit ihrer Führungskraft aufzulösen.

Die Konfliktstufen nach Friedrich Glasl zeigen sehr schön, was theoretisch passiert, wenn ein Konflikt nicht frühzeitig geklärt wird.

Konflikte bauen sich meistens langsam auf, sodass sie zu Beginn noch leicht geklärt werden können und später unlösbar werden. Schlimmstenfalls enden sie vor Gericht und führen zum gemeinsamen Untergang. Die Bearbeitungsansätze in der folgenden Abbildung zeigen, was es braucht, um den Konflikt zu bearbeiten und die Einstufungen ganz rechts, wie gewinnbringend eine Lösung auf der jeweiligen Stufe sein kann. Je fortgeschrittener der Konflikt, desto weniger tauschen die Parteien sich miteinander aus. Auf den ersten drei Stufen hilft noch die Moderation: ein einfaches, moderiertes Gespräch. Ab der dritten Stufe braucht es bereits eine strukturierte Prozessbegleitung in Form einer Mediation.

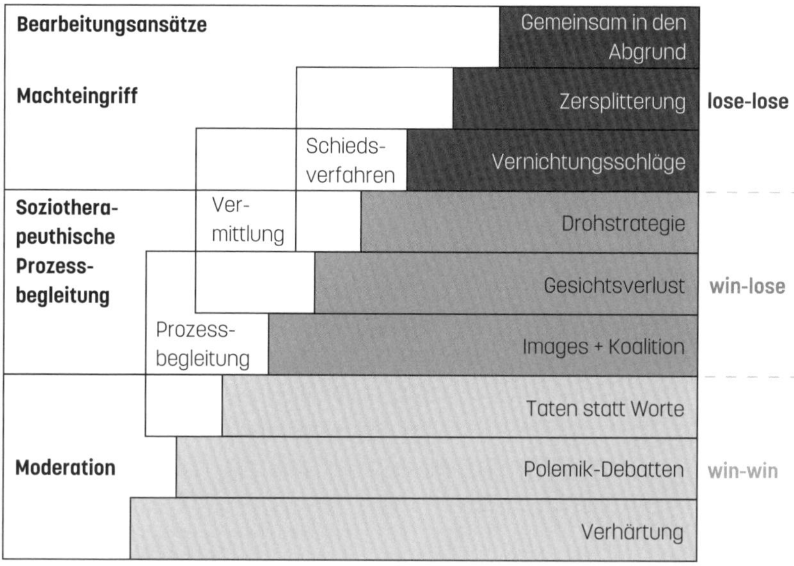

Abbildung 42: Eskalationsstufen und Bearbeitungsansätze nach Glasl (Böhmer & Klappenbach, 2007, S. 73)

Konflikte beginnen häufig mit kleinen Irritationen. Man wundert sich und verknüpft den Vorfall vielleicht sogar mit Sätzen wie »Bei so einer Kleinigkeit mache ich doch jetzt kein Fass auf.« Im weiteren Verlauf wird jedes Verhalten und jede Interaktion so interpretiert und bewertet, dass sie auf das Konfliktkonto einzahlt: »Das hat sie doch absichtlich gemacht. Sie hat mich absichtlich bloßgestellt/nicht informiert (usw.), um mir zu schaden. Das wird sie bereuen.«

Wird eine solche Situation nicht mithilfe eurer präventiv wirkenden Feedbackstrukturen geklärt, kommt es zu einer Verhärtung. Beide Parteien haben nun ein Problem miteinander. Eine Moderation kann zur Lösung beitragen. So verdeutlicht die Grafik nicht nur die verschiedenen Eskalationsstufen, wie gravierend am Ende die Verluste sind und wie die Konflikte bearbeitet werden können. Sie zeigt auch, dass ein tatsächlicher Konflikt erst beginnt, wenn zwei – oder mehr – Menschen einen Konflikt miteinander haben.

Gerade zu Beginn eines Konfliktes spielt das eigene Konfliktverhalten eine wichtige Rolle. Auch wenn ihr bereits zu Beginn im besten Fall in ein moderiertes Gespräch geht, lohnt es sich, sich mit dem eigenen Konfliktverhalten auseinanderzusetzen. Auch die Reflexion der

Situation sowie der eigenen unerfüllten Bedürfnisse in diesem Konflikt bringt Einsichten, die ein Aufeinanderzugehen leichter machen.

Unser Konfliktverhalten variiert mit dem Kontext, in dem wir uns befinden. Für manche Themen, gegenüber bestimmten Personen, setzen wir uns mehr für unsere Ziele ein, die wir unbedingt durchsetzen möchten. Bei anderen Themen, gegenüber anderen Personen, sind uns Kooperation oder vielleicht die Konfliktvermeidung besonders wichtig. Im Familienkontext bekommen wir eine bestimmte Prägung mit, die ein bestimmtes Konfliktverhalten für uns leichter abrufbar macht als andere.

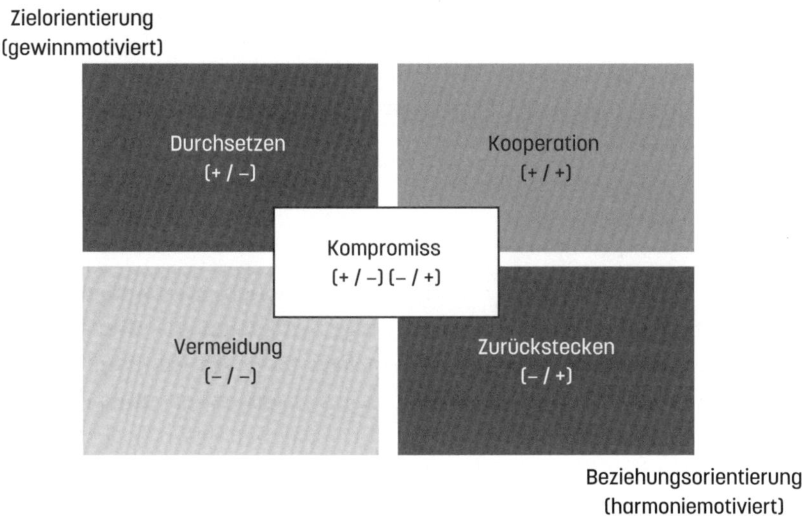

Abbildung 43: Konfliktstile im Thomas-Kilmann-Modell

Die Abbildung zeigt die verschiedenen Konfliktstile im Thomas-Kilmann-Modell. Auf der vertikalen Achse zeigt sich die Zielorientierung und damit der Wunsch, die eigenen Interessen durchzusetzen. Auf der horizontalen Achse zeigt sich der Wunsch nach Harmonie auf der Beziehungsebene.

Beim Durchsetzen legt man wenig Wert auf die Beziehung zum »Konfliktgegner« und fokussiert sich auf die eigenen Ziele.

Die Vermeidung entsteht durch das Ignorieren des Konfliktes. Es wird wenig Wert auf die Beziehung und das eigene Interesse gelegt. Es wird meist bei Konflikten eingesetzt, die einem nicht so wichtig bis egal sind, wo man sich wenig aus den beteiligten Menschen und aus der Thematik macht.

Das Zurückstecken legt den Fokus auf die Beziehung, das eigene Ziel wird vernachlässigt. Dafür muss einem die Sache tatsächlich relativ egal sein, sonst geht es eher in Richtung Vermeidung.

Beim Kompromiss wird ein Mittelweg gefunden, der alle Interessen und die Beziehung berücksichtigt. Die Sach- oder Emotionsebene wird dabei nicht ganz besprochen, sodass eine vorschnelle Entscheidung getroffen wird. So kommt es zu einer suboptimalen Lösung.

Echte Kooperation und somit eine Win-win-Situation, sowohl auf der Ebene Ziel- als auch Beziehungsorientierung, entsteht immer dann, wenn ich mich wahrhaftig darüber austausche, was ich möchte, worum es mir geht und wie eine gute Lösung für mich aussehen könnte. Beim Kooperieren geht man auf die andere Person und ihre Interessen ein. Gleichzeitig sorgt man gut für sich selbst und die eigenen Interessen und Bedürfnisse. Dieser Weg geht einher mit einem aufrichtigen Interesse an der Position und den dahinterliegenden Bedürfnissen der anderen Person.

Das klassische Beispiel für die verschiedenen Strategien, das der Harvard Universität zugeschrieben wird, sind zwei Schwestern, die sich um eine Orange streiten. Schließlich schneidet die Mutter die Orange in zwei Hälften, jede Schwester bekommt eine. So entsteht ein Kompromiss. Hätten die Schwestern es geschafft, sich über ihre Wünsche und Bedürfnisse auszutauschen, hätten sie kooperiert und eine andere Lösung gefunden. Eine hätte die Schale für ihren Kuchen verwendet, die andere hätte den Saft genutzt.

Nur durch einen wahrhaftigen Austausch, bei dem wir über unsere Bedürfnisse sprechen, kommen wir zur Kooperation.

Konflikte im Organisationsalltag adressieren

Eine Herausforderung, die häufig mit Konflikten einhergeht, ist die Geheimhaltung. Viele Menschen vermeiden lange Zeit ihre Konflikte, bis es schließlich zur Verhärtung kommt. Ein Weg, hier präventiv tätig zu werden, sind eure Feedbackstrukturen (siehe S. 186). Aus individueller Perspektive sind die Übergänge zwischen Feedback und Konflikten fließend. Letztlich entsteht der Konflikt in dem Moment, in dem die

Feedbackstrukturen nicht mehr ausreichen und ich meinen Konflikt nicht anspreche.

So wirkt hier erneut die Unterstützung auf der individuellen Ebene, Konflikte in einem sicheren Rahmen ansprechen zu können. Darüber hinaus habt ihr die Möglichkeit, im Team gemeinsam zu reflektieren, welche Prozesse oder Rollen euch darin unterstützen könnten, Konflikte zu klären und zu lösen, statt sie zu meiden.

Beispiel für Mechanismen auf Teamebene sind Clear-the-Air-Meetings, ein Mediator, der als neutrale Person bei Bedarf angesprochen werden kann, das Einüben von Konfliktgesprächen in Teammeetings usw. Das Clear-the-Air-Meeting ist aus unserer Perspektive ein Format, das nicht für jedes Team stimmig ist. Methodisch wird so vorgegangen, dass das ganze Team zusammenkommt und jeder aussprechen soll/darf, mit wem im Team gerade welcher Konflikt besteht. Die Überlegung an dieser Stelle könnte sein, ob es eine Möglichkeit gibt, einen privateren Rahmen für die Beteiligten zu schaffen, der genauso niedrigschwellig ist und darüber hinaus keine Außenstehenden in den Konflikt involviert.

Ein Format ist besonders niedrigschwellig, wenn es sich nicht seltsam anfühlt, es in Anspruch zu nehmen, und im Voraus – durch z. B. eine Ankündigung – keine angespannte Erwartungshaltung bei der eingeladenen Person hervorruft.

Ihr könntet im Team gemeinsam überlegen, welche Möglichkeiten ihr als gut geeignet empfindet, Konflikte niedrigschwellig anzusprechen, dabei einen privaten Rahmen zu wahren und der involvierten Person den Raum zu lassen, sich innerlich auf ein solches Gespräch vorzubereiten. Das Format der Kreisentwicklung (siehe S. 211) könnt ihr dazu nutzen, Spannungen, die sowohl ein Konflikt als auch eine Idee sein können, anzusprechen.

Mediation/Konflikt-Gesprächsbegleitung

Im Team interne sowie externe Personen zu benennen, die im Konfliktfall moderieren oder mediieren, stellt eine weitere Möglichkeit dar, Konflikte gut zu begleiten. Sobald jemand einen Konflikt hat, kann er sich an die Moderation wenden und um Unterstützung bitten.

Die Rolle der Moderation ist es, den Raum für die Gefühle der Beteiligten zu halten und sie für die jeweils andere Person verständlich zu machen. Das Verständlichmachen ist notwendig, da Menschen im

Konfliktfall – je nach Eskalationsstufe – dazu neigen, einander nicht mehr zuhören zu können. Je mehr man im eigenen Ärger/emotionaler Erregung feststeckt, desto weniger offen ist man dafür, die andere Person in ihrer Not mit ihren Emotionen zu sehen bzw. zu hören. Die Moderation übernimmt die Rolle des Dolmetschers. Sie wiederholt, was die Personen gesagt haben, und gleicht ab, ob es verstanden wie gemeint wurde.

Insbesondere bei Konflikten, die schon etwas erhitzter sind, ist eine Mediation durch eine externe Person sehr sinnvoll. Sie ist neutral den beteiligten Personen gegenüber, hat keine eigenen Interessen, was eine mögliche Lösung angeht. So kann sie allparteilich bleiben und die Parteien geübt durch den Konflikt begleiten. Eine Mediation stellt eine strukturierte Prozessbegleitung dar und ist stets ergebnisoffen.

Überlegt gemeinsam, ob es sinnvoll sein könnte, eine Rolle »Konfliktmoderation« im Team zu etablieren.

Literaturempfehlungen

Marshall Rosenberg: Gewaltfreie Kommunikation
Doris Klappenbach: Meditative Kommunikation
Diane Musho Hamilton: Everything is workable
Friedrich Glasl: Selbsthilfe in Konflikten: Konzepte – Übungen – Praktische Methoden

Methodenkoffer für die Gestaltung von Konfliktlösungsmechanismen

Für die Gestaltung der Konfliktlösungsmechanismen möchten wir lediglich drei Methoden vorschlagen: das eigene Konfliktverhalten reflektieren, ein Konfliktgespräch vorbereiten und gemeinsam im Team nach Konfliktlösungsmechanismen suchen.

Darüber hinaus verweisen wir erneut auf das Kapitel zum Thema Feedback ab S. 165. Hier findet ihr Ideen, wie ihr präventive Mechanismen etabliert.

Das eigene Konfliktverhalten reflektieren

Das eigene Konfliktverhalten zu reflektieren, ist immer eine gute Idee. Wer sein eigenes inneres sowie äußeres Verhalten und mögliche Triggerpunkte kennt, kann sich im Konfliktfall bewusster verhalten.

Die Reflexion des persönliches Konfliktverhaltens und -stils könnt ihr einfach als Angebot »für zu Hause« zur Verfügung stellen:

- Welche Konfliktstile nutzt du in welchen Situationen?
- Gibt es einen Stil, den du je nach Kontext (Familie, Freunde, Arbeit, Fremde) bevorzugst?
- Überlege, welchen Konflikten der letzten Monate du mit welchem Stil begegnet bist und wie du jeweils in dem Konflikt vorgegangen bist.
- Mit welcher Haltung bist du dem Konflikt begegnet?
- Gibt es etwas, was du durch diese Reflexion für dich für die Zukunft ableiten kannst?

Neben den verschiedenen Konfliktstilen prägen auch individuelle Glaubenssätze und Triggerpunkte das eigene Verhalten im Konfliktfall. Das OK-Gitter nach Franklin Ernst eignet sich hervorragend für eine Reflexion in Anlehnung an eine Methode von Mike Michels (Michels, 2014).

Eric Berne, der Begründer der Transaktionsanalyse, hat ein Modell der verschiedenen Grundhaltungen entwickelt. In Stresssituationen neigen Personen häufig zu einer der vier Haltungen.

- »Ich bin okay/du bist okay.« führt dazu, dass man mit dem Konflikt konstruktiv umgehen kann, sodass man zur Kooperation kommt. Man fühlt sich auf Augenhöhe und ärgert sich nicht. Der Konflikt wird adressiert, ohne die andere Person abzuwerten.
- »Ich bin okay/du bist nicht okay.« führt dazu, dass man sich überlegen fühlt und die andere Person loswerden möchte (da sie unrecht hat). Die Haltung geht einher mit dem Gefühl, die richtige Lösung zu kennen und sich entsprechend zu verhalten.
- »Ich bin nicht okay/du bist okay.« führt dazu, dass man sich unterlegen fühlt und aus der Situation zurückziehen möchte. Die eigene Meinung wird tendenziell nicht eingebracht und man passt sich der Situation und dem Konflikt einfach an.
- »Ich bin nicht okay/du bist nicht okay.« führt dazu, dass es als sinnlos wahrgenommen wird, im Gespräch zu bleiben. Die Situation fährt sich fest, man bleibt stecken. Dahinter steckt häufig der Glaube, die Situation nicht lösen zu können.

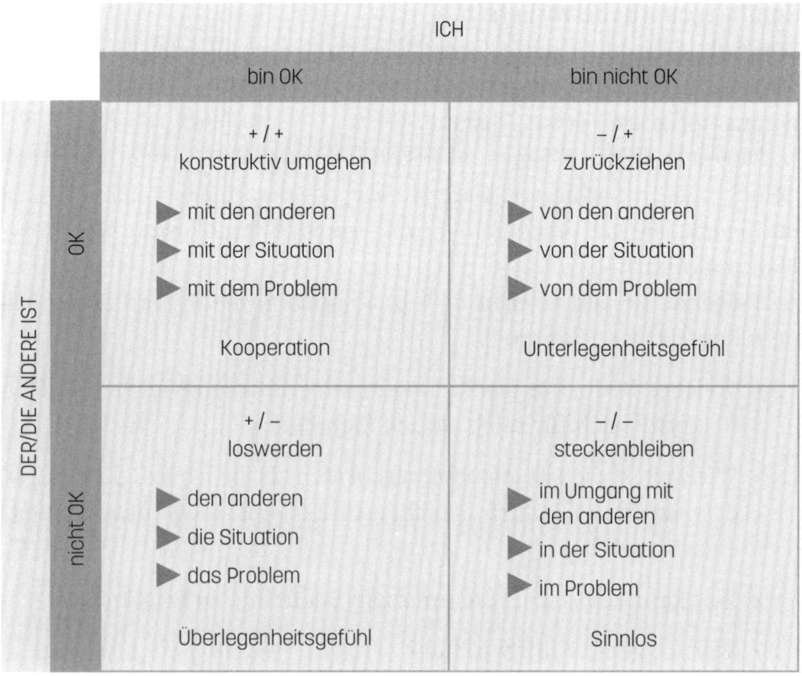

Abbildung 44: Das OK-Gitter (nach F. Ernst, 1971)

Reflektiere nun deine eigene Grundhaltung zu Konfliktsituationen. Erinnere dich an einen Konflikt der letzten Wochen.

- Was hat die andere Person gesagt (wie ist der Konflikt entstanden)?
- Wie hast du reagiert? Welche Haltung, welches Gefühl steckt dahinter?
- Wie hat sich das Gespräch/die Situation entwickelt? Mit welcher Haltung bist du »raus« gegangen?
- Was hast du am Ende über die andere Person gedacht?

Versuche nun, dich in eine der anderen Haltungen hineinzuversetzen. Wie beeinflusst die neue Haltung deine Gedanken und deine Worte? Kannst du von dieser Reflexion etwas für künftige Konflikte mitnehmen?

Konfliktgespräche vorbereiten

Wenn du dich nicht mehr in der Lage fühlst, ein Feedback zu geben, weil du dich zu sehr geärgert hast, trete einen Moment aus der Situation heraus und nimm etwas Abstand.

Versuche dann, Klarheit zu bekommen, was genau sich hinter deinem Störgefühl verbirgt. Je klarer du bist, desto wahrscheinlicher kannst du ins nächste Gespräch gehen und eine »Ich bin okay/du bist okay«-Haltung mitbringen.

Folgende Fragen können dich unterstützen, mehr Klarheit zu deinem Konflikt zu bekommen:

- Welches Bedürfnis steckt hinter meinem Ärger? Welches Bedürfnis erfüllt sich für mich aktuell nicht?
- Wie weit ist die Situation fortgeschritten? Habe ich lediglich Angst, dass sich mein Bedürfnis nicht erfüllt oder ist die Situation bereits entschieden?
- Was kann ich selbst tun, um mein Bedürfnis zu erfüllen?
- Worum geht es mir wirklich?

Wenn du dich mithilfe dieser kurzen Reflexion nicht in die Lage versetzt fühlst, den Konflikt eigenständig zu lösen, gehe den nächsten Schritt und nimm eine Moderation oder Mediation in Anspruch.

Konfliktprozesse & -formate etablieren – eine Workshop-Anleitung

Konfliktprozesse lassen sich am besten entwickeln, wenn alle im Team mitwirken. Ihr selbst seid Expertinnen für euer Konfliktverhalten und eure Konflikte. So könnt nur ihr Prozesse und Formate dazu entwickeln, die für euch stimmig sind.

RAHMEN:

- 12 bis 16 Teilnehmende
- 180 Minuten ohne Pause (oder vier Stunden mit Pause)
- online oder offline

ABLAUF:

1. Check-in/Check-out – je fünf bis zehn Minuten
Beginne den Check-in mit einem kurzen Überblick zur Workshop-Agenda und den Zielen des Workshops. Wähle eine Check-in-Frage, die einen Bezug zu eurer Haltung zu Konflikten herstellt: »Was verbindest du mit Konflikten?« Als Check-out-Frage wählst du etwas Ähnliches, beispielsweise: »Das habe ich heute über mein eigenes Konfliktverhalten im Team gelernt.«

2. Stillarbeit – 20 Minuten
Jede Person hat nun Zeit, die eigenen Hürden und Helfer für das Ansprechen von Konflikten zu reflektieren. Die Konflikte sind jeweils in die vier verschiedenen Felder der Kreisentwicklung unterteilt. So könnt ihr sehr spezifisch zwischen den einzelnen Arten/Themen von Konflikten unterscheiden.

Die Frage je Feld bei *meine Hürden* lautet jeweils: »Was hält mich davon ab, persönliche Konflikte/Beziehungskonflikte/operative Konflikte/Governance-Konflikte anzusprechen?« sowie »Welche äußeren Umstände erschweren es mir außerdem?«

Für die Felder unter *meine Helfer* beantwortet ihr ebenfalls die zwei Fragen je Feld.

3. Austausch und Diskussion – 1-2-4-all – 60 Minuten
Kommt nun in Zweiergruppen zusammen und diskutiert eure Antworten (20 Minuten). Danach schließen sich jeweils zwei Zweiergruppen zu einer Vierergruppe zusammen, und ihr besprecht erneut eure Ergebnisse. Schaut nach Gemeinsamkeiten und Mustern (20 Minuten). Im nächsten Schritt präsentieren die Vierergruppen ihre Antworten, Gemeinsamkeiten und Muster (fünf Minuten je Gruppe).

4. Prozesswünsche – 60 Minuten
Nehmt euch fünf bis zehn Minuten Zeit für ein kurzes Brainstorming. Jeder überlegt still für sich und pinnt die eigenen Gedanken sofort an. Folgende Fragen könnten bei der Ideenfindung für Prozesswünsche helfen:

- Was könnte dich unterstützen, einen Konflikt zu klären?
- Könnte es ein Meeting, eine Person, ein Raum, ein Knopf oder Ähnliches sein?
- Würde dein Wunschprozess/Mechanismus nur bei einem Konflikt ausgelöst werden oder eher präventiv stattfinden?
- Was passiert bei Konflikten, die scheinbar schon festgefahren sind?

Im Anschluss an euer Brainstorming schaut ihr euch alle gepinnten Karten an. Verständnisfragen dürfen gestellt werden. Dann darf jede Person drei Punkte auf die Karten verteilen und damit diejenigen auswählen, die bei ihr am meisten resonieren. Die fünf Vorschläge mit den meisten Punkten besprecht ihr gemeinsam. Prüft auch, ob sie euren Werten, eurem Purpose und eurer Haltung entsprechen und damit zu euch passen. Falls ja, zieht die Vorschläge »rüber« in die nächsten Schritte.

5. Nächste Schritte – 30 Minuten

Bei der Formulierung eurer nächsten Schritte achtet ihr darauf, dass für alle geplanten Schritte klar ist, wer verantwortlich ist und wer was genau bis wann macht. Plant auch eine Evaluation ein, sodass ihr die Idee oder den Prozess iterieren könnt.

Abbildung 45: Workshop Konfliktprozesse etablieren

Eine Rolle für Konflikte

Eine Rolle für das Gestaltungsprinzip Konflikte ist dann sinnvoll, wenn sie die Tätigkeiten übernimmt, die wiederkehrend und permanent sind. Wenn eure Feedbackstrukturen sehr wirksam sind und eure Konfliktprozesse gut funktionieren, wenn es mal kracht, überlegt, ob es eine Rolle braucht oder nicht.

DAS 8. DESIGNPRINZIP NACH OSTROM – FÜR EINE NEUE WIRTSCHAFT

Das achte Designprinzip von Ostrom setzt sich für eine Neugestaltung der Wirtschaft ein. Die Idee dahinter ist, dass jede Gemeinde, die nach den sieben vorangegangenen Prinzipien handelt, selbstgesteuert und nachhaltig agiert, ohne die Tragik der Allmende zu provozieren. Das heißt, dass sie nicht die Umwelt ausbeuten, um individuellen Interessen zu folgen und sich auf Kosten der natürlichen Ressourcen, anderer Menschen und anderer Lebewesen zu bereichern.

Da sich jede Gemeinde in einem System wiederfindet, ist die folgerichtige Forderung, dass nicht nur jede Gemeinde im System, sondern auch das komplette System selbst nach den Designprinzipien von Ostrom handeln und wirtschaften muss. So entsteht eine dezentrale Verwaltung der Wirtschaft, die sich an einem Purpose orientiert.

Da wir uns als Organisationsentwicklerinnen auf Organisationen spezialisiert haben, verzichten wir im Rahmen dieses Buches auf die ausführliche Darstellung der verschiedenen Gestaltungsmöglichkeiten einer neuen Wirtschaft. Wir möchten an dieser Stelle auf die Gemeinwohlökonomie und die Purpose Stiftung verweisen und dich dazu ermutigen, dich mit dem Thema auseinanderzusetzen.

Die Gemeinwohlökonomie ist eine Reformbewegung, die 2010 im deutschsprachigen Raum gestartet wurde. Ihr Anliegen ist es, ein ethisches Wirtschaftsmodell zu etablieren, das dem Gemeinwohl, also sowohl dem Menschen als auch der Umwelt, dient. So wendet sie sich ab vom Gewinnstreben als Ziel des Wirtschaftens und etabliert neue Werte und Handlungsmaxime. Sie hat eine Gemeinwohl-Matrix entwickelt, die folgende Dimensionen als essenziell betrachtet: Menschenwürde, Solidarität und Gerechtigkeit, ökologische Nachhaltigkeit, Transparenz und Mitentscheidung.

Auch Kriterien des Social Entrepreneurship Netzwerkes Deutschland für Sozialunternehmen setzen auf nachhaltige Wertschöpfung und gesellschaftliche Innovation. So sollte das Ziel eines Sozialunternehmens eine gesellschaftliche Herausforderung lösen und ökonomisch nachhaltige Einkommensquellen fokussieren. Darüber hinaus müssen beispielsweise Wirkungsziele sowie eine begrenzte Gewinn- und Vermögensverteilung in der Organisation verankert sein.

Die Purpose Stiftung unterstützt Organisationen, durch Verantwortungseigentum dauerhaft unabhängig und sinnorientiert zu bleiben. Sie unterstützt dabei, alternative Eigentums- und Finanzierungsmodelle zu entwickeln, sodass die Wirtschaft grundlegend Richtung Verantwortung und Sinnhaftigkeit transformiert werden kann.

Die Gestaltungsprinzipien bilden für uns eine wichtige Grundlage für die Transformation der Wirtschaft. Wir empfinden es als logische Konsequenz: Jede Organisation, die sich für eine neue Wirtschaft einsetzt und Teil dieser Bewegung ist oder werden will, muss auch nach innen konsequent neu denken und transformieren. Das geht aus unserer Perspektive am besten mit den Gestaltungsprinzipien.

Für den Fall, dass du genauso große Lust auf eine neue Wirtschaft hast wie wir, haben wir dir einige Literaturempfehlungen mitgebracht.

Literaturempfehlungen

Silke Helfrich, David Bollier: Frei, fair und lebendig: Die Macht der Commons

Christian Felber: Gemeinwohl-Ökonomie

Christian Felber: This is not Economy

Riane Eisler: Die verkannten Grundlagen der Ökonomie: Wege zu einer Caring Economy

https://germany.ecogood.org

https://purpose-economy.org/de

https://www.send-ev.de

KAPITEL 4

BEVOR IHR LOSLEGT – VORAUSSETZUNGEN & »GUT ZU WISSEN«

Viele Organisationen starten ihren Weg in die kollektive Führung oder andere Formen der Selbstorganisation. Genau hier setzen wir mit unserem Buch an. Mit den Gestaltungsprinzipien und Ideen zur Umsetzung in Form der Methodenkoffer könnt ihr dafür eine gute Grundlage schaffen und bekommt Orientierung zu Sinn und Unsinn von bestimmten Methoden.

Bevor ihr euch an einen Workshop, ein Training oder eine groß ausgerollte Selbstreflexionsübung macht, prüft immer wieder, was genau ihr damit erreichen wollt und wie es (wirklich!) auf welches Prinzip einzahlt. Mit jedem Workshop ist es wie mit einer Umfrage. Ihr solltet euch vorher fragen, was ihr mit den Antworten von jeder Frage macht und welchen Erkenntnisgewinn ihr daraus zieht. Was genau ist nach dem Workshop anders? Mit welchen Ergebnissen geht ihr nach Hause? Könnt ihr die Ergebnisse nachhaltig in der Organisation implementieren oder verfliegen die Ideen und die Euphorie mit dem morgigen Tag?

Sinn und Unsinn von externer Begleitung

Externe Begleitung im Transformationsprozess muss euch kein Vermögen kosten. Wenn ihr eine Vorstellung davon habt, was eine externe Begleitung für euch tun kann und wie ihr euer Budget gezielt einsetzt, könnt ihr euch mit wenig Geld gut begleiten lassen.

Sparring

In einem Sparring könnt ihr eure Ideen, Gedanken und Ausarbeitungen mit einer Expertin besprechen. Sie bringt langjähriges Erfahrungswissen, fachliche Kompetenz und den Blick von außen mit. So unterstützt sie dabei, aus Gedankenschleifen und dem »Lauter-Wald-vor-Bäumen-nicht«-Blick auszusteigen. Sie bringt neue Impulse und Ideen mit, wodurch ihr euch eine Menge Zeit und Geld sparen könnt.

Auch – und das möchten wir euch besonders ans Herz legen – ein Blick auf eine Offsite-Agenda oder einen Workshop-Entwurf ist Gold wert. Ihr könnt gemeinsam die Ziele für euren Workshop besprechen, Methodenblöcke überarbeiten und Zeitfenster akkurater planen. Es ist eine enorme Erleichterung für dich bzw. euer People Team und erspart euch jede Menge Zeit. So müsst ihr nicht erst stundenlang im Internet recherchieren, um dann mit einem unsicheren Gefühl in die Moderation zu gehen.

Workshop-Moderation

Die Workshop-Moderation durch einen Externen leiten zu lassen, macht immer dann Sinn, wenn alle im Workshop sich inhaltlich beteiligen wollen und sollen, heikle Themen angesprochen werden könnten und es niemanden gibt, der es gern übernehmen möchte.

Die externe Moderation stimmt sich eng mit euch ab, konzipiert den Workshop und führt ihn durch. Sie bringt wertvolle Fähigkeiten und Erfahrungswerte mit und ihr könnt euch darauf verlassen, dass auch heiße Diskussionen gut gehalten werden. Das Zeitmanagement und die Ergebnissicherung sind außerdem zwei sehr wichtige Komponenten, die professionell durchgeführt werden. Ein Workshop ohne Ergebnissicherung ist nahezu nutzlos. Die Erinnerungen, was besprochen und vereinbart wurde, gehen bei vielen Teilnehmenden auseinander und verschwinden mit der Zeit. So verschwindet auch die gemeinsame Diskussionsgrundlage.

Ein weiterer großer Bonus ist die steigende Verbindlichkeit durch die externe Begleitung. Wenn ihr direkt im Anschluss an euren Workshop einen Folgetermin vereinbart – auch als Sparringtermin – schafft ihr euch selbst einen Ankerpunkt. So bleibt ihr an den Themen dran und verfolgt konsequent eure im Workshop getroffenen Vereinbarungen.

Coaching, Supervision und pferdegestütztes Coaching

Coaching eignet sich besonders für zielorientierte Reflexionen zu bestimmten Themen. Im Coaching erarbeitest du oder ein Team ein (gemeinsames) Ziel, um dann zu schauen, wie du es erreichen kannst. Im Coaching schärfst du sowohl dein Ziel als auch den Weg dorthin. So kann dir beides vor Beginn des Coachings unklar sein. In einem Teamcoaching wird letztlich das Gleiche gemacht, wobei es im Team anfänglich etwas mehr Klarheit gibt, zu welchem Ziel sich das Team coachen lassen möchte.

In der Supervision geht es vor allem um einen Perspektivwechsel. So würdest du vielleicht mit einer Herausforderung oder einem Störgefühl zu deiner Supervisorin kommen und das Thema »einfach mal mit ihr besprechen«. Auch im Teamkontext soll am Ende keine Vereinbarung herauskommen. Die Gemeinsamkeit von Supervision und Coaching liegt in der neutralen Begleitung. Beide Formate sehen es nicht vor, dass der Coach bzw. Supervisor sich inhaltlich einbringt. Sie steuern das Gespräch hauptsächlich durch Fragen und unterstützen so die Selbstreflexion. Wenn persönliche Perspektiven oder Erfahrungswerte eingebracht werden, wird das in der Regel kenntlich gemacht.

Das pferdegestützte Coaching wirkt vielleicht wie eine Mischung. Das Pferd als Supervisor, der Coach als Coach. Der Coachee kommt mit einem Thema in das Coaching und damit auf das Pferd zu. Das Pferd reagiert auf den Coachee und alles, was er oder sie mitbringt: die Bewegung, die Herzfrequenz, die Emotionen, die Körperhaltung. Die Reaktion des Pferdes ist ein Spiegel deiner Gedanken, Emotionen und deines Auftretens und stets wertneutral. Genau das macht es besonders wertvoll. So kannst du dir im pferdegestützten Coaching in kurzer Zeit sehr klar darüber werden, was dich bewegt oder eben auch zurückhält, beispielsweise mit Blick auf eine Entscheidung oder dein Verhalten in bestimmten Situationen.

Training

Ein Training unterstützt euch darin, bestimmtes Wissen und Kompetenzen aufzubauen. So könntet ihr beispielsweise ein Training zur Gewaltfreien Kommunikation durchführen lassen. Der Trainer würde euch die Methode vorstellen und mit euch üben, wie genau ihr sie anwenden könnt. Im Vergleich dazu wäre ein Coaching geeignet, wenn du beispielsweise die Gewaltfreie Kommunikation bereits beherrscht und keinen Weg findest, sie im Alltag anzuwenden.

Mediation

Eine Mediation ist immer dann geeignet, wenn es einen Konflikt gibt, den beide (oder mehrere) Konfliktparteien gern klären möchten. Eine Mediation ist stets ergebnisoffen. Das heißt, es können auch unbeliebte Lösungen am Ende des Prozesses stehen. Der Mediator gestaltet den Prozess, die Mediierenden tragen die Verantwortung für die Inhalte.

Psychologische Sicherheit, Growth Mindset und Effectuation – eure Basis

Die Konzepte der psychologischen Sicherheit, des Growth Mindsets sowie Effectuation unterstützen euch alle in eurem Transformations- und Gestaltungsprozess. Die psychologische Sicherheit ist eine Voraussetzung, auf der alle Gestaltungsprinzipien aufbauen. Das Growth Mindset beschreibt eine Haltung, die euch dazu befähigt, Dinge ohne Perfektionsanspruch auszuprobieren, sodass ihr kontinuierlich (aus euren Fehlern) lernen könnt. Mit Effectuation bereichert ihr euch um eine Entscheidungslogik, die es euch trotz fehlender Ziele (z. B. »Wie soll unsere Organisation am Ende aussehen?«) ermöglicht, sichere Entscheidungen zu treffen.

Psychologische Sicherheit

Die psychologische Sicherheit hatten wir bereits im Kapitel zum Wir-Gefühl (ab Seite 67) erwähnt und möchten hier erneut tiefer in die Thematik einsteigen.

In dem Buch »Die angstfreie Organisation« von Amy C. Edmondson wird sie definiert als *»Überzeugung [...], dass die Arbeitsumgebung sicher* *genug ist, um darin zwischenmenschliche Risiken einzugehen.« Sie »stellt sich ein, wenn die Kollegen einander vertrauen, respektieren und sich bereit – und sogar verpflichtet – fühlen, aufrichtig zu sein«* (S. 25).

So trägt die psychologische Sicherheit einer Organisation und damit einhergehendes aufrichtiges Feedback zum Lernen und zur Entstehung echter Innovation bei. Sie ermöglicht es, Konflikte ansprechen und produktiv lösen zu können.

Sie unterscheidet sich von einem vertrauensvollen Verhältnis. Wenn ich in einem Umfeld mit hoher psychologischer Sicherheit arbeite, kann ich mir sicher sein, dass ich keine Konsequenzen fürchten muss, wenn ich jemandem einen Fehler oder ein Fehlverhalten rückmelde. Ich muss nicht fürchten, dass die Person mich anschreit, dass sie wochenlang nicht mit mir spricht oder mich vielleicht sogar boykottiert.

Psychologische Sicherheit wirkt positiv auf die Lernfähigkeit der Organisation, das Zugeben von Fehlern und auf das Fragen nach Hilfe. Sie *»schafft optimale Voraussetzungen für eine ehrlichere, herausforderndere, kollaborativere und damit effektivere Arbeitsumgebung«* (S. 35). In Kombination mit hohen Leistungsstandards schafft sie eine Zone des Lernens und der Begeisterung.

Für die wahrgenommene psychologische Sicherheit spielen auch individuelle Prägungen eine Rolle. Wenn ich aus einer Arbeits- oder Lernumgebung komme, wo es mit negativen Konsequenzen verbunden war, Fehler rückzumelden oder um Hilfe zu bitten, scheue ich davor zurück, es in einer neuen Umgebung »einfach so« zu versuchen. Es ist also nicht nur für die Organisation, sondern auch für jeden Einzelnen ein Lernprozess, der bewusst gefördert und unterstützt werden kann.

Um festzustellen, ob eure Organisation eine psychologisch sichere Umgebung geschaffen hat, kannst du dir folgende Fragen stellen:

- Traust du dich, dich zu zeigen, wie du bist?
- Kannst du Fehler offen zugeben?
- Kannst du um Hilfe bitten, ohne dir komisch vorzukommen?

Falls du alle Fragen mit Ja beantworten kannst, ist das ein Zeichen, dass du dich psychologisch sicher fühlst. Weitere Merkmale und Praktiken, die auf sichere oder unsichere Umgebungen schließen lassen, sind folgende:

Praktiken bei psychologischer Sicherheit

- Offener Dialog
- Menschen teilen ihre Ideen und Meinungen offen
- Angstfreies Verhalten und Denkweisen (z. B. Growth Mindset)
- Emotionen sind willkommen und anerkannt
- Teammitglieder lösen Konflikte konstruktiv

Praktiken bei psychologischer Unsicherheit

- Schweigen oder Selbstzensur
- Menschen behalten ihre Ideen und Meinungen für sich
- Angst, ignoriert, verspottet, bestraft oder gefeuert zu werden
- Emotionen werden ignoriert oder versteckt
- Konfliktvermeidung
- Leise Stimmen werden nicht gehört – Führungspersönlichkeiten unterbrechen und beeinflussen andere

Zwei einfache Methoden, an der psychologischen Sicherheit zu arbeiten, sind Check-in-Runden in jedem Meeting. Wenn du echtes Interesse daran hast, wie es den anderen geht und ihr mit einer Frage wie »Wie bist du heute hier?« startet, entsteht Empathie und Vertrauen.

Darüber hinaus kannst du sichere Meetings gestalten, indem du dafür sorgst, dass jede Person zu Wort kommt, auch wenn sie sich nicht gemeldet hat. Damit zeigst du, dass alle Meinungen gleich wichtig sind und gehört werden wollen.

Growth Mindset

Menschen mit einem Growth Mindset haben ein dynamisches Selbstbild. Sie gehen davon aus, dass sie sich weiterentwickeln können. Dieses Selbstbild geht einher mit verschiedenen Annahmen und auch Verhaltensweisen, die besonders wertvoll für Organisationen sind, die kollektiv geführt arbeiten.

Ein Growth Mindset spornt an. Wer von sich glaubt, alles lernen zu können, möchte alles lernen. Egal, ob man während der Lernkurve eine schlechte Figur macht oder zugeben muss, dass man etwas nicht kann: Man macht weiter. Für den Arbeitsalltag heißt das auch, dass man gern mit Menschen arbeitet, von denen man glaubt, etwas lernen zu können. Dazu gehört auch ein offener Umgang mit Fehlern, denn aus Fehlern lernt man.

Ein Growth Mindset ermöglicht es einem, Feedback annehmen zu können. Nur wer glaubt, sich in seinen Fähigkeiten weiterentwickeln zu können, kann Hinweise und Ideen für mögliche Verbesserungen annehmen und umsetzen. Menschen mit einem Fixed Mindset, das Gegenteil eines Growth Mindsets, gehen davon aus, dass allein ihr Talent zählt und sie können, was sie können. Sie haben Schwierigkeiten, Feedback anzunehmen, da sie glauben, sich nicht verändern zu können.

Ähnlich verhält es sich mit Lob. Menschen mit einem Fixed Mindset loben das Ergebnis und diejenigen, die Lob bekommen, fokussieren sich auch auf das Ergebnis. Sie streben danach, möglichst gut beurteilt zu werden. Menschen mit einem Growth Mindset loben mit Fokus auf den Prozess und die Anstrengungen, die in die Arbeit/das Ergebnis eingeflossen sind. So wird die Weiterentwicklung gefördert.

Eine Arbeitsumgebung fördert die Entwicklung eines Growth Mindsets, wenn Fähigkeiten als lernbar kommuniziert werden, Organisationsstrukturen das Lernen und Durchhaltevermögen statt Talent fördern und wertschätzen, offen über Fehler gesprochen und Lob auf Prozesse fokussiert wird statt auf Ergebnisse. Für ein Growth Mindset sind Lernziele wertvoller als Leistungsziele, auch für eure OKRs.

Effectuation

Effectuation ist eine Entscheidungslogik, die das klassische Management-Prinzip ergänzt. Es unterstützt Unternehmerinnen dabei, auch unter großer Ungewissheit entscheidungsfähig zu bleiben. Denn vor allem Unternehmen, die auf Innovationen angewiesen sind, um wettbewerbsfähig zu bleiben, werden von der wachsenden Schnelligkeit und Komplexität unserer Welt gefordert. Das gute alte Prinzip »Ziele setzen – planen – umsetzen« greift nicht mehr.

Um Raum für disruptive Innovationen zu schaffen, ist die Effectuation-Methode sehr wichtig. Denn Innovationen sind nicht planbar, sondern entwickeln sich oft im Tun und in der Co-Kreation.

Effectuation basiert im Wesentlichen auf vier Prinzipien, die das Verhalten erfolgreicher Unternehmerinnen beschreiben:

1. **Ressourcennutzung:** Statt »Was brauche ich/brauchen wir, um unser Ziel zu erreichen?« frage ich: »Was habe ich und was kann ich daraus machen?« Das können z. B. Werte, Wissen, Fähigkeiten, materielle Güter, Zeit oder Netzwerke sein.

2. **Leistbarer Verlust:** Statt alle Eventualitäten abzusichern, frage ich: »Was bin ich bzw. sind wir bereit zu verlieren?« Das können beispielsweise materielle Güter, Zeit oder Reputation sein. Für den Organisationsalltag heißt das, dass das Wissen um die Ressourcen der Organisation für alle verfügbar sein muss. Es muss für jede Person ersichtlich sein, welche Ressourcen in der Organisation vorhanden sind und welche Verluste leistbar sind. Zu den verfügbaren Ressourcen zählen auch persönliche Ressourcen wie Zeit, Fähigkeiten und Erfahrungswerte.

3. **Zufälle nutzen:** Anstatt sich vor Zufällen zu schützen, frage ich: »Welche Chancen kann ich aus den Umständen ziehen?« Das können Innovationen oder neue unternehmerische Gelegenheiten sein.

4. **Partnerschaften:** Statt nach dem »richtigen« Partner zu suchen, frage ich: »Wer hat Lust, mit mir zu arbeiten?« Jeder neue Partner bringt neue Ressourcen ein, außerdem teilt sich das Risiko der Unternehmung.

Effectuation könnt ihr nicht nur als erlernte Entscheidungslogik für den Arbeitsalltag nutzen, sondern auch für eine systematische Projektplanung.

Literaturempfehlungen

Carol Dweck: Growth Mindset

Michael Faschingbauer: Effectuation: Wie erfolgreiche Unternehmer denken, entscheiden und handeln

LITERATURVERZEICHNIS

Atkins, P. W., Wilson, D. S., & Hayes, S. C. (2019). *Prosocial.* Oakland: Context Press an imprint of New Harbinger Publications, Inc.

Bär-Sieber, M., Krumm, R., & Wiehle, H. (2007). *Unternehmen verstehen, gestalten, verändern – Das Graves-Value-System in der Praxis.* Wiesbaden: Springer Gabler.

Beck, D. E., & Cowan, C. C. (2014). *Spiral dynamics: Mastering values, leadership and change.* Wiley & Sons.

Böhmer, A., & Klappenbach, D. (2007). *Mit Humor und Eleganz – Supervision und Coaching als Beratungsangebote in Organisationen und Institutionen.* Paderborn: Junfermann Verlag .

Bregmann, R. (2020). *Im Grunde gut – Eine neue Geschichte der Menschheit.* Hamburg: Rowohlt Verlag GmbH.

Breidenbach, J., & Rollow, B. (2019). *New Work needs Inner Work.* München: Verlag Franz Vahlen GmbH.

Coen, A. (24. Oktober 2013). *Professor »Good Work«.* Von www.zeit.de: https://www.zeit.de/2013/44/arbeit-gluecksforscher-howard-gardner, abgerufen am 26.03.2024.

Dahlke, R. (2008). *Die Psychologie des Geldes: Erfolgreicher und glücklicher mithilfe der Lebensgesetze.* München: F. A. Herbig Verlagsbuchhandlung GmbH.

Dilts, R. B. (2005). *Professionelles Coaching mit NLP.* Junfermannsche Verlagsbuchhandlung.

Edmondson, A. C. (2020). *Die angstfreie Organisation: Wie Sie psychologische Sicherheit am Arbeitsplatz für mehr Entwicklung, Lernen und Innovation schaffen.* München: Verlag Franz Vahlen GmbH.

Esch, F.-R. (2021). *Purpose und Vision – Wie Unternehmen Zweck und Ziel erfolgreich umsetzen.* Frankfurt/New York: Campus Verlag.

Felber, C. (2018). *Gemeinwohl-Ökonomie.* München: Piper.

Felber, C. (2019). *This ist not Economy: Aufruf zur Revolution der Wirtschaftswissenschaft.* Deuticke Verlag.

Fink, F., & Moeller, M. (2018). *Purpose Driven Organizations: Sinn – Selbstorganisation – Agilität.* Stuttgart: Schäffer-Poeschel Verlag für Wirtschaft – Steuern – Recht GmbH.

Gellert, M., & Nowak, C. (2014). *Teamarbeit, Teamentwicklung, Teamberatung – Ein Praxisbuch für die Arbeit in und mit Teams.* Meezen: Verlag Christa Limmer.

Glasl, F. (2007). *Selbsthilfe in Konflikten: Konzepte – Übungen – Praktische Methoden* . Freies Geistesleben.

Green, C. M. (2013). *Collaboration that Works: A Ruthlessly Practical Handbook for a Generative World.* Round Sky Solutions.

Hamilton, D. (2013). *Everything is workable.* Shambala Publications.

Haug, C. V., & Haug, C. (1995). *Erfolgreich im Team: Praxisnahe Anregungen für effizientes Teamcoaching und Projektarbeit.* dtv Beck Wirtschaftsberater.

Heinle, J. (2018). *Tragik der Allmende.* Von Philoclopedia: https://www.philoclopedia.de/einzeldisziplinen/wirtschaftswissenschaften/tragik-der-allmende/, abgerufen am 26.03.2024.

Helfrich, S., & Bollier, D. (2020). *Frei, fair und lebendig-Die Macht der Commons.* Bielefeld: transcript Verlag.

Klappenbacg, D. (2011). *Meditative Kommunikation.* Paderborn: Junfermann Verlag.

Klein, S., Hughes, B., & Fleischmann, F. (2023). *Der Loop-Approach – Wie Du Deine Organisation von innen heraus transformierst, plus E-Book inside (ePub, mobi oder pdf).* Campus Verlag.

Kroll, C. (2022). *Die Suchmaschine, die Bäume pflanzt.* Von Purpose Economy: https://purpose-economy.org/de/companies/ecosia/, abgerufen am 26.03.2024.

Krüger, S. (Juni 2022). Der (Un)Sinn von Purpose: Theoriebasierte Ansätze zur Gestaltung von sinnhaftem Handeln in Unternehmen. *Gruppe. Interaktion. Organisation. Zeitschrift für Angewandte Organisationspsychologie (GIO)* , S. 251-259.

Kupfer, P. (16.09.2021). *Auf der arbeit über gefühle reden.* Von Soulbottles: https://www.soulbottles.de/soulblog/soul-work/auf-der-arbeit-ueber-gefuehle-reden-anderer-hippie-bloedsinn-gewaltfreie-kommunikation-bei-soulbottles, abgerufen am 10.03.2024.

Kurz, B., & Kubek, D. (2021). *Kursbuch Wirkung: Das Praxishandbuch für alle, die Gutes noch besser tun wollen.* Berlin: PHINEO gemeinnützige AG.

Laloux, F. (2015). *Reinventing Organizations – Ein Leitfaden zur Gestaltung sinnstiftender Formen der Zusammenarbeit.* München: Verlag Franz Vahlen.

Lemke, B. (2017). *Ikigai.* München: dtv Deutscher Taschenbuch Verlag.

Manz, C. C., & Pearce, C. L. (2017). *Twisted leadership – How to engage the full talents of everyone in your organiuation.* Maven House Press.

Manz, C. C., & Pearce, C. L. (2019). *Self-leadership – The definite guide to personal excellence.* Sage Publications.

Michels, M. (2014). *Trainer-Kit Reloaded* (Training aktuell Ausg.). (A. Leão, Hrsg.) managerSeminare Verlags GmbH.

Neville, F. G., Novelli, D., Drury, J., & Reicher, S. D. (05.08.2022). Shared social identity transforms social relations in imaginary crowds. *Group Processes & Intergroup Relations, 25(1)*, S. 158-173, abgerufen am 03.08.2023 von https://doi.org/10.1177/1368430220936759

Nitschke, P. (2014). *Trainings planen und gestalten.* Bonn: managerSeminare Verlags GmbH, Edition Training aktuell.

Nusselt, A. (10.04.2018). *Digitalisierung: Wozu braucht es Führung auf Augenhöhe?* Von Changeologen: https://changeologen.wordpress.com/2018/04/10/digitalisierung-wozu-braucht-es-fuehrung-auf-augenhoehe/ abgerufen am 10.03.2024.

Oestereich, B., & Schröder, C. (2020). *Agile Organisationsentwicklung – Handbuch zum Aufbau anpassungsfähiger Organisationen.* München: Verlag Franz Vahlen GmbH.

Oestereich, B., & Schröder, C. (2017). *Das kollegial geführte Unternehmen: Ideen und Praktiken für die agile Organisation von morgen.* München: Vahlen.

Ostrom, E. (2015). *Governing the Commons – The evolution of institutions for collective action.* Cambridge: Cambridge University Press.

Rosenberg, M. B. (2013). *Gewaltfreie Kommunikation – Eine Sprache des Lebens.* Paderborn: Junfermann Verlag.

Ryan, R. M., & Deci, E. L. (2017). *Self-determination theory: Basic psychological needs in motivation, development and wellness.* Guilford publications.

Safi, A., & Burrell, D. N. (3. Juli 2007). Developing Advanced DecisionMaking Skills. *International Leaders and Managers,* abgerufen am 06.08.2023 von https://journals.sagepub.com/doi/pdf/10.1177/0256090920070301

Selbstorganisation und Strukturbildung. (21.03.2002). Von Welt der Physik: https://www.weltderphysik.de/thema/chaos-und-ordnung/selbstorganisation/, abgerufen am 06.03.2024.

Seligman, M. (2015). *Wie wir aufblühen.* München: Wilhelm Goldmann Verlag.

Sinek, S. (2009). *Start with Why: How Great Leaders Inspire Everyone to Take Action.* Portfolio – Penguin Random House LLC.

Social Entrepreneurship: Kriterien für das SEND Netzwerk. (8. Juli 2020). Von Social Entrepreneurship Netzwerk Deutschland e. V.: https://www.send-ev.de/2020/07/08/social-entrepreneurship-kriterien-fuer-das-send-netzwerk/ abgerufen

Uhl-Bien, M., & & Marion, R. (. (Complexity leadership: part 1: conceptual foundations). *2007.* Charlotte, NC: IAP.

Useem, J. (Juli/August 2017). *Power Causes Brain Damage – How leaders lose mental capacities—most notably for reading other people—that were essential to their rise.* Von The Atlantic: https://www.theatlantic.com/magazine/archive/2017/07/power-causes-brain-damage/528711/, abgerufen am 25.03.2024.

Wellhöfer, P. R. (2012). *Gruppendynamik und soziales Lernen – Theorie und Praxis der Arbeit mit Gruppen.* Konstanz und München: UVK Verlagsgesellschaft mbH.

Wilson, D. S., Ostrom, E., & Cox, M. E. (Juni 2013). Generalizing the core design principles for the efficacy of groups. *Journal of Economic Behavior & Organization, Volume 90*(Supplement), S21–S32.

Wohland, G., & Wiemeyer, M. (2007). *Denkwerkzeuge der Höchstleister – Wie dynamikrobuste Unternehmen Marktdruck erzeugen.* Murmann.

ÜBER DIE AUTORINNEN

Lea Böhm ist Volkswirtin mit sozialwissenschaftlicher Ausrichtung. Ihre beruflichen Erfahrungen in hierarchisch geführten Unternehmen haben ihr die Bedeutung von Wertschätzung, Führung auf Augenhöhe und Selbstverantwortung verdeutlicht. Sie hat hautnah miterlebt, warum Teams scheitern, wie Konflikte entstehen und gelöst werden können und wie Führung, Selbstführung und Selbstorganisation funktionieren.

Im Jahr 2017 gründete Lea Böhm gemeinsam mit Friederike Euwens die Organisationsberatung *AllesRoger*, die Unternehmen dabei zur Seite steht, neue Strukturen zu schaffen sowie tiefgreifende Veränderungen zu bewältigen und sie im Streben nach Purpose begleitet. Durch die Zusammenarbeit und im Dialog mit einer Vielzahl von Organisationen versteht sie, welche Impulse Menschen dazu bewegen, Veränderungen einzugehen – oder was sie im Status quo hält – und wie unterschiedlich Wege in die kollektive Führung gestaltet werden können.

Leas größte Leidenschaft als Mediatorin, Coach und Fachkraft für tiergestützte Intervention ist es, Emotionen und Beweggründe aufzuspüren – im Gespräch, in Teamdynamiken und geschaffenen Tatsachen.

Sie hilft Menschen dabei, herauszufinden, was sie wirklich wollen und sich dafür einzusetzen.

Friederike Euwens ist Organisationspsychologin, Verhaltens- und Kommunikationstrainerin. Sie begann ihre HR-Karriere im Bereich Recruiting. In einem großen Konzern lernte sie aus erster Hand, wie Arbeitszufriedenheit nicht umgesetzt wird. Mit ihrem großen Interesse an wissenschaftlichen Erkenntnissen und der Expertise im Bereich der Organisationspsychologie machte sie sich selbstständig, um Unternehmen darin zu unterstützen und zu begleiten, Arbeitsumfelder zu gestalten, in denen Mitarbeitende die Verantwortung und ihre Motivation behalten dürfen und können. 2017 rief sie das »New Work Berlin« Meetup ins Leben, das mittlerweile über 3000 Community-Mitglieder umfasst.

Gemeinsam mit Lea Böhm betreibt sie den Podcast »Kollektive Führung im Gespräch« und hat zahlreiche Veranstaltungen rund um New-Work-Themen speziell für Personalverantwortliche, Führungskräfte sowie Gründerinnen und Gründer organisiert.

INDEX